U0295886

国家精品在线开放课程配套教材

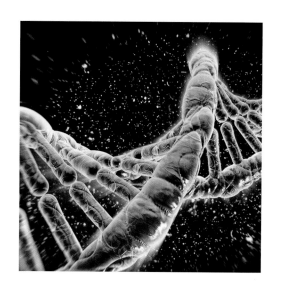

遗传学与社会

GENETICS AND SOCIETY

第 2 版

主　编　陈火英　葛海燕
副主编　曹家树　柳李旺　董言笑

上海交通大学出版社
SHANGHAI JIAO TONG UNIVERSITY PRESS

内容提要

本书探讨了遗传学对人类社会可能产生的影响。全书共9章。第1章主要论述了遗传学在人类丰衣足食、安居乐业、健康长寿、天下太平等方面所起的作用,第2章为遗传学基础,第3~8章分别论述了遗传学与品种培育、遗传学与人类疾病、遗传学与医药健康、遗传学与生殖优生、遗传学与法律伦理、遗传学与环境保护等方面的应用,第9章为延伸阅读。

本书可供大学生、研究生以及对遗传学感兴趣的读者阅读,也可作为"中国大学MOOC"线上课程"遗传学与社会"的配套教材。

图书在版编目(CIP)数据

遗传学与社会/ 陈火英,葛海燕主编. —2 版. —
上海: 上海交通大学出版社,2022.8
 ISBN 978 - 7 - 313 - 24049 - 1

Ⅰ.①遗… Ⅱ.①陈… ②葛… Ⅲ.①遗传学-高等
学校-教学参考资料 Ⅳ.①Q3

中国版本图书馆 CIP 数据核字(2021)第 139354 号

遗传学与社会(第 2 版)
YICHUANXUE YU SHEHUI(DI ER BAN)

主　　编:陈火英　葛海燕
出版发行:上海交通大学出版社　　　　　　　　　地　　址:上海市番禺路 951 号
邮政编码:200030　　　　　　　　　　　　　　电　　话:021 - 64071208
印　　制:上海天地海设计印刷有限公司　　　　　经　　销:全国新华书店
开　　本:787 mm×1092 mm　1/16　　　　　　印　　张:15.75　插页:14
字　　数:364 千字
版　　次:2015 年 11 月第 1 版　2022 年 8 月第 2 版　　印　　次:2022 年 8 月第 2 次印刷
书　　号:ISBN 978 - 7 - 313 - 24049 - 1
定　　价:88.00 元

编写名单

主 编

陈火英：上海交通大学
葛海燕：上海交通大学

副主编

曹家树：浙江大学
柳李旺：南京农业大学
董言笑：上海市农业科技服务中心

参编人员（按姓氏拼音排序）

方心葵：上海交通大学
韩洪强：贵州民族大学
何永军：安徽农业大学
金明弟：上海市闵行区农业技术服务中心
李大露：上海交通大学
李 静：山东农业大学
李林芝：苏州农业职业技术学院
李少杭：上海交通大学
刘 杨：上海交通大学
任 丽：上海市农业科学院
石苏利：上海交通大学
孙 涛：上海交通大学
张 荻：上海交通大学
张永平：上海市农业科学院
周 露：金陵科技学院
朱红芳：上海市农业科学院

（a）马；（b）驴；（c）马骡（母马×公驴）；（d）驮骡（母驴×公马）。

图 1.4　马驴杂交动物

［图（a）、（b）、（c）引自 http://animalia-life.com/mule.html；图（d）引自 http://www.northernontario.org］

（a）紫云英　硒；（b）金合欢　铁；（c）二色堇　锌；（d）海川香薷　铜。

图 1.9　几种矿床指示植物及其对应的金属元素

（图引自：中国植物图像库）

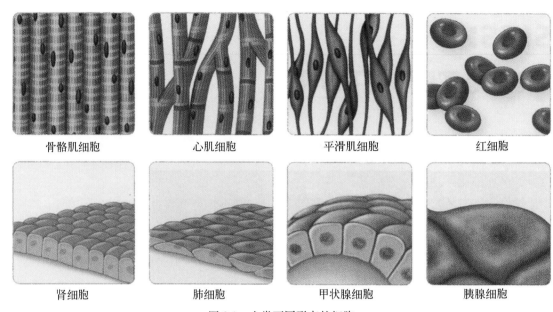

| 骨骼肌细胞 | 心肌细胞 | 平滑肌细胞 | 红细胞 |

| 肾细胞 | 肺细胞 | 甲状腺细胞 | 胰腺细胞 |

图 2.1　人类不同形态的细胞

（图引自：Yashon et al，2009）

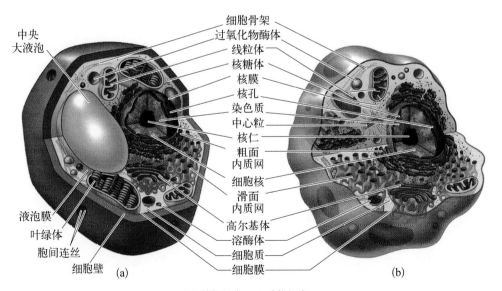

（a）植物细胞；（b）动物细胞。

图 2.2　细胞结构

（图引自：Russell，2003）

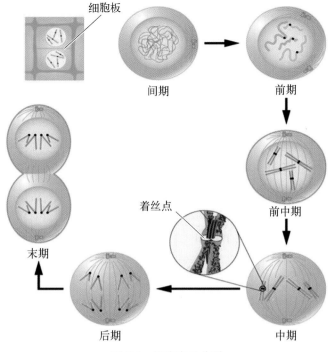

图 2.5 细胞有丝分裂

（图引自：Yashon et al，2009）

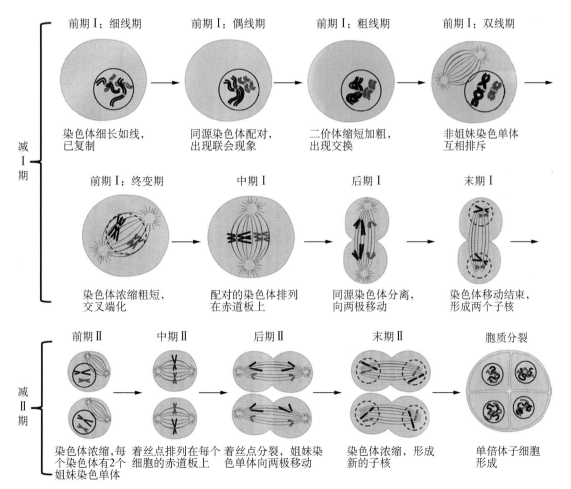

图 2.6 细胞减数分裂

（图引自：Snustad et al，2012）

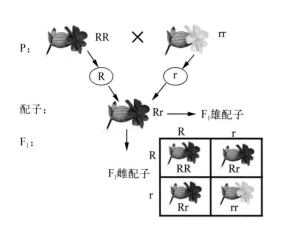

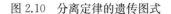

图 2.10　分离定律的遗传图式

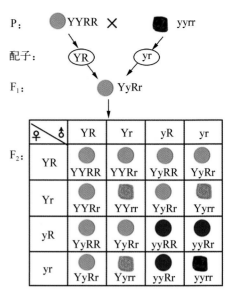

图 2.11　自由组合现象的遗传图示

图 2.16　插入交换与重组型配子形成的过程

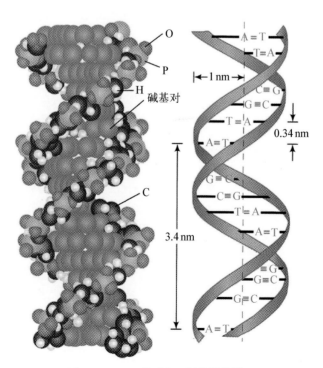

图 2.17　DNA 分子的双螺旋结构模型

（图引自：Russell，2003）

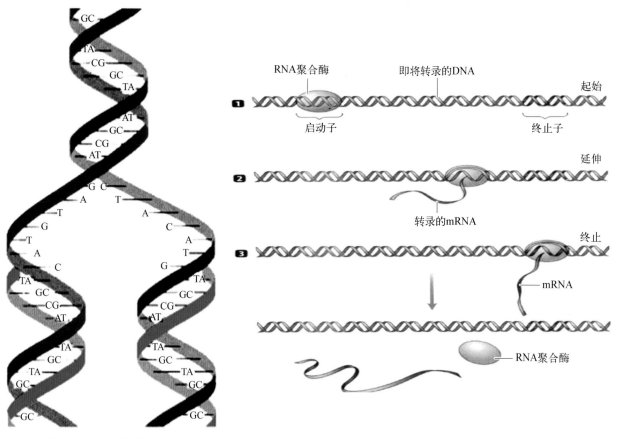

图 2.18　DNA 半保留复制

（图引自：Klug et al, 2000）

图 2.20　基因转录步骤

（图引自：Yashon et al, 2009）

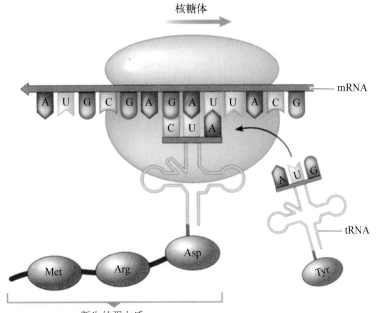

图 2.21　蛋白质的合成

（图引自：Yashon et al, 2009）

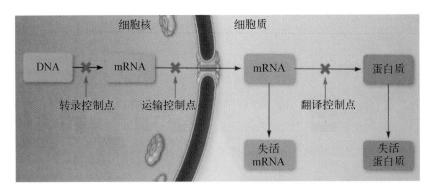

图 2.24　基因不同阶段的表达调控

（图引自：Yashon et al，2009）

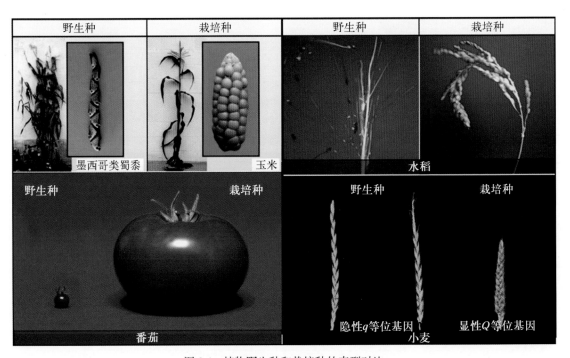

图 3.4　植物野生种和栽培种的表型对比

（图引自：Doebley et al，2006）

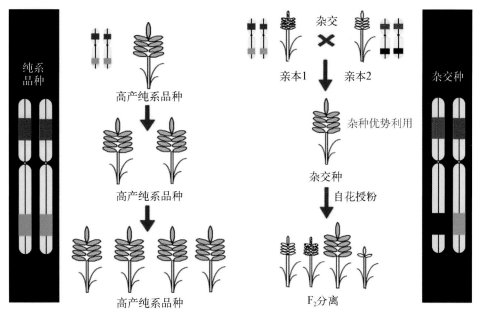

图 3.5　杂种优势

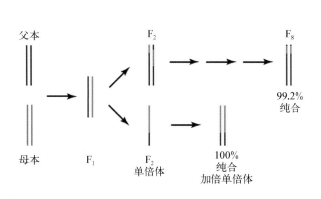

图 3.7　单倍体加快传统育种进程

（图引自：Chan，2010）

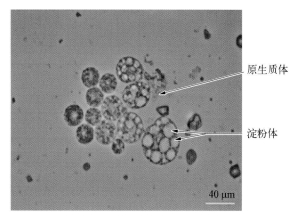

图 3.10　显微镜下未纯化的原生质体

（图引自：郭艳萍，2013）

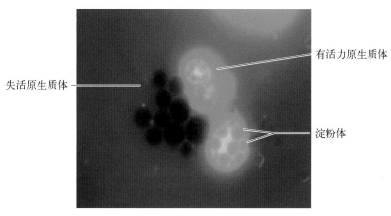

图 3.12　FDA 染色后荧光激发下的原生质体

（图引自：郭艳萍，2013）

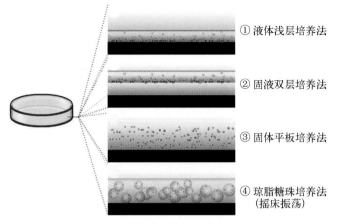

① 液体浅层培养法

② 固液双层培养法

③ 固体平板培养法

④ 琼脂糖珠培养法
（摇床振荡）

图 3.13 原生质体培养方法

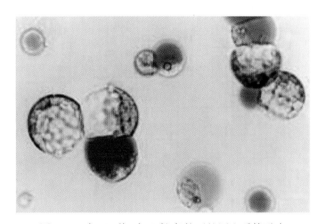

图 3.14 高 pH 值、高 Ca^{2+} 条件下的原生质体融合

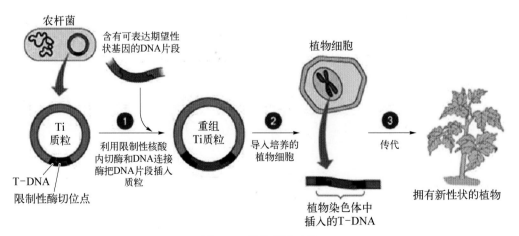

农杆菌

含有可表达期望性状基因的DNA片段

植物细胞

Ti 质粒

T-DNA
限制性酶切位点

❶
利用限制性核酸内切酶和DNA连接酶把DNA片段插入质粒

重组 Ti质粒

❷
导入培养的植物细胞

植物染色体中插入的T-DNA

❸
传代

拥有新性状的植物

图 3.18 植物基因工程

（图引自：Yashon et al，2009）

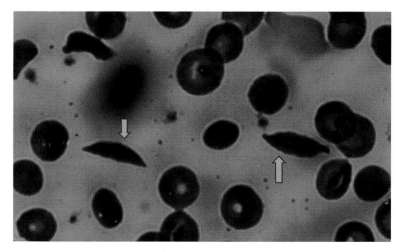

图 4.1　镰形红细胞

（图引自：Ahmed，2015）

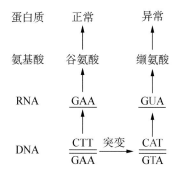

图 4.2　镰状细胞贫血的病因

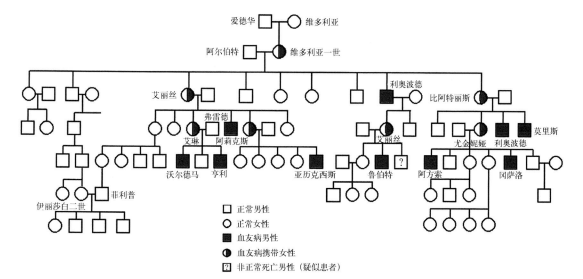

图 4.6　英国皇室血友病遗传图谱

（图引自：Aronova-Tiuntseva et al，2003）

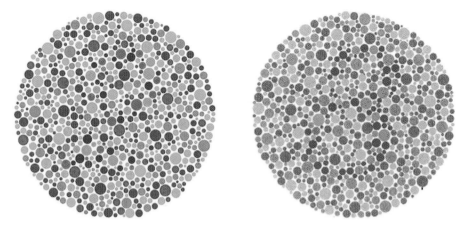

图 4.7　红绿色盲检验图

（图引自：维基百科）

图 4.10　染色体缺失

图 4.11　染色体重复

图 4.12　染色体倒位

图 4.13　染色体易位

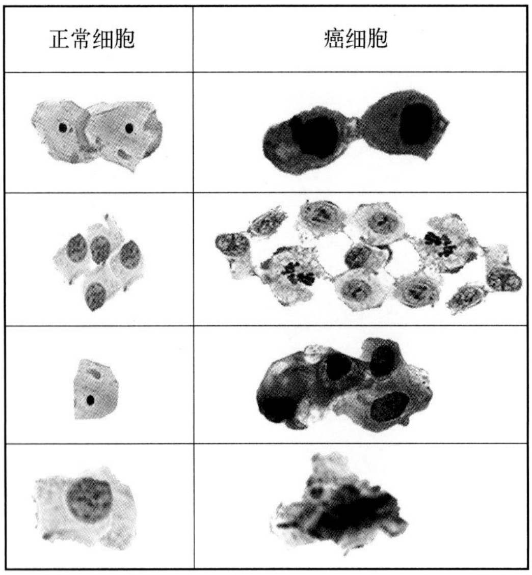

正常细胞	癌细胞

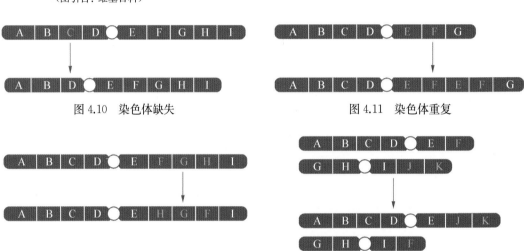

图 4.18　癌细胞与正常细胞的形态差异

（图引自：https://www.lisbonlx.con/definition/
08/concer-definition-biology.html）

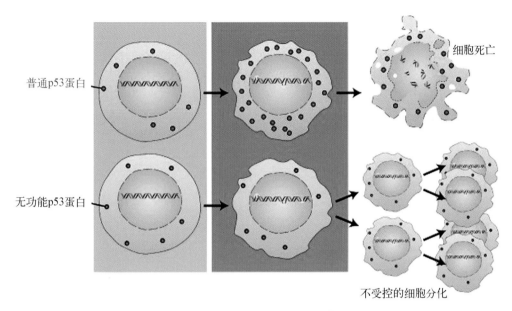

图 4.19　*p53* 对细胞增殖的调控

（图引自：https://drjockers.com/p53 – gene-cancer-development/）

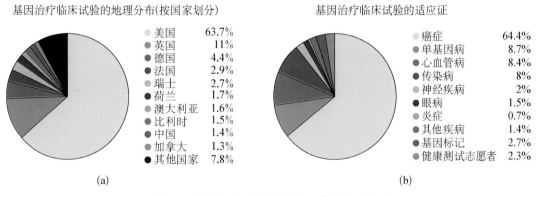

图 5.6　基因治疗临床试验的地理分布及适应证

（图引自：Ginn et al,2013）

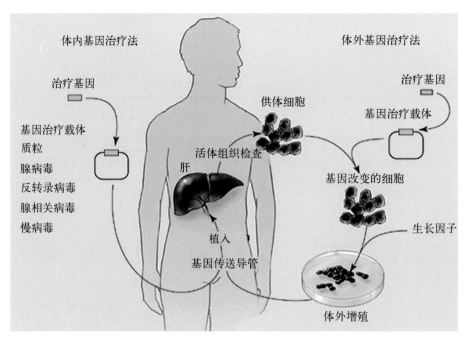

图 5.7　体细胞基因治疗的两种主要方法

（图引自：Kaji et al，2001）

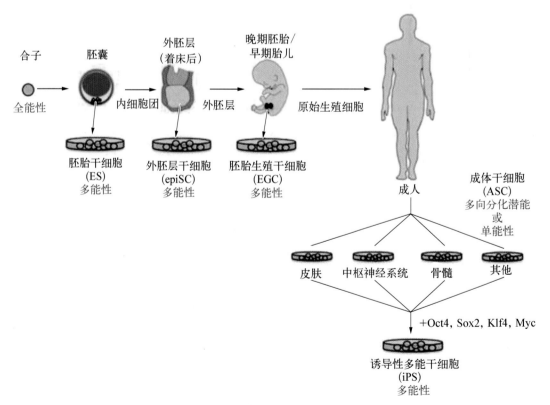

图 5.9　胚胎干细胞与成体干细胞

（图引自：Watt et al，2010）

图 5.12　人造皮肤

（图引自：张新时，2007a）

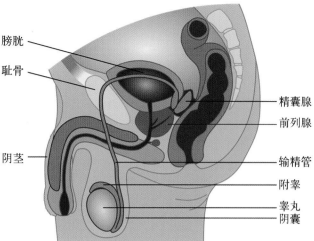

图 6.1　男性生殖系统

（图引自：http://fi.wikipedia.org/wiki/Tiedosto）

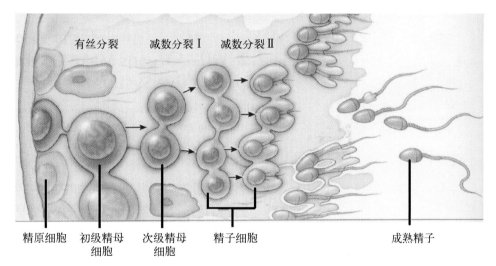

图 6.2　精子发生过程

（图引自：Yashon et al，2009）

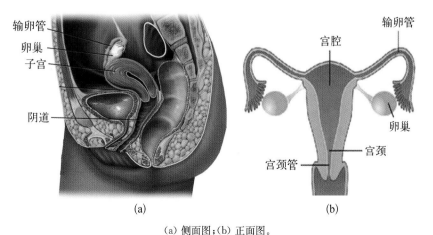

（a）侧面图；（b）正面图。

图 6.3　女性内生殖器

［图（a）引自：http://en.wikipedia.org/wiki/File；图（b）引自：http://health.sohu.com］

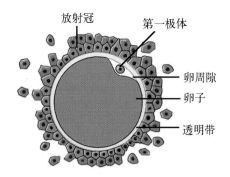

图 6.4　卵子的形态构造

（图引自：http://www.anatomic.us/atlas/egg/）

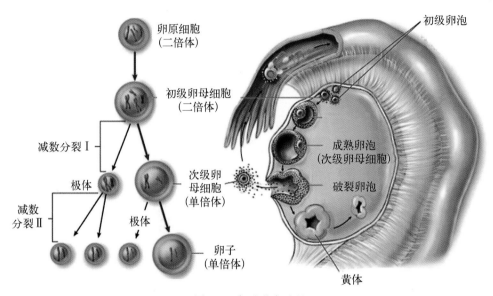

图 6.5　卵子形成过程

（图引自：http://biolo1100.nicerweb.com）

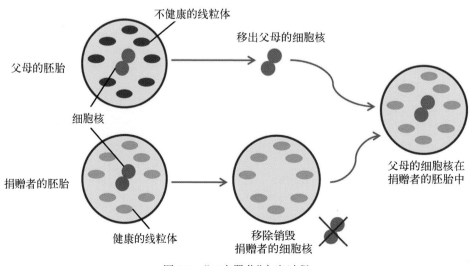

图 6.6　"三亲婴儿"产生过程

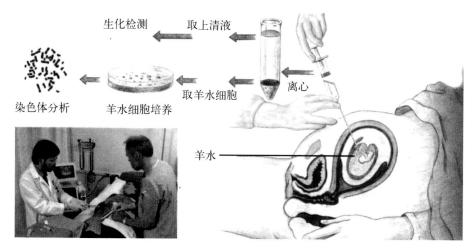

生化检测 ← 取上清液 ← 离心

染色体分析 ← 羊水细胞培养 ← 取羊水细胞

羊水

图 6.7　羊膜腔穿刺术

（图引自：张新时，2007b）

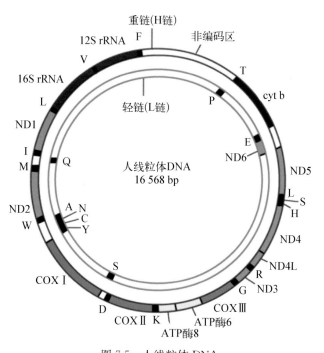

图 7.5　人线粒体 DNA

（图引自：Spelbrink，2010）

2020 UN BIODIVERSITY CONFERENCE

C O P 1 5 - C P / M O P 1 0 - N P / M O P 4

Ecological Civilization-Building a Shared Future for All Life on Earth

KUNMING·CHINA

图 8.1　2020 年联合国生物多样性
　　　　大会（COP15）会标

（图引自：新华网）

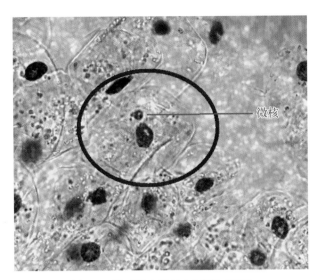

图 8.3　蚕豆根尖微核（农药处理后）

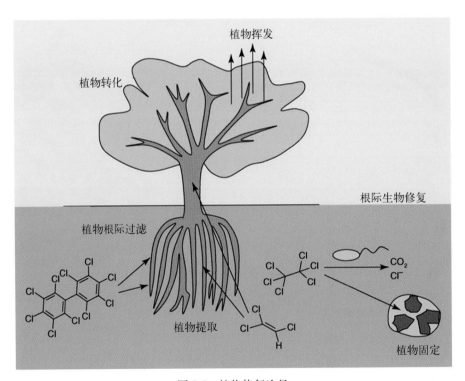

图 8.5　植物修复途径

（图引自：Van Aken，2008）

(a) 遏蓝菜 (b) 酸模 (c) 狭叶香蒲

(d) 鸢尾 (e) 东南景天 (f) 蜈蚣草

图 8.6 六种超富集植物图

（图引自：中国植物图像库）

(a) 香根草 (b) 光叶紫花苕子

图 8.7 两种金属强吸收植物图

（图引自：百度百科）

图 8.8　旱伞草

（图引自：罗倩，2015）

图 8.9　美人蕉

（图引自：中国植物图像库）

图 8.10　中国西南野生生物种质资源库

（图引自：http://www.genobank.org/，2022－08－08）

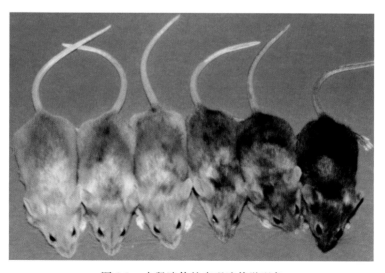

图 9.1　小鼠遗传的表观遗传学现象

（图引自：Morgan et al，1999）

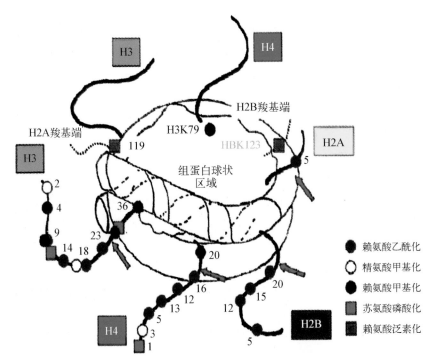

图 9.3　组蛋白氨基端发生的部分修饰

（图引自：蔡禄，2012）

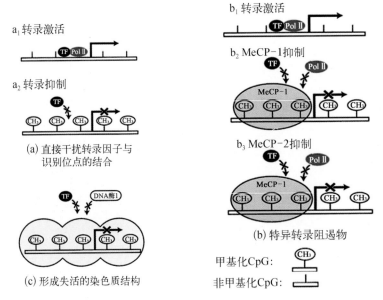

TF—转录因子；MeCP—甲基- CpG 结合蛋白；Pol—RNA 聚合酶。

图 9.5　DNA 甲基化及转录抑制

（图引自：Singal et al，1999）

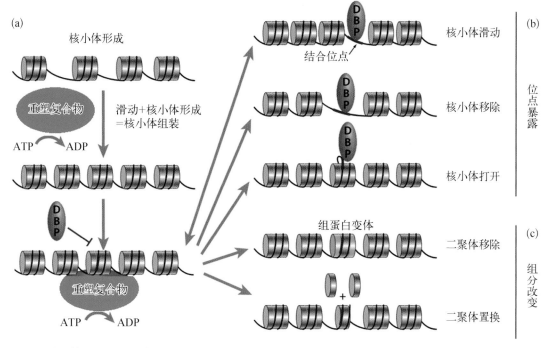

（a）核小体形成：重塑复合物通过移动已有的组蛋白八聚体为其他的核小体形成提供物理空间，进而协助染色质组装。（b）位点暴露：核小体滑动、核小体移除或局部解开 DNA-组蛋白的接触。（c）组分改变：通过包含组蛋白变体的二聚体置换 H2A-H2B 或通过直接移除二聚体的方式改变核小体的组分。DBP—DNA 结合蛋白。

图 9.7　不同的染色质重塑模式

（图引自：Clapier et al，2009）

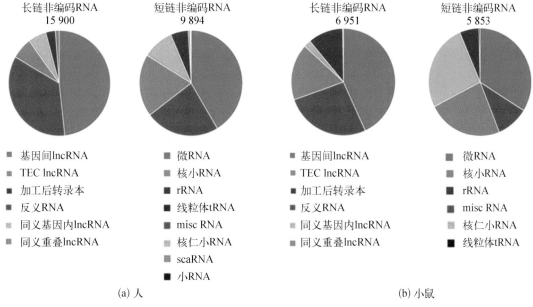

lncRNA—长链非编码 RNA；scaRNA—催化性小 RNA；misc RNA—miscellaneous RNA，除了几大主要 RNA 外的其他类型 RNA。

图 9.9　目前注释的人和小鼠基因组非编码 RNA 基因种类和数目

（图引自：Kashi et al，2016）

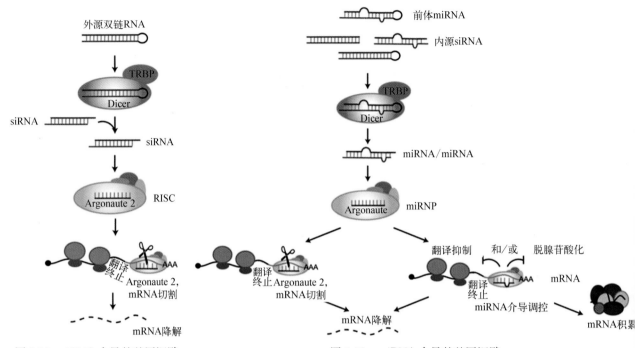

图 9.11　siRNA 介导的基因沉默

（图引自：Röther et al，2011）

图 9.12　miRNA 介导的基因沉默

（图引自：Röther et al，2011）

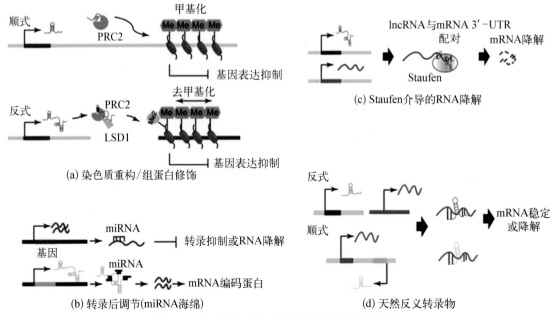

(a) 染色质重构/组蛋白修饰

(b) 转录后调节(miRNA海绵)

(c) Staufen介导的RNA降解

(d) 天然反义转录物

图 9.13　lncRNA 参与基因表达调控的几种机制

（图引自：Kashi et al，2016）

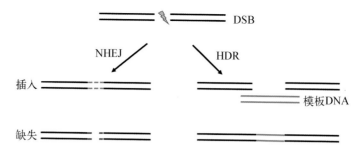

DSB—double-strand break，DNA 双链断裂；NHEJ—non-homologous end joining，非同源末端连接；HDR—homology-directed repair，同源定向修复。

图 9.14　细胞内源性 DNA 修复机制

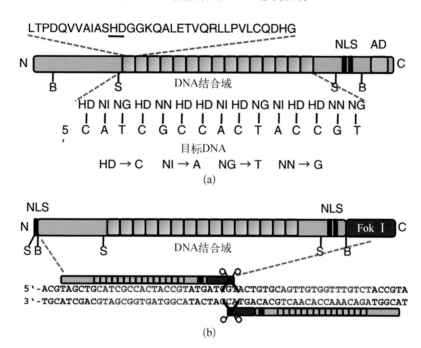

图 9.19　TALE(a)和 TALEN(b)的结构

（图引自：Cermak et al, 2011）

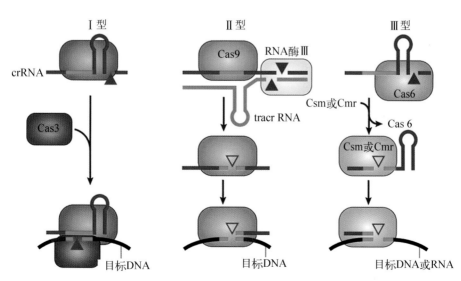

Csm/Cmr—多种 Cas 蛋白与 crRNA 组装形成的复合物。

图 9.21　CRISPR/Cas 系统作用机制

（图引自：Makarova et al, 2011）

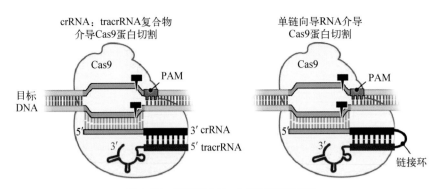

图 9.22　CRISPR/Cas9 系统基因编辑

（图引自：Doudna et al，2014）

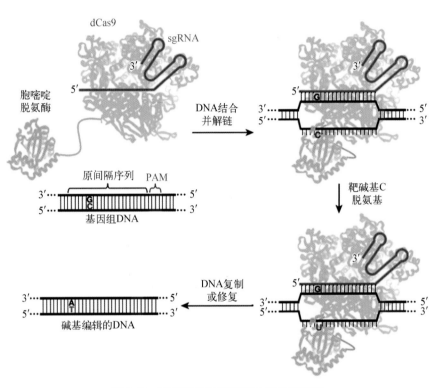

图 9.24　胞嘧啶单碱基编辑系统作用原理

（图引自：Komor et al，2016）

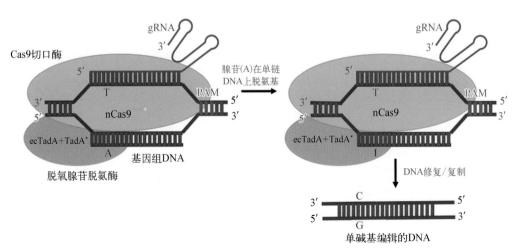

图 9.25　腺嘌呤单碱基编辑系统作用原理

（图引自：李广栋 等，2019）

序

    遗传学是生物学中研究生物遗传及变异的一个分支,即研究生物亲代和子代间关系的学科。遗传学的内容包括遗传物质的本质、遗传物质的传递、遗传物质的变异及遗传信息的实现等。

    遗传学与农林、医药卫生以及生物学其他领域的关系十分密切。由于当代社会发展所提出的课题日益具有综合性,在这种综合过程中,遗传学不仅与自然科学,而且与社会科学领域的经济、法律、哲学、伦理及社会学等学科紧密联系。因此,遗传学已经融入科学和社会的众多领域,成为一种自然和社会结合的力量,在攻克当代人类科学和社会实践中提出的多类尖端课题中必将发挥巨大的作用。

    遗传学既是一门探索自然奥秘的科学,同时又为解决复杂的社会问题带来新的生机,已成为科学与社会的交叉点。由此可见,现代遗传学肩负着科学与社会的双重职责。

    上海交通大学农业与生物学院的教师所编写的《遗传学与社会》,从遗传学与农业生产、遗传学与人类健康、遗传学与环境保护等方面具体阐明遗传学与社会的关系,是一本对自然科学和社会科学工作者都有参考价值的著作,特向广大读者推荐。

曾溢滔

中国工程院院士

上海交通大学

2015 年 7 月

第2版前言

遗传学与人类社会的生产和生活密切相关。遗传学理论及基于其发展而来的各类生物技术已经深入农业、医疗、法制、环境等多个领域。遗传学的发展和应用提高了人类的生活水平和质量,也带来了涉及生物安全、食品安全、伦理道德等方面的疑惑。

《遗传学与社会》一书在阐明遗传学基本理论的基础上,具体地介绍了遗传学应用于实践的机遇、挑战及未来发展等,帮助人们更理性地看待遗传学相关技术,更科学地选择享用遗传学的发展成果。本书主要面向非生物学专业本科生及社会学习者,最适合作为通识课程的参考书,内容侧重于遗传学发展与一些重要社会问题的切合,旨在培养学生利用遗传学知识思考和解析生产和生活中一些相关问题的能力。

随着生命科学的发展日新月异,应用于实际生产和生活中的遗传学成果也层出不穷。《遗传学与社会》自2015年首次出版以来,作为国家精品在线开放课程"遗传学与社会"的主要参考教材,不仅其内容在教学过程中不断更新,而且其框架脉络也得到了充分优化。

本书再版以学习者对行业的关注点为抓手,按专题形式编排。第1章为绪论,第3~8章依次为遗传学与品种培育、遗传学与人类疾病、遗传学与医药健康、遗传学与优生、遗传学与法律伦理、遗传学与环境保护。由于学习者的生物学背景不尽相同,本版将第1版中的生物学基础知识和第4章的内容整合为基础知识模块,单列为第2章,主要包括细胞、基因的物质基础、基因的表达与调控等基础知识,供生物学基础相对薄弱的学习者参考;将与遗传学近期研究热点相关知识列为第9章,主要包括表观遗传学和基因编辑的知识,供生物学基础较好的学习者延伸阅读。

在本书修订再版过程中,先后邀请到复旦大学乔守怡教授、上海交通大学林志新教授和潘重光教授等进行大纲讨论和审稿。在此,向各位老师深表感谢!本书的修订参考了许多国内外文献,也引用了很多插图,在此对有关作者和出版单位致以诚挚的谢意!

遗传学发展迅猛,本版虽经修订,但难免有疏漏与不当之处,恳请各位读者不吝批评指正。

编　者
2022 年 8 月

第1版前言

所有生物都有一个共同的特性：在繁殖后代的过程中，个体之间又出现了各种差异。对这种复杂的内在机制的好奇，促使遗传学建立与发展。

遗传科学起始于1865年一位奥地利神甫孟德尔的工作，他发现了遗传的基本定律。从1900年孟德尔遗传定律被重新发现以来，遗传学经历了一个世纪的发展，取得了近代自然科学史上空前辉煌的成果。

遗传学已对农业做出了巨大贡献。在世界人口猛增、粮食危机、还有人挨饿的今天，提供更多、更好的食物是各国农业的中心目标。众所周知，这一目标的实现在很大程度上依赖于遗传育种工作者不断培育和创造出大批优质、高产和抗逆性强的作物及家畜品种。例如，美国20世纪20年代培育成功的玉米杂交种，我国袁隆平等培育的杂交水稻、鲍文奎等培育的八倍体小黑麦、李振声等培育的"小偃"系列小麦等都为缓解粮食危机做出了巨大的贡献。今天，常规的选育种方法和分子遗传学新方法，都在用于应对全球人口快速增长带来的挑战。

在医学领域中，遗传学已经产生并将继续产生深远的影响。缺陷基因增加了人类患多种疾病的风险；许多疾病可以早期进行遗传学检测，早诊断，早治疗；基因治疗在医治遗传性疾病方面有很大的潜力；DNA指纹技术可以用于亲子鉴定，也可以用于嫌犯的甄别等。

当今的新闻媒体几乎每天都有对遗传学与人类生活和社会许多方面关系的报道。其中包括粮食安全、人类健康、法医甚至政治等。

作为社会群体的一员，我们每个人都是遗传学成果的享用者。遗传学已经渗透到我们生活的方方面面。放眼未来，遗传学必将会在丰衣足食、安居乐业、延年益寿、天下太平等方面不断做出贡献。

在本书的提纲设计讨论、文稿修改等过程中，复旦大学乔守怡教授、沈大棱教授、倪德祥教授和上海交通大学潘重光教授曾先后给予关切和指导，并提出了许多宝贵的意见。在编写过程中，编者主要参考了国内外现有的教材和文献，同时也利用网络资源获取了部分资料和信息。本书的出版，是建立在众多先驱们的成果之上，在此一并表示衷心感谢！

遗传学发展迅速，新理论、新技术层出不穷。由于编者水平有限，书中难免存在疏漏和不当之处，恳请读者批评指正。

陈火英

目　录

1 绪 论

据考证推测,地球诞生至今已有 46 亿年。在漫漫的历史长河中,这个具有得天独厚条件的星球,造就了一种复杂的物质存在——生命。目前,有科学记载的生物约有 170 万种,仅占现存大约 1 000 万种生物的一小部分。所有生物都有一个共同的特性:在繁殖同类的过程中,又产生了各不相同的个体。人们对这种复杂内在机制的好奇促使遗传学诞生与发展(见表 1.1)。

表 1.1 遗传学发展的里程碑

历 史 年 代	代表人物	重 要 发 现	学 术 贡 献
20 世纪初至 20 世纪中期	达尔文 孟德尔 摩尔根	细胞 染色体 进化理论 遗传因子 基因与染色体	生命的基本单位 细胞分裂 物种的形成理论 遗传学规律的发现 基因的载体与行为
20 世纪后期至 现代	埃弗里 沃森 克里克	DNA 是遗传物质 DNA 双螺旋结构 遗传密码	基因
现代	穆利斯 吉尔伯特 桑格 等	PCR 测序 芯片 等	基因定位 基因功能分析 转录组学 表观遗传学 等

1.1 遗传学的由来

1.1.1 20 世纪前的遗传学萌芽

1809 年,拉马克(J. B. Lamarck, 1744—1829)在阐述他的进化理论的同时提出了器官"用进废退"和"获得性遗传"的假说(见图 1.1)。所谓"用进废退"是指生物在长期生活的环境中,某一器官如果经常使用就会变得越来越发达,而不经常使用的器官就会逐渐退化,这种变异可以通过生物的繁殖遗传给下一代,即生物变异的根本原因是环境条件的改变。所谓获得性遗传是指所有生物变异(获得性状)都是可遗传的,并可在生物世代间积累。

拉马克曾以长颈鹿的进化为例,说明其观点。长颈鹿的祖先颈部并不长,由于干旱等原因,它们在低处已找不到食物,这迫使它们伸长脖颈去吃高处的树叶,久而久之,它们的颈部就

图 1.1　20 世纪前的遗传学萌芽里程碑

变长了。一代又一代地遗传下去,它们的脖子越来越长,终于进化为现在人们所见的长颈鹿了。经典的例子除长颈鹿外,还有对鹭、鹤等涉禽长腿的解释,即这些鸟类虽然长期生活在水边,但不喜欢游水,为了不使身体陷进淤泥,就尽力伸长腿部;为了吃到水里的鱼虾,又不至于弄湿身体,就尽力伸长颈部。这样获得的性状,逐代遗传下去,年深日久,就成为长颈长腿的涉禽了。

拉马克学说的进步意义在于它使生物学第一次摆脱了神学的束缚,走上了科学的道路;物种是可以变化的,种的稳定性是相对的。拉马克的学说为达尔文科学进化论的诞生奠定了基础,他的《动物哲学》和达尔文的《物种起源》被称为现代进化论思想的两大源泉。

1859 年,达尔文(C. Darwin, 1809—1882)出版了《物种起源》。该书以自然选择为中心,从变异性、遗传性、人工选择、生存竞争和适应等方面论证了物种起源和生命自然界的多样性与统一性。《物种起源》不仅开创了生物学发展史上的新纪元,使进化论思想渗透到自然科学的各个领域,而且引起了整个人类思想的巨大革命,在世界历史进程中有着广泛和深远的影响。达尔文支持拉马克的"用进废退"和"获得性遗传"假说,并于 1868 年提出了"泛生"假说(见图 1.1),即遗传物质是存在于生物器官中的"泛子/泛生粒",生物的各种性状都以"泛子/泛生粒"状态通过血液循环或导管运送到生殖系统,从而完成性状的遗传。达尔文的泛生论,对后来的遗传学理论,尤其是德·弗里斯、高尔顿和魏斯曼的遗传学理论,产生了重要的影响。

魏斯曼(A. Weismann, 1834—1914)肯定了达尔文的选择理论,但否定了"获得性遗传"的观点,并于 1883 年提出了"种质论"(见图 1.1),即多细胞生物由种质和体质两部分组成。种质是指生殖细胞,负责生殖和遗传,可世代相传,不受体质和环境的影响;体质是指体细胞,由种质产生,负责营养活动,不能遗传。遗传是通过具有一定化学成分和一定分子性质的物质(种质)在世代间传递实现的。魏斯曼做了著名的切老鼠尾巴实验,在连续切了 22 代老鼠的尾巴后,第 23 代老鼠仍长出了尾巴(见图 1.2),以此来佐证自己提出的"种质论"。

遗传学的基本原理是由奥地利人孟德尔(G. Mendel, 1822—1884)最早揭示的。1856—1864 年,孟德尔做了 8 年的豌豆杂交实验。结合前人的工作,孟德尔提出了遗传因子的分离和重组的假设。1865 年,在奥地利布隆自然科学协会的每月例会上,孟德尔分 2 次(2 月 8 日和 3 月 8 日)报告和解释了他的豌豆杂交实验的目的、方法和过程。1866 年,孟德尔在《布隆

图 1.2 魏斯曼著名的切老鼠尾巴实验

自然科学协会会刊》第 4 卷上发表了他的论文《植物杂交实验》，但这一成果被学术界忽视了长达 34 年之久。直到 1900 年，荷兰的德·弗里斯（H. de Vries，1848—1935）、德国的科伦斯（C. Correns，1864—1933）和奥地利的丘歇马克（E. Tschermak，1871—1962）3 位植物学家分别在多种植物上通过大量的杂交工作，取得了与孟德尔实验相同的结果，证实了孟德尔的遗传学研究结果。这一年标志着遗传学的诞生，孟德尔自然而然地成了遗传学的奠基人。

1.1.2 20 世纪上半叶的经典遗传学

从 1900 年孟德尔遗传定律被重新发现以来，遗传学经历了一个世纪的发展，取得了近代自然科学史上空前辉煌的成果。在经典遗传学时期（见图 1.3），科学家们以杂交为基础，通过观察比较生物体亲代和杂交后代的性状变化，认识与生物性状相关的基因的传递规律。也就是从生物体的性状改变认识基因，这被称为正向遗传学。

图 1.3 20 世纪上半叶遗传学发展的里程碑

　　事实上,早在科学产生之前,人类为了生存,就与甜酸苦辣性质各异的植物和形状不同的动物打交道了。植物、动物以及人都属于生物,生物的性质和形状统称为性状。人在与动物和植物打交道的过程中,对鸡生鸡、狗生狗、猪生猪、稻的后代还是稻等现象感到好奇。看到母马和公驴交配生马骡、母驴和公马交配生驮骡(见图 1.4)时,除感到好奇外,更感到迷惑不解。除此之外,人类在与生物打交道中看到更多的是,类生同类时上代和下代有时性状相同,有时又会出现性状差异。例如,黑牛除生黑牛外,有时还会生下白犊。尤其是在人类知道血型后,看到同一对夫妻既会生下与母亲或父亲血型相同的子女,也会生下与母亲或父亲血型都不相同的孩子,如父母的血型都为 A 型,但他们子女的血型既可以为 A 型也可以为 O 型。下代和上代的性状为什么有的相同,有的又不同呢?

(a) 马;(b) 驴;(c) 马骡(母马×公驴);(d) 驮骡(母驴×公马)。

图 1.4　马驴杂交动物

[图(a)、(b)、(c)引自 http://animalia-life.com/mule.html;图(d)引自 http://www.northernontario.org]

　　现在,人们把类生同类以及同类的上、下代之间性状相同的现象称为遗传,而把类生异类和同类上、下代之间性状不同的现象称为变异。遗传、变异的现象实在令人好奇又困惑。因此,早就有人想打破砂锅问到底,想要了解遗传、变异的真相。

　　1903 年,德国生物学家鲍维里(T. Boveri, 1862—1915)利用蛔虫发现配子形成中染色体数目减半;美国生物学家萨顿(W. Sutton, 1877—1916)利用蝗虫描述了减数分裂的染色体行为,与孟德尔有关遗传因子的描述完全相符。1909 年,丹麦遗传学家约翰逊(W. Johannsen,

1857—1927)用"基因"一词描述遗传因子。1909 年,英国医生伽罗德(A. E. Garrod)发表了人类先天性代谢病的论著,提出"一个突变基因——一种代谢缺陷(one mutant gene — one metabolic block)",报道了第 1 例人类遗传病:尿黑酸症(alkaptonuria)。

随着研究工作的深入,基因不断地被赋予新的内涵。摩尔根(T. Morgan,1866—1945)以果蝇为材料进行遗传学研究(见图 1.5),揭示了孟德尔遗传的本质。1911 年,他提出了"染色体遗传理论"。摩尔根发现,代表生物遗传秘密的基因的确存在于生殖细胞的染色体上。他还发现,基因在每条染色体内是直线排列的。染色体可以自由组合,而排在一条染色体上的基因是不能自由组合的。摩尔根把这种特点称为基因的"连锁"。摩尔根在长期的实验中发现,由于同源染色体的断裂与结合,而产生了基因的互相交换,不过交换的情况很少,只占 1%。连锁和交换定律,是摩尔根发现的遗传第三定律。他于 1926 年创立了著名的"基因学说",揭示了基因是组成染色体的遗传单位。基因能控制遗传性状的发育,也是突变、重组、交换的基本单位。但基因到底是由什么物质组成的? 这在当时还是一个谜。

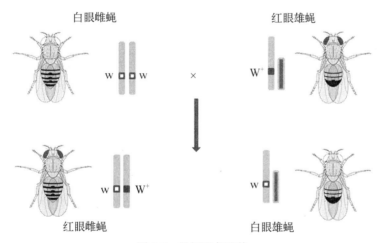

图 1.5 果蝇眼色遗传

1928 年,英国病理学家格里菲斯(F. Griffith,1879—1941)利用肺炎链球菌转化实验发现了可转化的遗传因子。1944 年,美国细菌学家埃弗里(O. Avery,1877—1955)分离了肺炎链球菌的不同组分,证明遗传物质就是 DNA。1952 年,美国细菌学家赫尔希(A. Hershey,1908—1997)与蔡斯(M. Chase,1927—2003)利用同位素标记的噬菌体侵染实验进一步证明了遗传物质是 DNA。但是,突破性的事件却发生在 1953 年 4 月 25 日,沃森(J. Watson)和克里克(F. Crick)在英国《自然》杂志上发表了《DNA 双螺旋结构的分子模型》一文。该论文把埃弗里等人验证 DNA 是遗传物质的研究成果建立在更牢固的基础之上,标志着遗传学以及生物学进入分子水平的新时代。从此遗传学在各个方面取得了飞速发展。

1.1.3 20 世纪下半叶的现代遗传学

在分子遗传学时期,以物理学和化学的原理和实验技术为基础,直接解剖基因的物质结构,并在分子水平上揭示基因的结构和功能。也就是从基因的结构出发,认识基因的功能,这被称为反向遗传学。

20世纪下半叶,现代遗传学取得了一些骄人的成就(见图1.6)。70年代后期,分子遗传学研究更加深入,基因组学研究全面兴起,其中标志性的研究项目是1990年正式启动的人类基因组计划。

图1.6 20世纪下半叶现代遗传学发展的里程碑

1961年,克里克(F. Crick)和同事们用实验证明了他于1958年提出的关于遗传三联密码的推测。

1965年,雅各布(F. Jacob)和莫诺(J. Monod)由于发现了细菌细胞内酶活性的遗传调节机制而共同获得了当年的诺贝尔生理学或医学奖。他们发现和阐明了调节基因、转录、操纵子、mRNA及调节蛋白等新概念。

霍利(R. W. Holley)、科拉纳(H. G. Khorana)和尼伦伯格(M. W. Nirenberg),因破译出

64 种遗传密码而获得 1968 年诺贝尔生理学或医学奖。

1972 年，保罗·伯格(P. Berg)构建第一个重组 DNA 分子。

1977 年，吉尔伯特(W. Gilbert)发明了大片段 DNA 快速测序法；桑格(F. Sanger)提出双脱氧链终止法测序技术。

1985 年，Cetus 公司的科学家穆利斯(K. B. Mullis)发明了聚合酶链反应(polymerase chain reaction，PCR)。也因此，穆利斯获得了 1993 年诺贝尔化学奖。

毕晓普(J. M. Bishop)和瓦尔穆斯(H. E. Varmus)因为对癌症发生机制的贡献而荣膺 1989 年诺贝尔生理学或医学奖。

1998 年，法尔(A. Fire)和梅洛(C. Mello)发现双链 RNA 可以抑制线虫同源基因的表达以使其基因沉默，并可以遗传给后代。他们因为发现 RNA 干扰现象而获得 2006 年诺贝尔生理学或医学奖。

1.1.4　21 世纪的现代遗传学

基因融入了生命科学的各个学科，各个学科的发展又推进了对基因结构和功能的认识。在这种情况下，生命科学的各个学科几乎都与遗传学形成了交叉学科，如细胞遗传学、生化遗传学、神经遗传学、发育遗传学、进化遗传学乃至生态遗传学等。遗传学研究逐渐被其他学科所"蚕食"，遗传学的固有"边界"趋于模糊和消失。但这并不意味着遗传学在消亡，恰恰相反，这标志遗传学面临着又一次迅猛发展的大好形势，那就是基因组学(genomics)的出现，把遗传学的研究推向了新的高潮。在此基础上，遗传学将以新的面貌——基因学(genics)出现。基因学通过直接研究基因的结构和功能，揭示出新的遗传现象及规律，而将传统的遗传学研究推向深入(见图 1.7)。

2000 年，果蝇和拟南芥基因组测序基本完成。

2001 年，人类基因组测序草图发表。

2003 年，美国联邦国家人类基因组研究项目负责人弗朗西斯·柯林斯(F. Collins)博士在华盛顿宣布人类基因组序列图已由美、英、日、德、法、中六国科学家历经 13 年绘制完成。

图 1.7　21 世纪下半叶现代遗传学发展的里程碑

2006 年,日本京都大学山中伸弥团队在《细胞》杂志上率先报道,诱导性多能干细胞技术可重塑细胞潜能,这为遗传缺陷治疗提供了新途径。

2007 年,沃森个人基因组测序工作完成。

2009 年,TALEN 基因编辑技术出现。2009 年,Boch 等和 Moscou 等同时在《科学》(Science)杂志上报道了 TALE 蛋白能特异性地识别和结合 DNA 序列,这给生物基因组定点改造带来了新的曙光。

2010 年,美国克雷格·文特尔研究所(J. Craig Venter Institute)人工合成了一个细菌基因组,创造出世界上首个"人造生命",取名为"辛西娅"(Synthia)。

2012 年,CRSPR/Cas 基因编辑技术出现。2012 年,来自加州大学伯克利分校的结构生物学家道德纳(J. Doudna)和瑞典于默奥大学的沙尔庞捷(E. Charpentier)首次将 CRISPR/Cas 作为基因编辑系统应用。

2013 年,尼安德特人完整基因组测序完成。

2014 年,科学家首次成功合成酵母染色体。

2017 年,《科学》杂志报道,中外科学家用化学物质成功合成 5 条人工设计的真核生物酿酒酵母染色体。

1.2　遗传学与人们的生活

随着遗传学理论和技术的发展,遗传学的应用和实践也取得了举世瞩目的进展。在医学、农业、人口、资源、环境等领域都可看到分子遗传学技术的应用,特别是以基因工程为核心的生物高科技产业的形成,促进了社会生产力的新发展。许多国家都把生物技术作为科技发展的重要内容,并做出规划。基因工程技术在农业中也日趋重要。近 10 年来,以聚合酶链反应(PCR)为基础的 DNA 多态性检测技术的发展,分子标记的日益增加,构建饱满的遗传图已成为现实。分子遗传学为人类提供了基因组分析的新手段,使属间基因组比较成为可能,数量性状基因座(quantitative trait loci, QTL)定位也得以实现,抗病基因的分离鉴别更为简化,并发展出新的育种程序——分子标记辅助育种。遗传学理论和实践的发展,对遗传学的教学提出了新的要求。

遗传学将是 21 世纪迅猛发展的一门自然科学。遗传学的研究成果同农业生产、人类健康、环境保护乃至国防建设都密切相关。同时,遗传学揭示的生物的遗传本性、遗传学研究的思路以及研究成果对社会产生的影响等,又向社会科学提出了一系列需要认真思考的课题。遗传学研究同社会科学研究交叉渗透,相互促进,必将更加有力地推动社会发展,造福人类。

遗传学是研究有关生物体性状遗传、变异规律的科学。社会是以共同的物质生产活动为基础而相互联系的人们的总体,也可简称为所有的劳动群众。"遗传学与社会"这个命题要阐述的是遗传学服务于提高人类生活质量方面的内容。谈家桢先生生前在发表新世纪祝愿感言时指出:"丰衣足食,安居乐业,延年益寿,天下太平"。这四方面大概可以概括劳动人民生活质量的全部内容了。

1.2.1　遗传学与农业生产

人活着就要吃饭,这是 3 岁小孩都知道的常识。粮食是人类生存的第一必需品,可以说

"民以食为天"。此外,粮食也是维系国家生存和安全的第一支柱,比军力和能源还重要。我们的老祖宗把食和反放在一起就成了"饭","饭"中无食剩下的是反,反就是造反,国民造反了,那必将是国无宁日,民不聊生。

在世界人口猛增、粮食危机日益严重、还有人挨饿的今天,提供更多、更好的食物是各国农业的中心目标。众所周知,这一目标的实现在很大程度上依赖于遗传育种工作者不断地培育和创造出大批优质、高产和抗逆性强的作物及家畜品种。例如,美国20世纪20年代的玉米杂交种,我国袁隆平的杂交水稻、鲍文奎的八倍体小黑麦、李振声的小偃系列小麦等都为缓解粮食危机做出了巨大的贡献。

今天,从全球看,吃饭问题依然是个严重的命题。研究表明,平均每人每天需要9 200 J(焦)热量的食物才能维持生命的最低水平,达不到这个最低水平,人的生命时刻都处在毁灭中。联合国粮食及农业组织(FAO)估计,全世界还有10%的人口生活在这一最低水平线之下。而且,人口增长需要更多粮食。据统计,全球人口在1700年时为6亿,1800年增至10亿,1900年为16亿,到2000年时已超过60亿。1700—1900年的200年内,全球人口增加了10亿,而1900—2000年这100年内就净增了44亿。据联合国预测,到2030年,全球人口将增至71亿,可历史时针还指在2011年时,全球人口就已经达到70亿了。2019年6月17日,联合国经济和社会事务部人口司发布《世界人口展望2019》(WPP2019),报告指出全球人口继续增长,2019年全球人口为77亿(见图1.8),预计到2050年将增至97亿,也就是说在30年的时间内,要增加20亿张嘴,这就要求有大量的粮食来满足人类生存的需求。

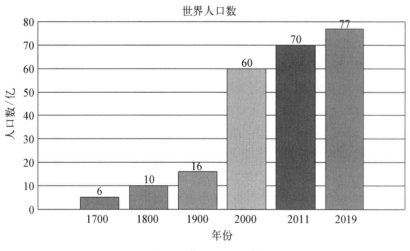

图1.8　世界人口的增长

可是,在人口增长的同时,水资源日益紧缺,土地沙漠化日趋严重,能开垦种植的土地也日益减少。面临这种状况,有人提出了人类最终能否养活自己的疑问,当然答案是乐观而肯定的,人类必然能延续下去,而且是在高质量的生存条件下延续下去。要实现这个目标,需要多个领域的科学工作者通力合作,而研究遗传、变异规律的遗传学家也将大有作为。因为要增加粮食和提高粮食的品质,培育新品种是核心问题。遗传改良(genetic improvement)是使粮食生产与人口增长保持同步的最有效途径。除在农业落后地区推广现代农业和精耕细作的耕作方法,以提高单位面积产量外,更需要发展育种新技术,提高科学技术在发展农业生产中可起作用的比重。提高农作物产量,遗传学的作用体现在发展以基因为基础的农业育种系统。

"种"是"农业生产八字宪法"之一,选用优良品种是使农业生产丰收的重要举措之一。历代劳动人民重视良种,创造了丰富多彩的动植物新品种,在实践中积累了宝贵的经验,产生了选种理论,理论又指导着育种。实践证明,动植物育种和良种繁育工作,都离不开运用生物遗传和变异的特性。

有些育种方法,如纯系育种法、杂交育种法,在实验遗传学理论建立前已被人类应用,但在遗传学理论指导下得到了更快的发展。另一些方法,如回交育种法、玉米自交系杂交育种法、辐射育种法等,在相关遗传学理论阐明以后才被提出来。而在任何一种情况下,育种材料的选择、处理的方案,都有严格的遗传学根据。任何现代的育种方法,都不能违背遗传学的原理。随着遗传学的发展,人类将能更快、更好、更精密地育成新的动植物品种,创造出更多的"奇迹"。

为了更好地开发和利用天然种质库中丰富的遗传资源,许多动植物基因组计划也纷纷开始实施。2002 年 12 月 18 日,国际水稻基因组测序计划工作组在东京宣布,国际水稻基因组测序计划已圆满完成,共测定碱基对 3.66×10^8 个,精确度达到 99.99%,并预测遗传基因 62 435 个。国际水稻基因组测序计划启动于 1998 年,是继人类基因组计划后的又一重大国际合作的基因组研究项目。该工程的完成将使人们可以利用遗传途径改良水稻品种,并为解读其他谷物的基因序列提供帮助。由美国、英国、中国等 14 个国家的科学家组成的"番茄基因组研究国际协作组",经过 8 年多的艰苦努力,完成了对栽培番茄全基因组的精细序列分析,成果于 2012 年 5 月 31 日以封面文章发表在国际权威学术期刊《自然》上。和番茄同属茄科的植物马铃薯、辣椒和茄子等,虽然外表差异较大,但基因组却很相近。比如,用这次测出的番茄基因组,同以前获得的马铃薯基因组进行对比,它们之间的差异也只有约 8%。这些工作使目的基因的筛选和克隆变得更为可行,加快了优良性状基因的获得和遗传潜力释放的速度,为进一步对基因功能的研究和利用奠定了基础。

1.2.2 遗传学与人类健康

遗传学还同人类本身的健康、生育控制等直接有关,其重要性正日益显现出来。我国自 1949 年以后,鼠疫、伤寒、霍乱、天花、结核等严重威胁人民生命的疾病已基本得到控制。但是,由于在发展工农业生产的同时对"三废"治理重视不够,恶性肿瘤和遗传性疾病的发生率和病死率有所增高。因此,如何防治这些疾病已成为当前亟待研究解决的大课题。

人的健康、疾病和寿命是由遗传和环境因素共同决定的。遗传因素主要体现在基因的类型及基因表达的活性对代谢、免疫、神经、发育和内分泌等系统的作用效应,同时遗传因素还决定了个体对不同环境的适应能力和同一环境下不同个体的耐受性。因此,遗传因素是内因和依据,是起主导性作用的。业已证明,几乎所有的疾病,包括现今对生命威胁最大的癌症、艾滋病、心血管疾病、神经精神疾病,甚至人类最关切的衰老和智力等问题均被证明与遗传因素密切相关。因此,从分子和基因的水平阐明这些疾病发生的机制,从而制定出治疗及预防的策略,将成为人类攻克这些疾病以及延缓衰老的有效途径。

健康是指人体遗传结构控制的代谢方式与人体的周围环境保持平衡的状态。健康是金,健康是人生中最宝贵的财富,有人把健康比作1,其余的一切都比作1后面的0,没有了1,再多的0依然是0。提起健康,就会想到生病。遗传结构的缺陷和(或)周围环境的显著改变,都能打破健康这种平衡,导致疾病。早在遗传、变异规律尚未揭示之前,许多人已朦朦胧胧地觉得人的许多病与自己的祖宗有关。1903年,法拉贝尔(Farabel)报道了短指(趾)畸形家系。1909年,伽罗德(Garrod)在《先天性代谢差错》一书中,描述了尿黑酸尿症基因与尿黑酸氧化酶的关系,指出某些疾病与支配某一代谢途径的酶的活性有关,并发现有些患者是近亲婚配者的子女。随着遗传学的发展,特别是近来开展的人类基因组计划、测序和基因识别等所取得的成果,医学界已逐渐达成共识,即:不论是对于器质性疾病,还是对于功能性疾病,都有必要在基因水平上探究其病因,并以此为基础设计新的治疗方案,发展新的药物。除此之外,人类正常的衰老和死亡,也受基因的调节和控制,也是以基因为基础的一种表型。因此,不论是治疗疾病,还是延缓衰老,都可以从基因这个层次上研究解决问题。可以说,21世纪将是遗传学家、医学家和药物学家通力合作大显身手的时代。

据报道,人类已知的由单个基因决定的性状就有2 800多种,其中很多是遗传性疾病性状。恶性肿瘤则与细胞内基因的结构和功能出现异常密切相关,有些甚至由特定的基因决定。因此,遗传学的基本原理,可以作为提出防治措施的理论基础。例如,凡能诱发基因突变的化学物质,基本上都是致癌物质。因此,可将细菌的突变作为大规模检测致癌物质的指标,代替传统的动物致癌试验,该方法具有快速、准确及经济等优点。

有资料表明,新生儿中患有各种遗传病的占比在3‰~10.5‰。若按3‰这个最低数值来计算,我国每年出生的1 800多万名新生儿中就有50多万名患有遗传病。这些疾病包括智力低下、性别畸形、先天性心脏病等。其中,有的患儿夭折;有的成年后丧失劳动能力,生活不能自理;有的则在精神上有沉重的负担。这对患者、患者的家庭和社会来说,都是一个悲剧。因此,必须大力普及遗传学知识,让民众知晓为什么要避免近亲结婚。如果家庭中有过遗传病患者,孕妇最好能做产前诊断,以便及时采取措施,避免患儿的出生。有些遗传病如能在婴儿期内及时确诊,采取必要的医疗措施和控制饮食等,也可得到控制或治疗。当然,最有效的莫过于用基因工程的方法,矫正有缺陷的基因的作用,这是真核类生物基因工程的一个主攻方向。

未来的医学将会是什么样子?可以将人类基因看作人类的第三张解剖图。第一张为人体解剖图,第二张是染色体高分辨显带图,第三张则是基因图。这3张图开辟了现代医学的基础,而第三张图将揭示人类生、老、病、死的奥秘,功能基因组学、疾病基因组学及药物基因组学都从此新起点开始奔跑。

有人设想,未来的基因诊断,可通过一张1 cm大小的基因芯片,将成千上万种疾病或功能不同的基因都集于其中,对胎儿或新生儿,一次即可做出各种疾病预测,这是何等诱人的理想。当然,这一新生事物的出现,会在伦理、道德上产生新的问题。相信这些问题将与历史上出现的其他新事物一样,都会迎刃而解。

1.2.3 遗传学与法制

我国的法医学发展从战国时期开始,到现在已经有两千多年的历史。法医学是一门边缘科学,它运用医学、生物学和其他自然科学的理论和技术,主要研究和解决涉及法律的与人身伤害有关的问题,从而为刑事侦查提供线索,为司法审判或民事调解提供科学证据。法医学作为一门交叉学科,它的进步与发展离不开自然科学的发展。尤其是在现代,生命科学的飞速发展为法医学的发展提供了理论的指导。现代科学技术和先进的仪器设备运用于刑事诉讼中,是科技和社会发展的必然。

ABO 血型分析是最早应用于个体识别的遗传学技术。20 世纪初,一名维也纳生物学家发现,红细胞中的 ABO 抗原可以作为鉴定亲子身份的依据,从此开启了遗传学在个体识别领域应用的大门。ABO 血型分析具有速度快的特点,一般只需要几分钟就可完成。但是,其分析的血型系统只有 4 种表型——A、B、AB 和 O 型,由于表型比较少,其个体识别能力相对较弱。所以,ABO 血型分析更多用于划定嫌疑范围,排除嫌疑。后来,又增加 Rh 血型分析、MN 血型分析,个体识别的概率相对增高,但仍无法达到同一认定的程度。

人类基因组由 23 对染色体组成,含有约 31.6 亿个碱基对。由于人与人之间部分序列及片段长度重复性不同,每个人均有别于他人,成为具有个人特征的个体。DNA 鉴定技术正是基于人类基因组的遗传多态性进行的一项具有高排除能力的分析技术,鉴定的结果能够直接认定个人身份。因其具有极高的个体识别率,被誉为法医物证分析领域的里程碑。DNA 鉴定技术在锁定犯罪嫌疑人、查找无名尸体身源、串并案件、排除“无关人员”、纠正错案等方面具有重要的价值。实践证明,DNA 在法庭科学中的证明力是其他任何证据无法弥补和替代的。目前,DNA 作为证据已被司法工作人员、诉讼参与人员及其他公民普遍认可和接受,并被大量地应用于诉讼活动中,具有极为重要的作用和意义。

1.2.4 遗传学与环境保护

人类需要青山绿水、蓝天白云、阳光充足、空气清新、风调雨顺的环境。生活在这种环境下的人们才能安心工作,努力学习,愉快生活。在这种舒适优美的环境下,才会出现鹰击长空、鱼翔浅底、万类霜天竞自由的繁荣景象。可是,环境污染已成为社会公害,直接影响人类的健康。

我们只有一个地球。生活在地球多地区的生物之间、生物与环境之间的相互关系,是亿万年进化过程中在自然选择压力下形成的。基于这种相互关系的自然环境,应是包括人类在内的多个物种最适宜的生存环境。但是,由于全球工业和交通运输事业的迅速发展以及未加控制的人类活动,在短短的一百年内,这种相互依存的关系被急剧地改变了,人类与周围生态环境间的平衡遭到难以恢复的破坏。这不仅对其他生物是个灾难,也将给人类自身的生存带来严重的后果,因为生态系统对污染物的净化,对土壤肥力、小气候的维持以及对大气和水的清洁,莫不与人类的生存息息相关。

环境和生态失衡,已造成地球上生物发生重大的灭绝。据哈佛大学著名生物学家爱德华·威尔逊(E. Wilson)博士的估计,每年灭绝的物种接近 2.7 万种。物种和基因的多样性,是满足人类社会发展所需的一种可供选择的自然资源。因此,保护生物,实际就是保护人类自身;保护生态环境,实际就是保护人类的生存环境。遗传学家正在致力于生态环境和生物多样性保护的研究。近来,学术界讨论用个体克隆技术抢救一些濒临灭绝的动物物种,这未尝不是一种应急的有效措施。

环境保护的一个关键问题是确定污染源。只有确定污染源,才能采取有效的治理措施。污染源通常有物理性的、化学性的和生物性的,这三者之间有着紧密的联系。很多环保技术都需要建立在遗传学研究的基础上,比如采用基因诱变方法,选育能分解污染物质为能量来源的菌种,用以清除水体中的石油、有机物等污染物(见表1.2);利用特殊菌种发酵,将工农业生产和人类生活产生的多种废物转变为能源、可再次利用的原材料以及肥料;培育既可以用来清除环境中汞、镉等重金属污染,也可以用于采矿,特别是在开采贫矿过程中能富集金属元素的特殊菌种或植物等(见图1.9)。至于以基因突变为指标,检测环境中有害物质的危害程度,更是目前环境检测中常用的灵敏而高效的方法。

表 1.2　有效微生物菌群对污染物的去除功能

菌群名称	去　除　功　能
光合菌群	降解污水中的有机物、氨氮和硫化氢等有害物质
放线菌群	促进污水中有机氮和纤维悬浮物的分解
酵母菌群	促进污水中醇、酚、脂、氨基酸及多糖和蛋白质的分解
乳酸菌群	促进污水中难降解碳水化合物的分解

(资料引自:熊小京 等,2007)

(a)　　　　　　　　　　　　　　　　(b)

(c)　　　　　　　　　　　　　　　　(d)

(a) 紫云英—硒;(b) 金合欢—铁;(c) 三色堇—锌;(d) 海州香薷—铜。

图 1.9　几种矿床指示植物及其对应的金属元素

(图引自:中国植物图像库)

思考题

1. 简述遗传学发展史上的重大事件。

2. 遗传和变异对人类有何影响？

3. 遗传学对社会的负面影响有哪些？ 如何规避？

4. 举例说明通过遗传改造,植物对人类的贡献。

5. 举例说明微生物与我们的生活密切相关。

2 遗传学基础知识

2.1 细胞

细胞与生物体之间的关系可以用德国植物学家施莱登(Matthias Jakob Schleiden)和动物学家施旺(Theodor Schwann)提出的细胞学说解释。根据迈阿密大学生物学教授 Charles Mallory 博士的解释,细胞学说包括如下:

(1) 所有生物体都由细胞组成。

(2) 细胞是组成生物体结构和维持生命功能的基本单位。

(3) 新细胞由已存在的细胞分裂而来。

(4) 细胞含有生物体的遗传指令。

(5) 细胞控制了生物体的代谢和生物化学反应。

因此,细胞是生物体最基本的结构单位和功能单位。

那么,细胞包括哪些部分呢?

细胞按有无真正的细胞核可分为原核细胞(prokaryotic cell)和真核细胞(eukaryotic cell)两类,其区别是有无核膜包被的细胞核,真核细胞有核膜,而原核细胞无核膜。植物细胞和动物细胞都属于真核细胞,都有细胞膜、细胞质和细胞核 3 部分,但植物细胞比动物细胞多一层细胞壁。

细胞膜的主要成分为脂质和蛋白质,其主要功能表现在屏障作用、物质交换和信息传递等。细胞质除了有由蛋白质分子、脂肪、游离氨基酸和电解质组成的基质外,还具有许多重要的结构,称为细胞器(organelle)。细胞核包括核膜、核仁、核液、染色质等结构。

2.1.1 细胞的形态与结构

生物由细胞构成。一些生命活动的基本过程,如物质代谢、能量转换、运动、发育、繁殖和遗传等,都是以细胞为结构基础实现的(即使是没有细胞结构的病毒,其生命活动也离不开细胞)。因此,细胞是一切生命活动的基本结构和功能单位。

1) 细胞的形状和大小

世界上的生物形态各异,结构功能复杂多样,构成生物体的细胞的结构、功能和所处的环境不同,各类细胞的形态也千差万别,有圆形、椭圆形、柱形、方形、多角形、扁形及梭形,甚至不定形(见图 2.1)。

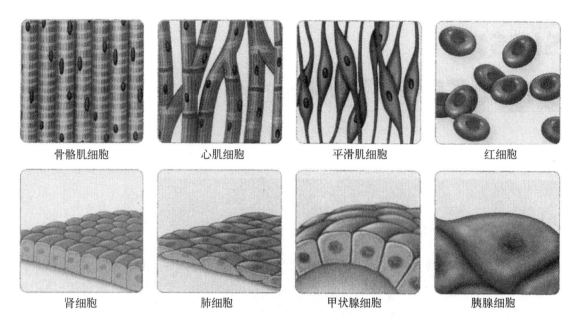

骨骼肌细胞　　　心肌细胞　　　平滑肌细胞　　　红细胞

肾细胞　　　肺细胞　　　甲状腺细胞　　　胰腺细胞

图 2.1　人类不同形态的细胞

(图引自: Yashon et al, 2009)

多细胞的真核生物(eukaryote)由真核细胞构成,如动物与植物,而大部分的原核生物 (prokaryote)则以单细胞的方式存在,如细菌(bacteria)。

原核细胞的形状常与细胞外沉积物(如细胞壁)有关,如细菌细胞呈棒形、球形、弧形及螺旋形等不同形状。单细胞生物的形状更复杂一些,如草履虫呈鞋底状,眼虫呈梭形且带有长鞭毛,钟形虫呈袋状。

高等生物的细胞形状与细胞功能和细胞间的相互关系有关。例如,动物体内的肌肉细胞呈长条形或长梭形,具有收缩功能;红细胞为圆盘状,有利于 O_2 和 CO_2 的气体交换。植物叶表皮的保卫细胞成半月形,2 个细胞围成一个气孔,以利于呼吸和蒸腾。细胞离开有机体分散存在时,形状往往发生变化,如平滑肌细胞在体内呈梭形,而在离体培养时则可呈多角形。

一般来说,真核细胞的体积大于原核细胞,卵细胞大于体细胞。大多数动植物的细胞直径在 $20\sim30~\mu m$。鸵鸟的卵黄直径可达 5 cm,支原体大小仅为 0.1 μm,人的坐骨神经细胞长度可达 1 m(见表 2.1)。

表 2.1　几种细胞的大小

细胞名称	人卵细胞	口腔上皮细胞	肝细胞	红细胞	变形虫	肺炎球菌
大小(直径)/μm	120	75	20	7	100	0.5~1.25

2) 细胞的结构

真核细胞由细胞膜、细胞质和细胞核组成,植物细胞和真菌、藻类及原核生物的表面有细胞壁。细胞膜是细胞表面的一层单位膜,又称为质膜(plasmolemma, plasma membrane)。

真核细胞除了具有细胞膜、核膜外，发达的细胞内膜形成了许多功能区隔。由膜围成的各种细胞器，如内质网、高尔基体、线粒体、叶绿体及溶酶体等，具有可辨认形态，能够完成特定功能。在结构上，细胞内膜形成了一个连续的体系，称为内膜系统（endomembrane system）。内膜系统将细胞质分隔成不同的区域，即区隔化（compartmentalization）。区隔化是细胞的高等性状，它不仅使细胞内表面积增加了数十倍，使得各种生化反应能够有条不紊地进行，而且细胞的代谢能力也比原核细胞大为提高。细胞结构如图 2.2 所示。

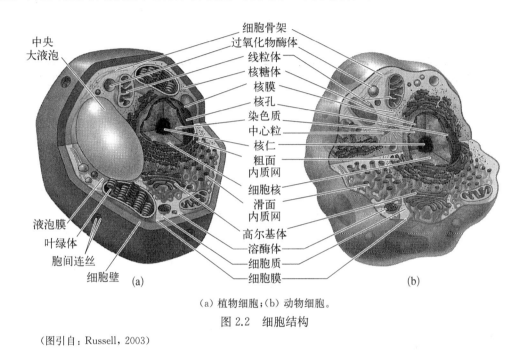

（a）植物细胞；（b）动物细胞。

图 2.2　细胞结构

（图引自：Russell，2003）

　　细胞质（cytoplasm）是存在于细胞膜与核膜之间的一切半透明、胶状、颗粒状物质的总称。除细胞器外，细胞质的其余部分称为细胞质基质（cytoplasmic matrix）或胞质溶胶（cytosol），其体积约占细胞质的一半。细胞质基质并不是均一的溶胶结构，其中还含有由微管、微丝和中间纤维组成的细胞骨架结构。

　　细胞质中重要的细胞器有以下几种：

　　（1）内质网（endoplasmic reticulum）：由膜围成一个连续的管道系统。内质网分为 2 种：粗面内质网（rough endoplasmic reticulum，RER），表面附有核糖体，参与蛋白质的合成和加工；滑面内质网（smooth endoplasmic reticulum，SER），表面没有核糖体，参与脂类合成。

　　（2）高尔基体（Golgi body，Golgi apparatus）：由单层膜构成的扁平囊和小泡组成，是蛋白质进一步成熟并分泌的位置。

　　（3）溶酶体（lysosome）：由单层膜包裹的各种水解酶组成的泡状物，可消化分解细胞内的一些物质。

　　（4）线粒体（mitochondrion）：由双层膜围成的细胞器，通过氧化磷酸化合成腺苷三磷酸（adenosine triphosphate，ATP），并将能量储存在 ATP 中，用于各种代谢活动，被喻为细胞的动力工场。

(5) 叶绿体(chloroplast)：是植物细胞中特有的，与光合作用有关，由双层膜围成。

(6) 中心粒(centriole)：位于动物细胞的中心部位，故名，由相互垂直的两组 9+0 三联微管组成。中心粒加中心粒周围物质称为中心体(centrosome)。

(7) 细胞骨架(cytoskeleton)：由微管、微丝和中间丝构成，与细胞运动和维持细胞形态有关。

细胞的功能基本上在细胞质中完成。细胞质为细胞内各类生化反应的正常进行提供了相对稳定的离子环境，为细胞器提供行使功能所需要的一切底物，控制基因的表达，与细胞核一起参与细胞的分化，参与蛋白质的合成、加工、运输和选择性降解。

细胞核(nucleus)是细胞内最重要的细胞器，核表面是由双层膜构成的核膜(nuclear envelope)，核内包含由脱氧核糖核酸(deoxyribonucleic acid，DNA)和蛋白质构成的染色质(chromatin)。染色质是生物的遗传物质。核内还有 1 至数个小球形结构，称为核仁(nucleolus)。

2.1.2 染色质和染色体

1879 年，德国生物学家弗莱明(W. Flemming)在用显微镜观察细胞时发现，用一种碱性的红色染料给细胞染色后，可以看到在细胞核中散布着星星点点的被染上颜色的物质，他就把这些物质称为染色质。他还首次详细地描述了细胞分裂的过程。

1888 年，德国人瓦尔德尔(H. W. G. von Waldeyer)看到染色质在细胞分裂的进程中会逐渐变粗变短直至可以分出不同的长短和各种形状，他就把这种逐渐变粗变短且具有一定长度和形状的染色质称为染色体(chromosome)。之后的研究确定，染色体上有一个着丝粒，着丝粒的两边为染色体臂，长的为长臂，短的则为短臂。在每个染色体的两端有一种特殊的"帽子"结构，这种结构称为端粒。端粒能够维持染色体的完整，其实质为一小段 DNA -蛋白质复合体。每当细胞分裂一次，每条染色体的端粒就会变短一些，一旦端粒消耗殆尽，细胞将会立即激活凋亡机制，即细胞走向凋亡。

在显微镜下看到的染色体经常是一个着丝粒连着两条染色单体，由同一个着丝粒相连的染色单体称为姐妹染色单体。在体细胞中的染色体都是成双成对的，染色体中这两个成员互为同源染色体(homologous chromosome)。绝大多数物种拥有两套相同的染色体组，称为二倍体(diploid)。不同物种的染色体对数不同，如人有 46 条染色体，即 23 对，表示为 2n=46；蕨类植物心叶瓶尔小草(*Ophioglossum reticulum*)的染色体数多达 1 260 条，2n=1 260；马蛔虫(*Ascaris megalocephala*)则只有两条染色体，2n=2。

细胞中存在着与性别相关的染色体，在显微镜下只要看到这种染色体立即就可判别该细胞来自雌性还是雄性。这种直接指示性别的染色体称为性染色体。在人类，男性细胞中有一对 XY 染色体，女性细胞中有一对 XX 染色体，其余 22 对男女都相同的染色体，就称为常染色体。

在显微镜下，染色体基本都有一个着丝粒(centromere)和被着丝粒分开的两个臂。着丝粒是细胞分裂时纺锤丝的附着区域，又称为着丝点。经过染色后，染色体在光学显微镜下可见，而着丝粒部分无法染色，称为主缢痕(primary constriction)。有的染色体在短臂的末端还有一个次缢痕(secondary constriction)，末端的突起称为随体(satellite)。不同物种和同一个物种的染色体长度差异都很大,同一个物种内的染色体宽度大致相同(见图2.3)。

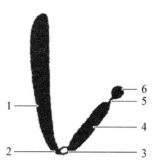

1—长臂;2—主缢痕;3—着丝点;
4—短臂;5—次缢痕;6—随体。

图2.3　中期染色体形态
(图引自:朱军,2011)

2.1.3　细胞的增殖周期

1) 有丝分裂

生命是不断地进行新陈代谢的过程。在这个过程中,单个细胞的生命是有限的,需要不断地更新复制,新的细胞不断产生,老的细胞消失。细胞通过分裂复制,细胞分裂的方式有无丝分裂(amitosis)和有丝分裂(mitosis)两种。无丝分裂是一种原始的分裂方式,细胞直接一分为二,细胞内容物也一分为二,如蛙的红细胞。无丝分裂是如何保证内容物尤其是遗传物质正确地分离到两个子细胞的,目前尚不清楚。有丝分裂是生物细胞最基本的分裂方式。在有丝分裂中有染色体复制和精确分离过程,这使细胞严格地保持了遗传物质的稳定性。有丝分裂的得名源于分裂过程中能在显微镜下看到纺锤状的丝状物。

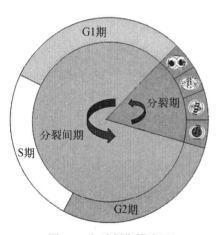

图2.4　细胞周期模式图

细胞从一次有丝分裂的结束到下一次有丝分裂的结束,称为一个细胞周期(cell cycle)。一个细胞周期分为间期(interphase)和分裂期(mitotic phase),如图2.4所示。为了研究方便,将间期和分裂期做了细致的分期。

间期是细胞物质储备和染色体复制的过程,分为DNA合成前期(G1)、DNA合成期(S)和DNA合成后期(G2)。

(1) G1期(first gap):从有丝分裂到DNA复制前的一段时期,又称为合成前期,此期主要合成RNA和核糖体。

(2) S期(synthesis):即DNA合成期,在此期,除了合成DNA外,还要合成组蛋白。DNA复制所需要的酶都在这一时期合成。

(3) G2期(second gap):为DNA合成后期,是有丝分裂的准备期。在这一时期,DNA合成终止,大量合成RNA及蛋白质,包括微管蛋白和促成熟因子等。

细胞的有丝分裂需经过前期、中期、后期和末期(见图2.5),是一个连续变化的过程,由一个母细胞分裂成为两个子细胞。一般需1~2 h。

(1) 前期(prophase):染色质丝高度螺旋化,逐渐形成染色体。染色体短而粗,呈强嗜碱性。两个中心体向相反方向移动,在细胞中形成两极;而后以中心粒随体为起始点开始合成微管,形成纺锤体。随着核仁相随染色质的螺旋化,核仁逐渐消失。核膜开始瓦解为离散的囊泡状内质网。

(2) 中期(metaphase):细胞变为球形,核仁与核膜已完全消失。染色体均移到细胞的赤道平面,从纺锤体两极发出的微管附着于每一个染色体的着丝点上。从中期细胞可分离得到完整的染色体群,分离的染色体呈短粗棒状或发夹状,均由两个染色单体借狭窄的着丝点连接构成。

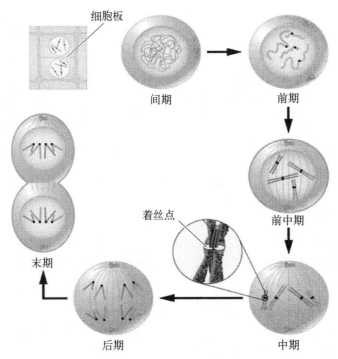

图 2.5　细胞有丝分裂

（图引自：Yashon et al，2009）

（3）后期（anaphase）：由于纺锤体微管的活动，着丝点纵裂，每一染色体的两个染色单体分开，并向相反方向移动，接近各自的中心体，染色单体遂分为两组。与此同时，细胞被拉长，并且由于赤道部细胞膜下方环行微丝束的活动，该部缩窄，细胞遂呈哑铃形。

（4）末期（telophase）：染色单体逐渐解螺旋，重新出现染色质丝与核仁；内质网囊泡组合为核膜；细胞赤道部缩窄加深，最后完全分裂为两个二倍体的子细胞。

2）减数分裂与配子的形成

有丝分裂是生物细胞分裂增殖的基本方式，而生殖细胞的分裂增殖是一种特殊的有丝分裂，其中因涉及染色体数目减半，而称为减数分裂（meiosis）。减数分裂仅发生在生命周期某一阶段，它是有性生殖的生物性母细胞成熟、形成配子过程中出现的一种特殊分裂方式。

细胞减数分裂可以分为间期和分裂期两个阶段，其中分裂期又分为减数第一次分裂期（减Ⅰ）和减数第二次分裂期（减Ⅱ）。减Ⅰ末期与减Ⅱ前期间有间期，但很短，可以忽略。其中，减数第一次分裂的前期因为有同源染色体的配对，过程最复杂，也最重要。

细胞减数分裂过程如下（见图2.6）。

（1）细胞分裂前的间期：DNA和染色体复制，染色体数目不变，DNA数目变为原细胞的2倍。

（2）减Ⅰ前期同源染色体联会（chromosome synapsis），形成四分体（或"二联体"）。这一过程按显微镜下染色体的形态又可分为5个阶段：

① 细线期：细胞核内出现细长、线状染色体，细胞核和核仁体积增大。每条染色体含有两条姐妹染色单体。

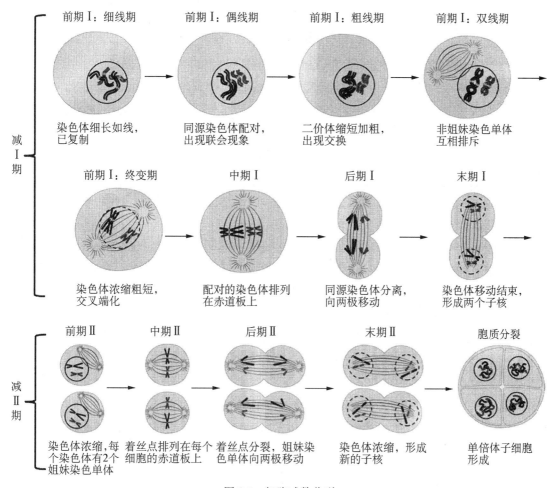

图 2.6　细胞减数分裂

（图引自：Snustad et al, 2012）

② 偶线期：又称为配对期。细胞内的同源染色体两两侧面紧密配对,这一现象称为联会。由于配对的一对同源染色体中有 4 条染色单体,称为四分体(tetrad)。

③ 粗线期：染色体连续缩短变粗,同时,四分体中的非姐妹染色单体之间发生了 DNA 的片段交换,从而导致了父母基因的互换,产生了基因重组,但每个染色单体上仍都具有完全相同的基因。

④ 双线期：发生交叉的染色单体开始分开。由于交叉常常不止发生在一个位点,因此,染色体呈现 V、X、8、O 等各种形状。

⑤ 终变期：又称为浓缩期。染色体变成紧密凝集状态并向核的周围靠近。以后,核膜、核仁消失,最后形成纺锤体。

（3）减 I 中期：同源染色体的着丝点对称排列在赤道板两端(与动物细胞的有丝分裂大致相同,动物细胞有丝分裂为着丝点排列在赤道板上)。

（4）减 I 后期：同源染色体分离,非同源染色体自由组合,移向细胞两极。

（5）减 I 末期：细胞一分为二,形成次级精母细胞或形成次级卵母细胞和第一极体。

(6) 减Ⅱ前期:次级精母细胞中染色体再次聚集,再次形成纺锤体。

(7) 减Ⅱ中期:染色体着丝点排在赤道板上。

(8) 减Ⅱ后期:染色体着丝点分离,染色体移向两极,姐妹染色单体分离。

(9) 减Ⅱ末期:细胞一分为二,精原细胞形成精细胞,卵原细胞形成卵细胞和第二极体。

因此,减数分裂过程中染色体仅复制一次,细胞连续分裂两次。第一次分裂中出现同源染色体的配对、分离,第二次分裂中出现姐妹染色单体分离,使最终形成的配子中的染色体仅为性母细胞的一半。受精时雌雄配子结合,恢复亲代染色体数,从而保持物种染色体数的恒定。

2.1.4 细胞的分化、衰老和死亡与人类寿命的关系

1) 细胞的分化与全能性

多细胞生物由许多类型不同的细胞构成,这些不同类型的细胞在结构和生化组成上都存在明显的差异,执行不同的功能。但一个生物中的每个细胞都有相同的遗传物质,它们都起源于同一个细胞——受精卵,通过不断的分裂和变化,同源细胞之间逐渐产生了稳定的差异,通常包含形态结构、生理功能和生化特征 3 方面的差异。这种差异产生的过程称为细胞分化(cell differentiation)。因此,个体发育是通过细胞分化实现的。在细胞分化过程中,个体逐渐形成稳定的组织差异,不同类型的细胞分别构成不同的组织、器官和系统。

不同的细胞具有不同的分化能力,分化能力的强弱被称为分化潜能(differentiation potential)。分化潜能可依次分为全能性、多能性和单能性。全能性是指可以产生所有细胞类型的能力。在哺乳类的胚胎发育中,只有受精卵和早期的卵裂球细胞是全能性细胞,其中分裂到 12~32 个细胞的卵裂球称为桑葚胚(morula,见图 2.7),将桑葚胚中的细胞单个或多个放入子宫腔内均可发育成为完整的胚胎。但随着细胞分化的进行,细胞在分化潜能上出现了一定的局限性。卵裂后期的胚胎形成一个由单层细胞围成、中间有腔隙的胚泡(blastocyst),这一时期的胚胎又称为囊胚。在囊胚形成后,其中的内细胞团具有分化为胚胎 3 个胚层的能力,但

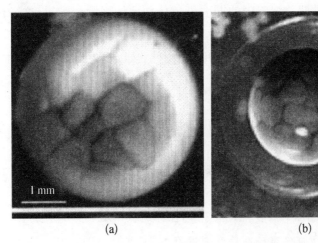

(a) 太行隆肛蛙的桑葚胚(32 细胞期);(b) 雨蛙的桑葚胚(32 细胞期)。

图 2.7 哺乳类胚胎发育过程中的桑葚胚

[图(a)引自:陶娟 等,2010;图(b)引自:向孙军 等,2009]

不能形成滋养外胚层,即使返回子宫也无法形成完整的胚胎,但它们能与新的囊胚形成嵌合体,参与个体发育,属于多能性(multipotent)细胞,被称为胚胎干细胞(embryonic stem cell)。最后,经过器官发生,各种组织、细胞的命运被最终确定。一些细胞仅具有分化形成某一种特定类型细胞的能力,称为单能(unipotent)细胞。同样,在成体的组织更新过程中,细胞的分化潜能或可塑性逐渐减少。这种逐渐由"全能"变为"多能",最后趋向于"单能"的分化趋势是细胞分化过程中的一个普遍规律。此外,人们在人和动物的体内发现了成体干细胞(adult stem cell)。成体干细胞是成熟机体中存在的一些可以分化的细胞,可自我复制,并不断分化,代替和补充衰老、死亡的细胞,用于损伤后组织修复,是高等生物不断生长发育和组织更新的基础。

在高等生物中,细胞分化一旦确立,其分化状态将十分稳定,一个细胞一旦分化为一个稳定的类型后,一般不能再逆转到未分化状态。然而在一些特殊条件下,已经分化的细胞可重新获得未分化的特征,或从一个分化程度较高的状态转为分化程度较低的状态,这一过程称为去分化(dedifferentiation)。高等哺乳动物的细胞去分化是在特殊条件下发生的低概率事件,其发生机制有待于进一步深入探讨。细胞发生去分化的基础在于细胞核中遗传信息的完整性。虽然细胞分化的潜能随分化进程越变越小,但绝大多数细胞的细胞核可始终保持遗传信息的完整性,即将已经分化的体细胞的细胞核取出,放入去核的卵细胞中,依然可发育成为一个完整的个体。从两栖类,到小鼠,直到克隆羊多莉的成功,科学家们证明了即使是终末端分化的细胞,其细胞核依然具有全能性。

2) 细胞的衰老与死亡

一个细胞从干细胞逐步分化成熟,然后到衰老死亡的过程被称为一个细胞的生命期(life span)。在生命期内,细胞分化成熟后,一方面失去了分裂增殖的能力,另一方面细胞的形态结构和功能开始经历一系列的退行性变化,称为细胞的衰老(cell aging)。机体内一些类型的细胞更新较快,寿命较短,分化成熟后很快衰老并走向死亡,如血细胞、表皮细胞。其他一些类型的细胞在分化成熟后可保持与机体几乎相同的寿命,在漫长的生命期内,它们同样也经历着不断趋向衰老的过程,如一些骨细胞和神经细胞。细胞的衰老表现为分裂能力减弱和彻底丧失,最终走向退化死亡。

引起细胞衰老的机制非常复杂,一般认为是细胞损伤的积累和衰老相关基因的表达引起细胞衰老。细胞损伤一方面是指生物体在代谢过程中产生的大量毒副产物如超氧阴离子、羟自由基和过氧化氢等活性氧成分对细胞造成一定的氧化损伤,同时基因组的DNA也不断地经历损伤—修复的过程。随着损伤的累积,细胞会逐渐老化,当达到一定阈值时,细胞的生命期就会结束,最终导致细胞死亡。另一方面,染色体末端序列——端粒DNA结构的完整性对染色体的稳定性是不可缺少的,在细胞分裂的过程中,由于端粒复制不完整,端粒序列丢失、缩短,可引发染色体变异。端粒丢失可通过端粒酶来补偿,但端粒酶的缺乏,使DNA在复制过程中端粒不断丢失,当端粒丢失到一定的极限时,DNA无法复制,细胞不再分裂,由此引发细胞衰老,人体细胞中与衰老相关的端粒减少现象被称为"端粒钟"。但端粒理论并不能解释某些物种寿命的差异,如小鼠的大部分细胞都有端粒酶表达,小鼠的端粒长度为人的5～10倍,但小鼠的寿命明显小于人类。还有研究发现,大鼠的细胞中没有端粒,细胞的衰老主要由内环境中的损伤作用引起 DNA 损伤所致。除此之外,人们还在生物体内发现了与细胞衰老相关的基因,根据功能分为衰老基因和抗衰老基因,它们相互作用调节机体的衰老进程。细胞衰老时表达活跃的基因,如 SAG 基因和 $p16$ 基因,被称为衰老基因。抗衰老基因又称为长寿基因,如人的 WRN 基因与酵母中的 $SGS1$ 基因同源,是保证正常生命周期所必需的基因。抗衰老基因如果发生突变,将导致衰老提前和寿命缩短。

3) 机体的衰老与细胞衰老之间的关系

机体的衰老是我们所熟知的生命现象,是生命活动的基本特征之一。生物体在生命的过程中总有细胞不断衰老、死亡,同时又有新增的细胞代替衰老死亡的细胞。衰老实际上包含两方面的含义:一方面是指在生物体生长发育成熟后,随年龄增长机体在形态结构、化学成分和生理功能方面出现一系列慢性、退行性变化;另一方面是指生物体的生命期是有一定限度的,即生物体是有一定寿命的,在这一生命期内,机体会逐渐趋向衰老和死亡是不可逆的现象。细胞衰老与机体衰老对单细胞生物没有区别,但对多细胞生物,细胞的衰老与机体的衰老是两个概念,细胞衰老不等于机体衰老,机体衰老也并不代表所有的细胞同时衰老。机体的不同器官组织的细胞,衰老和死亡的速率、时间和方式存在显著的差异。动物从幼年开始,机体就有很多细胞不断地衰老死亡,在发育过程中组织器官的演化过程伴随着大量的细胞凋亡。一些细胞的衰老可换来另一些细胞的新生,从而换来机体的生机勃勃。另外,机体刚死亡时,并不是体内的全部细胞都随即停止了生命活动,一些细胞依然存活,可用于器官移植和组织培养。

细胞衰老与机体衰老密切相关,细胞衰老是机体衰老的基础和直接原因,机体衰老是细胞衰老的反映,机体死亡则往往是由重要细胞如脑细胞、心肌细胞的死亡引起的。

2.1.5 基因与染色体的关系

染色体是生物遗传物质的载体,位于细胞核内,是由脱氧核糖核酸(DNA)和结合蛋白组成的具有特殊结构的复合物。1928 年,格里菲斯(F. Griffith)从肺炎链球菌转化实验中发现细胞中携带遗传信息的物质,当时并不知道这种物质是 DNA。16 年后,埃弗里(O. Avery)证明了导致这种细菌转化的物质是 DNA 而不是蛋白质。随后,赫尔希(A. Hershey)等的噬菌体侵染大肠杆菌实验和佛兰克尔-康拉特(H. Fraenkel-Conrat)等的烟草花叶病毒感染实验也证明遗传物质是 DNA 或 RNA,而不是外壳蛋白。1953 年,沃森(J. Watson)和克里克(F. Crick)提出了 DNA 的双螺旋结构模型,这使得人们对 DNA 作为遗传物质的遗传模式的认识达到了一个新的里程碑。由磷酸-脱氧核糖共价结合组成的多聚分子链是 DNA 分子的骨架,一条链上的嘌呤、嘧啶碱基与另一条链上的碱基以 A(腺嘌呤)- T(胸腺嘧啶)、G(鸟嘌呤)- C(胞嘧啶)的配对规则通过氢键相互连接,处于分子的内部。在发现 DNA 双螺旋结构的基础上,人们对 DNA 的精确复制方式有了进一步的认识:双螺旋解链,分别以原有的母链为模板,按碱基配对的原则重新复制出一条子链。这种以一条母链和一条新的子链形成新的 DNA 双螺旋结构的复制方式被称为半保留复制(semiconservative replication),即 DNA 是以半保留复制的方式严格控制遗传信息的精确传递。

基因(gene)是指控制生物性状的遗传因子,基因位于染色体上。现代分子生物学研究表明,基因是位于染色体上的一段具有特定结构的 DNA 片段,这些 DNA 片段与一种蛋白质的合成有关。因此,基因是遗传信息表达的单位。一个生物体的 DNA 所带的全套遗传信息叫作它的基因组(genome),或染色体组。生物体所有蛋白质的合成都在其基因组的指导下进行,因此基因组的信息量惊人地庞大:一个典型的人类细胞所含的 DNA 分子总长达 2 m,含有约 3.2×10^9 个核苷酸对(或碱基对,base pair,bp)。对基因组的遗传学特征分析发现,基因在整个染色体上并不是均匀分布的,而且基因组中不同区域具有不同的功能,有些编码蛋白质的结构基因,有些则编码基因表达的调控信号,还有些区域的功能目前尚不清楚。

2.1.6 遗传学的基本定律

1) 遗传学的基本概念

表现型(phenotype,又称为表型) 是指一个生物体所具有的任何可测量特性或显著性状。这种性状有的是可见的,如花的颜色;有的则需要通过特殊检测才能确定,如血型,需要进行血清学检测。因此,表现型是在一个给定的环境中,基因产物得以表达的结果。

基因型(genotype) 一个生物体的基因组成就是它的基因型。在一个种群中,同一基因位点上的等位基因可以有 3 个或 3 个以上,被称为复等位基因(multiple alleles)。携带相同等位基因的配子结合产生一个纯合(homozygous)的基因型,在某个等位基因上具有相同基因型的个体被称为某种基因型的纯合子(homozygote),纯合子只能产生一种配子。通过自体受精或亲缘关系很近的个体之间交配很多代后,通常会产生在几乎所有基因座上都是纯合的群体,称为纯系(pure line),而一组具有相似遗传背景的个体常被称为一个系或株(strain)、种(species)。携带不同等位基因的配子结合,产生杂合(heterozygous)基因型个体,称作杂合子(heterozygote)。杂合子在同源染色体的同一个单基因座上有两个不同的等位基因,产生不同种类的配子。

显性(dominant)和隐性(recessive) 等位基因的某种形式几乎总是通过编码的蛋白质的合成得到"表达",进而影响生物体的表现型。显性的等位基因在纯合子和杂合子都能从表现型上观察到;而隐性的等位基因只能在纯合子的表现型上观察。

携带者(carrier) 某些隐性等位基因在纯合时对生物体有害,而杂合时虽然不表现为对生物体有害,但杂合子可将这种有害基因遗传给后代,因此被称为携带者。因为许多具有有害等位基因的个体在自然选择中被淘汰,一个群体中含有的大多数有害等位基因都是在携带者个体中发现的。

野生型(wild type)与突变型(mutant) 野生型基因是指在一个群体中普遍见到的等位基因,表现为野生型等位基因的表现型的生物体称为野生型生物体,野生型基因通常都是显性的;不太常见的等位基因称为突变型基因,表现为罕见等位基因表现型的生物体称为突变体,而突变型基因大部分可能是隐性的。

正交(direct cross)与反交(reciprocal cross) 在豌豆杂交实验中,孟德尔用红花植株与白花植株杂交,并提前将作为母本的白花植株花蕾的雄蕊完全摘除,然后将作为父本的红花植株的花粉授到一个去雄的白花植株的柱头上。如果这种以红花植株为父本、白花植株为母本的杂交称为正交,那么以白花植株作为父本、红花植株作为母本的杂交方式则相对称为反交。

2) 遗传分析式

在遗传分析的过程中常绘制分支图或叉线图(见图 2.8),图中可列出杂交亲本的表现型和基因型,分析亲本产生的配子的类型及杂交后代的表现型和基因型。这种方法可用于找到所有可能的基因型和表现型的组合及相关的比例关系。

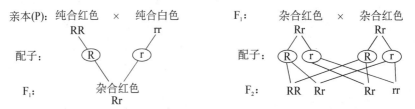

F_1—杂种第一代;F_2—杂种第二代。

图 2.8 遗传分析分支图(上)和叉线图(下)

图 2.9 所示为另一种方法,称为庞纳特方格法(Punnett square method),其名称是以发明者庞纳特(Reginald C. Punnett)的名字命名的。庞纳特方格法使用棋盘格或表格的形式表示来自每个亲代可能配子的基因型,一组配子在最上面的一行,另一组配子在最左面的一列。一个配子组合产生的可能的后代基因型组合在表格的中央显示。根据表格中后代各基因型的组合可分析后代个体的表现型及各种基因型或表现型出现的比例。

	R	r
R	RR	Rr
r	Rr	rr

图 2.9 庞纳特方格法

3) 孟德尔遗传定律

1856—1864 年,孟德尔进行了 8 年豌豆杂交实验,确定了生物性状遗传的两条基本规律:一对遗传因子的分离和两对遗传因子分离后的自由组合。这两个规律被称为孟德尔定律,即分离定律(law of segregation)和自由组合定律(law of independent assortment,独立分配定律)。

一对遗传因子的分离定律是在杂交实验过程中,仅考察一对基因的遗传方式。由一对表现相对性状的纯合亲本(parent,P)杂交后,无论正交或反交,杂交的后代 F_1(the first filial generation,子一代;用 F 表示杂交的后代,下标数字表示代数)均为杂合子,表现为显性亲本的性状;杂合子之间杂交的后代 F_2 除了表现显性性状外,还有一部分个体又表现出隐性亲本的性状(见图 2.10),且显性性状个体与隐性性状个体个数的比例为 3∶1。

孟德尔在 7 对相对性状的杂交实验中都获得了相似的结果。从这些结果中可以看出:① 无论正交或反交,F_1 表现的性状是一致的,都只表现出显性亲本的性状,隐性亲本的性状未表现出来;

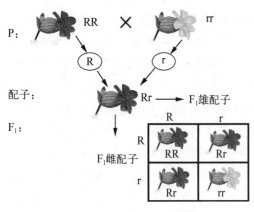

图 2.10 分离定律的遗传图式

② F₂代的植株在表现上不同，一部分表现为显性亲本的性状，另一部分表现为隐性亲本的性状，且显性性状与隐性性状的比例接近 3∶1，这种现象称为性状分离（segregation of character）。

如果同时考察两对相对性状——豌豆子叶的颜色、种子的形状，用黄色子叶、圆粒种子的豌豆植株与绿色子叶、皱粒种子的豌豆植株正交或反交，F₁代植株的子叶均为黄色，种子均为圆粒，说明分别从子叶颜色和种子形状上看，黄色对绿色是显性的，圆粒对皱粒是显性的。F₁代植株自交后除了出现黄色圆粒和绿色皱粒外，还出现了新的组合：黄色皱粒和绿色圆粒。黄色圆粒、黄色皱粒、绿色圆粒、绿色皱粒植株的比例接近 9∶3∶3∶1，将其他相对性状两两组合后也出现了相同的情况。在这个杂交实验中，如果我们单独考察其中的一对相对性状，依然会出现 3∶1 的比例，这种两对相对性状独立遗传又自由组合的现象称为独立分配现象或自由组合现象（见图 2.11）。

分离定律和自由组合定律的正确性可用测交（test cross）的方法验证。测交是指被检测的个体与隐性纯合子杂交。测交所得的后代为测交子代。由于隐性纯合个体只能产生含隐性基因的配子，它们和含有任何基因的另一种配子结合，其子代都只能表现出另一种配子所含基因的表现型。因此，根据测交子代所出现的表现型的种类和比例，可以确定被测个体是杂合体还是纯合体。用杂合 F₁与隐性纯合个体测交，一对等位基因杂合状态下能形成 2 种配子的比例是 1∶1，与隐性配子形成合子后产生的后代两种表现型的比例也为 1∶1（图 2.12）；而两对等位基因杂合状态下能形成 4 种配子，比例也是 1∶1∶1∶1，与双隐性配子结合形成的合子产生的后代有 4 种表现型，其比例也是 1∶1∶1∶1。从而证明我们假设的分离现象和自由组合（独立分配）现象的原理是正确的（见图 2.13）。

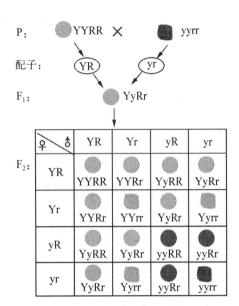

图 2.11　自由组合现象的遗传图示

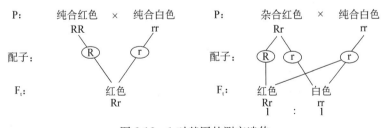

图 2.12　1 对基因的测交遗传

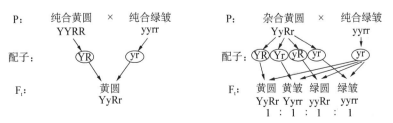

图 2.13　2 对基因的测交遗传

4）连锁与交换规律

两对基因位于不同的同源染色体上时,配子形成时会随着减数分裂发生等位基因间的分离现象和非等位基因之间的自由组合及独立分配现象。但当两对基因位于同一条同源染色体上时,在减数分裂过程中则不分开,而是连在一起分配到同一个配子中去,使得 F_2 代中表型的比例发生变化,这种现象称为连锁(linkage)。如图 2.14 所示,贝特生(W. Bateson)在紫豌豆的杂交实验中发现,紫花长花粉粒的植株与红花圆花粉粒的植株杂交后的 F_2 代中具有紫花、圆花粉粒和红花、长花粉粒的表现型重组个体个数远低于理论个数。

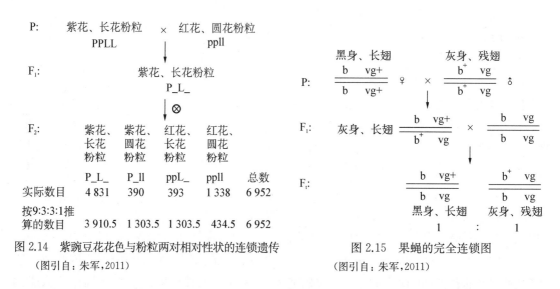

图 2.14　紫豌豆花花色与粉粒两对相对性状的连锁遗传
（图引自：朱军,2011）

图 2.15　果蝇的完全连锁图
（图引自：朱军,2011）

连锁现象是由贝特生和庞纳特在紫豌豆杂交实验中发现的,后经摩尔根(T. Morgan)以果蝇为材料进行深入研究提出,不属于独立遗传,是另一类遗传现象——连锁遗传。当两个性状在形成配子时完全不分开,F_2 代中不形成新的性状组合,仅表现为亲本性状的现象称为完全连锁(complete linkage)。完全连锁的情况极少见,大部分为不完全连锁(incomplete linkage),在同一同源染色体上的 2 个非等位基因之间或多或少会发生非姐妹染色单体之间部分染色体的交换(crossing-over)。

图 2.15 所示为在果蝇的体色(黑身和灰身)和翅型(长翅和残翅)两对相对性状的杂交实验中,已知果蝇灰身(b^+)对黑身(b)为显性,长翅(vg^+)对残翅(vg)为显性。用灰身残翅(b^+b^+vgvg)的雄蝇与黑身长翅($bbvg^+vg^+$)的雌蝇交配,得到的 F_1 代全为灰身长翅(b^+bvg^+vg)。然后用 F_1 代的雄蝇与黑身残翅(bbvgvg)的雌蝇测交,结果测交后代中只出现了两种亲本类型,其数目各占 50%。因为测交后代的表现型种类和比例正好反映杂种个体所形成的配子种类和比例。因此,图例的测交结果表明 F_1 雄蝇只形成了 b^+vg 和 bvg^+ 两种精子。也就是说 b^+b 和 vg^+vg 两对非等位基因完全连锁在同一同源染色体上。因此,测交后代只出现亲本类型个体,不表现出重组表现型黑身残翅和灰身长翅,而且出现的亲本类型个体数目相等,这种现象为完全连锁。

交换的发生是在形成配子时,减数分裂前期 I 的偶线期各对同源染色体分别配对,出现联会现象,到粗线期形成二价体,进入双线期在二价体之间的某些区段出现交叉,这些交叉是染色体发生交换的结果。除了着丝点以外,非姐妹染色单体的任何位点都可能发生交换,只是靠近着丝点区段的交换频率低于远离着丝点的区段(见图 2.16)。因此,交换是位于相同的同源染色体上的基因在形成配子的过程中经常发生的现象。

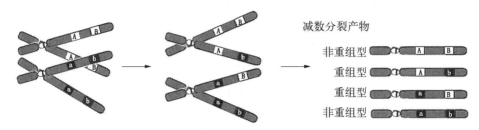

图 2.16　插入交换与重组型配子形成的过程

基因在染色体上的位置固定,各基因之间有一定的距离和相对顺序。同源染色体的非姐妹染色单体间有关基因的染色体片段发生交换的频率称为交换值(crossing-over value),或重组率(recombination frequency)。交换值可用重组型配子占总配子数的百分比来表示。由于交换值相对稳定,所以可用这个数值表示两个基因在同一条染色体上的相对距离,称为遗传距离(genetic distance)。将 1‰的交换值定为度量交换的一个基本遗传单位(map unit),用 1 个厘摩(centimorgan,cM)表示。交换值越大,连锁基因之间的遗传距离越远,反之亦然。

利用测交法的 F_2 代表现出的表现型推测双杂合子产生配子的类型,可计算基因之间的交换值,以此来确定基因在染色体上的相对位置,并标记在染色体上,称为连锁遗传图(linkage map),又称为遗传图谱(genetic map)。存在于同一条染色体上的基因群称为连锁群(linkage group)。通过连锁遗传图的制作可确定基因在染色体上的位置,因此这个工作又称为基因定位(gene mapping)。基因定位是利用测交等经典方法进行,并不断地完善许多生物的遗传图谱。随着现代分子遗传学方法的发展,使基因定位及遗传图谱已经准确到基因的序列,为人类进一步了解生物及自身的遗传特性做出了应有的贡献。

2.2　基因的物质基础

基因位于染色体上,因此染色体是遗传物质的载体。染色体是由核酸和组蛋白构成的,其中核酸分为脱氧核糖核酸(deoxyribonucleic acid,DNA)和核糖核酸(ribonucleic acid,RNA)两种。那么,基因究竟是核酸还是蛋白质? 从分子的角度,基因是如何保存和传递遗传信息的呢? 随着分子遗传学的发展,这些谜底一一被人们揭开。现今,人们通过分子生物学技术已经能够从分子的角度改变基因的结构,以探索更加微观的遗传学原理,并加以应用,从而造福人类。

2.2.1　DNA 是基因的物质基础

现有的分子遗传学已经拥有大量的直接和间接证据,证明 DNA 是主要的遗传物质,在缺乏 DNA 的某些病毒中,RNA 则是其遗传物质。

1) DNA 是遗传物质的直接证据

1928 年格里菲斯发现,并在 1944 年由埃弗里重复并完善的肺炎双球菌转化实验和 1952

年赫尔希等设计的 T_2 噬菌体侵染大肠杆菌的实验直接证明了 DNA 是遗传物质。而 1956 年，弗兰科尔-康拉特(H. Frankel-Conrat)与辛格尔(B. Singer)所做的烟草花叶病毒感染和繁殖实验则直接证明了只具有 RNA 的病毒的遗传物质是 RNA，而不是蛋白质。

肺炎双球菌(*Diplococcus pneumonia*)是一种病原菌，有两种不同的菌株：一种能形成光滑型菌落，称为光滑型(smooth，S 型)菌株，能产生荚膜，有毒，在人体内能导致肺炎，并能引起小鼠败血症和死亡；另一种能形成粗糙型菌落，称为粗糙型(rough，R 型)菌株，不产生荚膜，无毒。格里菲斯分别将 R 型菌株和加热杀死的 S 型菌株注入健康的小鼠体内，小鼠均不发病；而将加热杀死的 S 型菌株与少量 R 型菌株混合在一起注入健康的小鼠体内，小鼠最后发病死亡，并从小鼠体内分离出 S 型菌株。他认为 S 型菌株中有一种物质能导致 R 型菌株转化为 S 型菌株，但并不确定这种物质是什么。埃弗里等研究了转化的本质，他们分别从 S 型菌株中分离出 DNA、RNA、蛋白质和荚膜多糖，与 R 型菌株混合后分别注入健康的小鼠体内，发现只有注射了 DNA 与 R 型菌株混合物才能使小鼠发病死亡，从而验证了是 S 型菌株中的 DNA 为 R 型菌株提供遗传信息，使 R 型菌株发生转化的。

DNA 作为遗传物质具有普遍性。T_2 噬菌体是由 DNA 和包裹在 DNA 周围的外壳蛋白构成的病毒。在侵染细菌时，噬菌体通过外壳上的尾丝黏附在细菌的表面，将 DNA 注射入细菌体内，既可将噬菌体本身的 DNA 整合到细菌的染色体组上，也可在适当的条件下，以噬菌体自身的 DNA 为模板大量地复制噬菌体 DNA 及翻译外壳蛋白，并包装出大量的 T_2 噬菌体，从而使大肠杆菌的细胞裂解。由于 DNA 中含有磷成分却不含有硫成分，而蛋白质中正相反，硫是蛋白质的组成成分，赫尔希分别用同位素 ^{32}P 和 ^{35}S 标记 DNA 和外壳蛋白，并分别用 ^{32}P 和 ^{35}S 标记的 T_2 噬菌体感染大肠杆菌，10 min 后用搅拌器甩掉附着于大肠杆菌细胞外面的噬菌体外壳。结果显示，^{32}P 标记的 T_2 噬菌体感染细菌后，基本上全部的放射性活动见于细菌体内而不被甩掉，并可传递给子代；而用 ^{35}S 标记的 T_2 噬菌体感染细菌后，放射性活动大部分见于被甩掉的外壳中。上述结果表明，DNA 进入细胞内才产生了新的噬菌体，因此 DNA 是促使 T_2 噬菌体大量增殖的遗传物质。

有些病毒并不含有 DNA，而是以 RNA 作为遗传物质，如烟草花叶病毒(tobacco mosaic virus，TMV)。如果将 TMV 中的外壳蛋白与 RNA 分开，分别接种到烟草上，只有 RNA 能使烟草发病，而外壳蛋白则无法使烟草发病。弗兰科尔-康拉特和辛格尔把一个品系 TMV 的 RNA 与另一个品系 TMV 的外壳蛋白混合成新的 TMV，产生的新的 TMV 具有提供 RNA 品系 TMV 的特性，说明产生的新病毒颗粒的遗传特性由亲本的 RNA 决定，而不是由蛋白质决定。

除了这些经典的分子遗传学实验，人们已对 DNA 结构及遗传特性有了更深入的了解，这使得人们目前已经可以很好地利用 DNA 重组技术，这些都成为 DNA 是遗传物质的直接证据。

2) DNA 是遗传物质的间接证据

DNA 几乎是所有生物染色体所共有的，噬菌体、一些病毒、细菌、动物、植物和人类的染色体中都含有 DNA。而蛋白质则不同，噬菌体、病毒的蛋白质不是存在于染色体上，而是存在于蛋白质的外壳上。细菌的染色体上也没有蛋白质，只有真核生物的染色体才含有组蛋白。DNA 在每个物种的不同组织细胞中的含量恒定，精子中 DNA 的含量正好是体细胞的一半，而细胞内蛋白质的含量并不是恒定的,不同细胞中蛋白质的含量也不同;多倍体中 DNA 的含量随着染色体倍数的增加也呈现倍数性递增。另外,DNA 在代谢上是比较稳定的。利用放射性元素标记发现,细胞内许多分子与 DNA 不同,它们一面在合成,一面在分解。而原子一旦被 DNA 分子摄取,则在细胞保持健全生长的情况下,它不会离开 DNA。以上这些 DNA 的特性间接证明 DNA 是遗传物质。

DNA 被确认为遗传物质后,生物学家提出一些新的问题:DNA 具有什么结构使其可以携带遗传信息,并能自我复制和传递遗传信息? DNA 又是如何让遗传信息表达来控制细胞活动和生物性状的?

2.2.2　DNA 的双螺旋结构

DNA 是一种生物大分子,由核苷酸单体通过 $3', 5'$-磷酸二酯键链接在一起,每一个核苷酸单体均由一分子磷酸基团、一分子五碳糖(DNA 中为 $2'$-脱氧核糖,RNA 中为核糖)和一分子环状含氮碱基(base)组成。核苷酸单体中的磷酸基团和核糖在 DNA 或 RNA 中是相同的,而含氮碱基则不同。DNA 中有 4 种含氮碱基,分别是腺嘌呤(adenine,A)、鸟嘌呤(guanine,G)、胞嘧啶(cytosine,C)和胸腺嘧啶(thymine,T)。这 4 种含氮碱基的组成具有物种特异性,即 4 种含氮碱基的比例在同一物种的不同个体间是一致的,但是在不同的物种中则存在差异。在 RNA 中,胸腺嘧啶(T)被尿嘧啶(uracil,U)代替。每个碱基和五碳糖(或戊糖)通过 C—N 糖苷键连接。因此,形成 DNA 链的脱氧核苷酸有 4 种:脱氧腺嘌呤核苷酸($2'$- deoxyadenosine $5'$- triphosphate,dATP)、脱氧鸟嘌呤核苷酸($2'$- deoxyguanosine $5'$- triphosphate,dGTP)、脱氧

胸腺嘧啶核苷酸($2'$- deoxythymidine $5'$- triphosphate,dTTP)、脱氧胞嘧啶核苷酸($2'$- deoxycytidine $5'$- triphosphate,dCTP)。有时也直接用 A、G、T、C 表示 DNA 链中的 4 种核苷酸。

1953 年,沃森和克里克在富兰克林(R. E. Franklin)和威尔金斯(M. H. F. Wilkins)用 X 射线(X - ray)衍射方法拍的照片中发现了 DNA 分子的自然结构:外侧是由脱氧核糖与磷酸分子通过磷酸二酯键相连组成的长链骨架,双链反方向平行,分别为 $3' \rightarrow 5'$ 和 $5' \rightarrow 3'$ 方向,在同一对称轴上向一个方向扭曲形成螺旋形,内侧由碱基通过氢键相连形成碱基平面。人们把这种结构称为DNA 的双螺旋结构(DNA double helix,见图 2.17)。双螺旋直径为 2 nm,每10 个碱基对形成一个螺旋,每个螺旋的

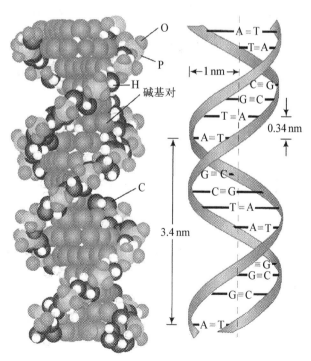

图 2.17　DNA 分子的双螺旋结构模型
(图引自:Russell,2003)

高度约为 34 Å。细胞中的 DNA 双螺旋一般为右手螺旋,称为 B 型,其他还有 A、C、D、E 和 Z 等不同的结构类型,但较为少见。

DNA 双链的碱基之间通过氢键相连接。由于双链之间的空间距离有限,因此 4 个碱基中总是含 2 个苯环的嘌呤与含 1 个苯环的嘧啶相连。G 总是与 C 形成 3 个氢键,A 与 T 形成 2 个氢键。DNA 双螺旋中这种碱基配对方式称为夏格夫法则(Chargaff's rules),又称为碱基互补配对原则。由于 A－T、G－C 之间严格的配对方式,DNA 双链中的一条可以通过碱基互补配对形成另一条链,获得 DNA 双螺旋链,使 DNA 分子具有自我复制的功能。

RNA 的结构与 DNA 相似,但有一些不同,包括构成 RNA 链骨架上的核酸为核糖核酸,而 DNA 为 $2'$-脱氧核糖核酸;RNA 的 4 种碱基中由 U 代替了 DNA 中的 T,并与对应的 A 配对;RNA 通常以单链的形式存在,在一些情况下,互补的 RNA 链也能形成短的双链区段。

DNA 链上碱基的顺序并不是随机的,而是有一定顺序的,碱基的排列顺序蕴含着遗传信息,即基因。因此,碱基的排列顺序能够严格复制,是保证遗传信息稳定遗传的关键。

2.2.3 DNA 的复制

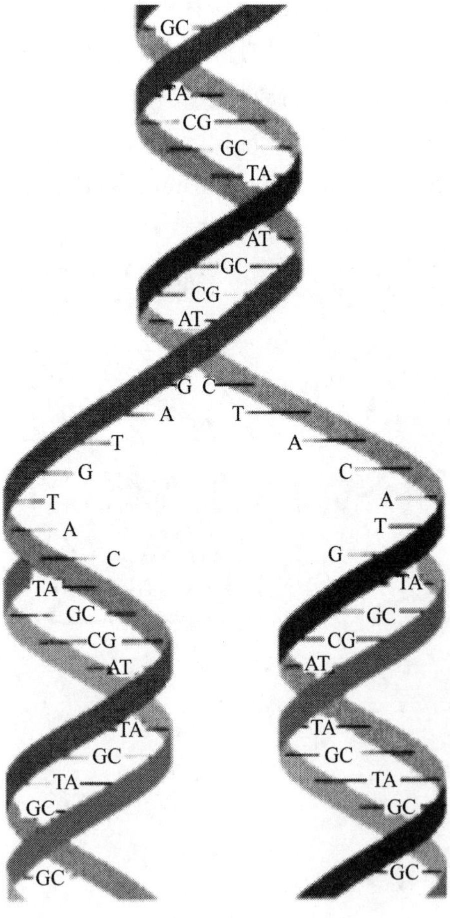

作为遗传物质,DNA 具备自我复制的能力。沃森等根据对 DNA 双螺旋结构的分析,认为由于碱基之间的氢键较弱,在加热和化学物质的处理下,容易断裂,使得双螺旋从它的一端沿氢键逐渐断开,形成单链。当双螺旋的一端断开后,细胞能够在 DNA 聚合酶(DNA polymerase)、连接酶等的作用下,以两条单链为模板,吸取与单链上碱基互补配对的单核苷酸,各自形成与之互补配对的新链,即形成 2 个与亲代 DNA 分子完全相同的子代 DNA。DNA 分子这种边解链边复制的结构被称为复制叉(replication fork)。新的 DNA 分子是由一条原来的母链和新合成的子链组成(见图 2.18),这种复制方式称为半保留复制(semiconservative replication)。1958 年,米西尔逊(Meselson)和斯塔尔(Stahl)用放射性元素标记的方法和密度梯度离心法证实了 DNA 的复制是以半保留方式进行的。DNA 的这种复制方式保证了生物遗传的稳定性。

在细胞周期中,细胞在有丝分裂的间期以半保留复制方式复制 DNA 分子,DNA 分子与组蛋白形成高度螺旋化的姐妹染色单体;在有丝分裂后期,姐妹染色单体在着丝点处分离,精确进入两个子细胞,从而保证了生物体细胞中遗传信息的稳定性。在配

图 2.18 DNA 半保留复制

(图引自:Klug et al, 2000)

子形成过程中,生殖母细胞以半保留复制方式精确复制 DNA 分子,并在减数分裂前期Ⅰ精确配对,通过两次分离,使遗传信息精确进入每个配子,使得遗传信息在世代的传递过程中也保持稳定。

DNA 复制时,碱基配对后需要 DNA 聚合酶将相邻的核苷酸相连,形成完整的 DNA 长链。但所发现的 DNA 聚合酶只能从 $5'$ 到 $3'$ 方向发挥作用,这样一来,只能是 $5' \to 3'$ 方向的链可连续复制。那么,另一条链是如何复制的呢?后来,科恩伯格(A. Kornberg)提出,$3' \to 5'$ 方向的链是倒退着进行复制的,即在解链的部位,$3' \to 5'$ 的链按 $5' \to 3'$ 的方向一段一段地合成 DNA,这些不相连的片段再由连接酶连接起来,完成 DNA 的复制。由于新链的合成总是按 $5' \to 3'$ 方向,因此,在 DNA 双链复制的过程中,以 $3' \to 5'$ 方向的单链为模板的链的合成是连续的,而与之互补的另一条链的复制是不连续的。冈崎(R. Okazaki)等又进一步研究证明,在复制叉上的两条子链都是先合成不连续的片段,再由连接酶连接成完整的 DNA 分子。因此把这种片段称为"冈崎片段"(Okazaki fragment)。

1973 年,冈崎等研究还发现,在 DNA 片段合成之前,先由 RNA 聚合酶(RNA polymerase)合成一小段与 DNA 互补的 RNA 作为引物(primer),然后 DNA 聚合酶Ⅲ才开始起作用,按 $5' \to 3'$ 方向合成 DNA 片段。随后,由 DNA 聚合酶Ⅰ将 RNA 引物切除,并弥补所切除的片段,最后再由 DNA 连接酶将 DNA 片段连成一条连续的 DNA 链。

2.2.4　中心法则与遗传密码

遗传信息流在生物体内的传递遵循中心法则(central dogma),包括 DNA 的复制、RNA 的转录(transcription)、蛋白质的翻译(translation)、RNA 的复制和反转录(reverse transcription)。遗传信息从 DNA 通过自我复制传递到 DNA,这种遗传信息的传递表现在生物体细胞的增殖过程和配子的形成过程中,保证生物在生长发育过程和世代传递过程中遗传信息的稳定(见图 2.19)。以 DNA 为模板合成与之互补的 RNA,使遗传信息从 DNA 转移至 RNA,这个过程称为转录。转录后的 RNA 经加工形成信使 RNA(messenger RNA, mRNA),mRNA 序列所含的遗传信息通过翻译合成蛋白质,由蛋白质体现生物性状,从而实现对生物性状的遗传控制。遗传信息还可通过反转录从 RNA 到 DNA,如某些 RNA 病毒,但反转录和 RNA 的自我复制,在病毒单独存在时是不能进行的,需要寄生到寄主细胞中才可发生。遗传信息从 DNA 直接转移到蛋白质仅在理论上存在可能性,在活细胞中尚未发现。

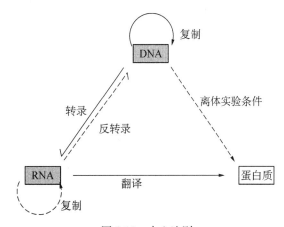

图 2.19　中心法则

遗传信息从 DNA 转移到 mRNA 后,mRNA 上的 A、U、C、G 4 种核苷酸又是如何编码蛋白质中的 20 种基本氨基酸的呢?显然不可能是 1 个碱基决定 1 个氨基酸。如果是 2 个碱基决定 1 个氨基酸,那么可能的组合将是 $4^2 = 16$ 种,比现存的 20 种氨基酸还差 4 种。如果是每 3 个碱基决定 1 种氨基酸,那么这 3 个碱基可能的组合则是 $4^3 = 64$ 种。因此,编码氨基酸所需的碱基数目最低是 3。1961 年,克里克等证明三联体密码子学说是正确的,同时表明三联体密码子是非重叠、无标点、连续编码的。

每种三联体密码译成什么氨基酸呢?从 1961 年开始,经过大量的实验,终于确定了编码 20 种氨基酸的密码子。表 2.2 所示为 20 种氨基酸的全部 64 个遗传密码子。从表中可以看出,大多数氨基酸都有几个三联体密码,多则 6 个,少则 2 个,这就是遗传密码的简并现象。只有色氨酸与甲硫氨酸两种氨基酸例外,每种氨基酸只有一个三联体密码。此外,还有 3 个三联体密码 UAA、UAG、UGA 不编码任何氨基酸,是蛋白质合成的终止信号。三联体密码 AUG 在原核生物中编码甲酰化甲硫氨酸,在真核生物中编码甲硫氨酸,并起合成起点作用。GUG 编码缬氨酸,在某些生物中也兼有合成起点的作用。从同一个氨基酸的遗传密码看,通常前 2 个碱基是固定的,第 3 个碱基有所变化。例如,决定脯氨酸的 4 个三联体密码分别为 CCU、CCC、CCA、CCG,前 2 个碱基是 CC,第 3 个碱基可以是 U、C、A 或 G。把决定同一个氨基酸的几个密码子称为同义密码子。密码子的这种简并现象对生物遗传的稳定性有一定的意义,同义密码子越多,生物遗传的稳定性越大,因为一旦 DNA 分子上的碱基发生突变,发生突变后产生的密码子可能和原来的密码子编码同一个氨基酸,这一突变在蛋白质层面上不会产生任何变化。

表 2.2　20 种氨基酸的遗传密码字典

第一碱基	第二碱基								第三碱基
	U		**C**		**A**		**G**		
U	UUU	苯丙氨酸 Phe	UCU	丝氨酸 Ser	UAU	酪氨酸 Tyr	UGU	半胱氨酸 Cys	U
	UUC		UCC		UAC		UGC		C
	UUA	亮氨酸 Leu	UCA		UAA	终止信号	UGA	终止信号	A
	UUG		UCG		UAG	终止信号	UGG	色氨酸 Trp	G
C	CUU	亮氨酸 Leu	CCU	脯氨酸 Pro	CAU	组氨酸 His	CGU	精氨酸 Arg	U
	CUC		CCC		CAC		CGC		C
	CUA		CCA		CAA	谷氨酰胺 Gln	CGA		A
	CUG		CCA		CAG		CGG		G
A	AUG	异亮氨酸 Ile	ACU	苏氨酸 Thr	AAU	天冬酰胺 Asn	AGU	丝氨酸 Ser	U
	AUC		ACC		AAC		AGC		C
	AUA		ACA		AAA	赖氨酸 Lys	AGA	精氨酸 Arg	A
	AUG	甲硫氨酸 Met 为起始信号	ACG		AAG		AGG		G
G	GUU	缬氨酸 Val	GCU	丙氨酸 Ala	GAU	天冬氨酸 Asp	GGU	甘氨酸 Gly	U
	GUC		GCC		GAC		GGC		C
	GUA		GCA		GAA	谷氨酸 Glu	GGA		A
	GUG	兼做起始信号	GCG		GAG		GGG		G

2.2.5 DNA 的转录

生物的遗传信息主要贮存于 DNA 的碱基序列中。遗传信息转移的第一步即为基因的转录，是指以 DNA 的一条链为模板，按照碱基互补配对原则，合成 RNA 的过程。基因转录的基本过程与 DNA 复制相似但存在差异。RNA 合成的过程与 DNA 复制的过程相似，也是 $5' \rightarrow 3'$ 方向，只不过以核糖核苷酸代替脱氧核糖核苷酸，并且碱基由尿嘧啶(U)代替胸腺嘧啶(T)与腺嘌呤(A)配对。DNA 双链中只有一条作为模板，称为模板链(template strand)，另一条则为非模板链(non-template strand)。合成 RNA 的碱基序列与合成蛋白质的氨基酸序列相关，所以该 RNA 链称为正义 RNA(sense RNA)，与其碱基序列互补的 RNA 链则称为反义 RNA(antisense RNA)。转录时，DNA 双链解链，RNA 聚合酶结合到模板链的特殊序列上，这一序列称为启动子(promoters)。然后在酶的作用下按 C - G、A - U 的碱基互补配对原则根据模板链的碱基序列配对合成新的与 DNA 模板互补的 RNA 链。

图 2.20 所示为基因转录的基本过程。① 转录起始：RNA 聚合酶与双链 DNA 结合，双链 DNA 局部解旋，RNA 聚合酶在 DNA 的结合区域（启动子）起始转录，第 1 个核苷三磷酸与第 2 个核苷三磷酸缩合生成磷酸二酯键后，则启动阶段结束，进入延伸阶段；② 转录延伸：RNA 聚合酶沿 DNA 链移动，在 RNA 链延伸的同时，RNA 聚合酶继续解开它前方的 DNA 双螺旋，暴露出新的模板链，使新的碱基加入与之配对，合成新的磷酸二酯键，随着 RNA 聚合酶的前移，已使用过的 DNA 模板重新关闭，恢复原来的双链结构；③ 转录终止：转录的终止包括停

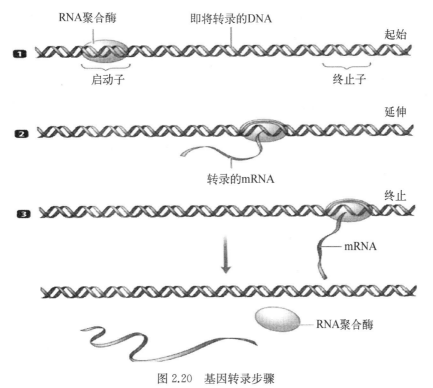

图 2.20　基因转录步骤

（图引自：Yashon et al，2009）

止延伸和释放 RNA 聚合酶与新合成的 RNA。DNA 分子的末端通常会有一段终止序列即终止子,RNA 聚合酶可以识别终止子,终止转录,新生的 RNA 链也从模板 DNA 释放。

以 DNA 为模板转录形成的 RNA 有 5 种类型:信使 RNA(messenger RNA, mRNA)、转运 RNA(transfer RNA, tRNA)、核糖体 RNA(ribosomal RNA, rRNA)、核小 RNA(small nuclear RNA, snRNA)、微 RNA(microRNA, miRNA)。它们在基因表达的过程中有不同的功能。

在核糖体上作为蛋白质合成的模板,决定肽链的氨基酸排列顺序的 RNA 即为 mRNA。原核生物 mRNA 的原始转录产物(除个别噬菌体外)可直接作为蛋白质翻译的模板,而真核生物 mRNA 一般都有相应的前体,前体必须经过加工才能形成成熟的 mRNA 并用于蛋白质的翻译。大多数真核生物结构基因中含有非编码序列,它们会被转录到 mRNA 前体中,但经加工会被准确剪除以产生成熟的 mRNA,在成熟的 mRNA 中被保留下来的基因部分称为外显子(exon),被剪除的非编码序列称为内含子(intron)。

真核生物 mRNA 的加工过程主要如下。① 5′端加帽:转录后不久,转录产物的 5′端通常要装上甲基化的帽子,若转录产物 5′端存在多余的序列,还需将序列切除后再装帽;② 3′端加尾:转录结束、RNA 释放后,转录产物的 3′端通常由多聚 A 聚合酶催化加上一段多聚 A(poly A),若转录产物 3′端存在多余的序列,还需将序列切除后再加尾;③ 剪接:在多种酶活性物质作用下完成内含子切除和外显子的拼接;④ 碱基修饰:mRNA 分子中有少量稀有碱基(如甲基化碱基)是在转录后经化学修饰(如甲基化)形成的,最终形成可作为翻译模板的成熟 mRNA。

tRNA 是具有携带并转运氨基酸功能的一类小 RNA,在 mRNA 翻译为蛋白质时作为氨基酸与 mRNA 序列之间相结合的适配器或链接者。一种 tRNA 只能携带一种氨基酸,但一种氨基酸可被不止一种 tRNA 携带。rRNA 是细胞中含量最多的 RNA,单独存在不执行功能,可与多种蛋白质结合形成核糖体(ribosome),而核糖体是参与蛋白质合成的主要细胞器。snRNA 是真核生物转录加工过程中 RNA 剪接体(spliceosome)的主要成分,在 mRNA 成熟的过程中起重要作用,通常 snRNA 不是游离存在的,而是与蛋白质结合成复合物,成为核小核糖核蛋白颗粒。miRNA 是真核生物中一类内源性的具有调控功能的非编码 RNA,可以通过碱基互补配对方式识别靶 mRNA,并根据互补程度的不同指导沉默复合体降解靶 mRNA 或者阻遏靶 mRNA 的翻译,从而调节 mRNA 的表达。这 4 类小的 RNA 均不翻译成蛋白质,均以 RNA 形式在基因表达的过程中起重要作用。

2.2.6 RNA 的翻译与蛋白质的合成

以细胞质中成熟的 mRNA 为模板,把基因的遗传信息解读为氨基酸,进而组装为有功能的蛋白质的过程称为翻译。mRNA 从起始密码子 AUG 开始翻译,每 3 个连续碱基(密码子)编码相应的氨基酸,从而沿着 mRNA 序列合成多肽链并不断延伸,当遇到终止密码子 UAA、UAG 或 UGA 时,多肽链的延伸反应终止。从起始密码子到终止密码子可编码完整的多肽链,其间不存在使翻译中断的终止密码子的核苷酸序列称为开放阅读框(open reading frame, ORF)。

在翻译过程中,核酸分子 tRNA 起着重要的作用,它识别 mRNA 的遗传密码并准确地携带氨基酸至核糖体上。tRNA 是由 70～90 个核苷酸折叠形成的三叶草形的短链。该结构由

3个环(D环、反密码环和TΨC环)、4个茎(D茎、反密码茎、TΨC茎和氨基酸接受茎)和反密码茎与TΨC茎之间的可变臂组成。tRNA通过其氨基酸臂(3′端CCA - OH)携带氨基酸,携带了氨基酸的tRNA称为氨酰tRNA。氨酰tRNA通过其反密码环顶端的3个碱基序列与mRNA链的密码子序列互补来识别特定的密码子,tRNA上的这3个碱基序列称为反密码子(anticodon)。每个氨基酸都有1~4个特定的tRNA用于与之结合并转运至肽链合成部位。

参与蛋白质合成的细胞器主要为核糖体。核糖体由蛋白质与rRNA结合形成,是蛋白质合成中心。氨酰tRNA进入核糖体后,将氨基酸转到肽链上,又从另外的位置被排出核糖体,延伸因子也不断地与核糖体结合和解离。当1个mRNA合成肽链时,往往多个核糖体同时工作,形成一串核糖体,称为多核糖体(polysome),大大提高了蛋白质合成的效率。

蛋白质的合成包括氨基酸的活化、多肽链合成的起始、延伸、终止和蛋白质合成后的加工修饰5个阶段(见图2.21)。① 氨基酸的活化:每种氨基酸靠其特有的tRNA合成酶催化其与特异的tRNA相结合,将氨基酸转移到tRNA的氨基酸臂上生成各种氨酰tRNA。② 多肽链合成起始阶段:核糖核蛋白体与mRNA结合,再与氨酰tRNA以及反式作用因子一起组装成起始复合物,从起始密码子(AUG)开始翻译,以蛋白质的前2个氨基酸之间形成肽链的方式进行反应。③ 肽链延伸阶段:在多肽链上每增加1个氨基酸都需要经过进位、转肽和移位3个步骤。延伸阶段是翻译的主要步骤,它包括从第1个肽链合成到最后1个氨基酸加入的所有反应。④ 肽链终止阶段:包括已合成的多肽链从核糖体上释放出来和核糖体从mRNA上解离下来。⑤ 蛋白质合成后的加工修饰:包括氨基酸的糖基化、羟基化、磷酸化和甲酰化等;专一化的氧化酶催化-SH氧化成二硫键(- S - S -)等。

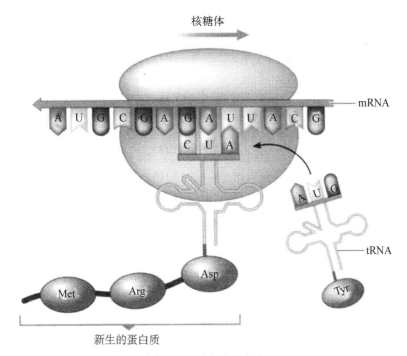

图 2.21 蛋白质的合成

(图引自:Yashon et al, 2009)

在核糖体上合成的肽链,在分子内伴侣、辅助酶和分子伴侣协助下进行卷曲和折叠,形成具有立体结构的、有生物活性的蛋白质。有的蛋白质是由 1 条肽链折叠形成,而有的则需要 2 条或 2 条以上的肽链形成更为复杂的立体结构,并体现其生物活性。

2.3 基因的表达与调控

Marcia Johnson 是一位刚怀孕的妇女,去医院做例行产检。在等待过程中,护士过来询问她是否愿意参加该城市居民镰状细胞贫血基因携带者概率的调查研究。经过思考,她同意参加该项调查并取了血样。2 周后,调查结果出来了,她被告知其为镰状细胞贫血基因的携带者。医生建议其丈夫 Mike 也做该项检查。随后的检查结果显示,Mike 也是该基因的携带者。因此,医生建议对该夫妇的胎儿做产前检查。

这个案例引发我们对一些问题的思考:为什么要对上述孕妇的胎儿做检查?该基因携带者所生的孩子会发病吗?发病概率是多少?该基因的携带者应如何进行产前咨询?在回答这些问题之前,我们首先要了解一个内容:基因与蛋白质的关系,以及在何种情况下表现出症状。

2.3.1 基因与基因组

1) 基因概念的提出

1865 年,奥地利科学家孟德尔在解释其豌豆杂交的实验结果时创造性地提出"遗传因子"一词作为遗传单位的名称。1889 年,荷兰著名植物学家和遗传学家德·弗里斯在思辨的基础上提出了系统的遗传理论——泛生子学说,其中的一个要点是遗传归之于遗传质量的物质载体,它们是一些特殊的颗粒,被称作"泛生子"(pangenes)。而"基因"(gene)一词作为遗传单位的名称,则是在 1909 年由丹麦遗传学家约翰逊在《精密遗传学原理》一书中正式提出。

2) 基因概念的发展

1910 年,美国遗传学家摩尔根等通过果蝇杂交实验,发现染色体在细胞分裂时的行为与基因行为一致,从而证明基因位于染色体上,并呈直线排列,创立了遗传的染色体学说,同时提出了遗传学的连锁定律。摩尔根科学地预见了基因是一个化学实体,并认为基因控制相应的性状。1941 年比德尔(G. W. Beadle)等开始用红色面包霉为材料,通过研究基因的生理和生化功能、分子结构及诱发突变等问题,认为基因控制酶的合成,一个基因产生一个相应的酶,提出"一个基因一个酶"的假说,该假说沟通了蛋白质合成的研究与基因功能的研究。

1944 年,美国微生物学家埃弗里等通过肺炎双球菌转化实验,直接证明了 DNA 是转化的遗传物质,首次证明了基因的本质为 DNA。1957 年,本泽尔(S. Benzer)以大肠杆菌 T_4 噬菌体为材料,在 DNA 分子结构的水平上,分析了基因内部的精细机构,提出了顺反子的概念,证明基因是 DNA 分子上的一个特定的区段,就其功能而言是一个独立的单位,一个顺反子决定一条多肽链。顺反子学说纠正了长期以来认为基因是不能再分的最小单位的错误看法。

1961 年,法国生物学家雅各布和莫诺在研究大肠杆菌半乳糖代谢的调节机制时,提出了操纵子学说,进一步发展和深化了基因通过酶起作用的机制,在分子水平上创建了基因调控模型。按照操纵子学说,基因可分为几种类型:结构基因、调节基因、操纵基因,以及启动基因。操纵子模型丰富了基因的概念,基因不仅能单独起作用,而且各个基因之间还有一个相互制约、反馈调节的网络,每个基因都在这个网络中发挥各自的功能。基因可以有自身的蛋白质产物,也可以没有,如操纵基因、启动基因并不编码任何蛋白质。该调控模型为基因表达调控的研究奠定了基础。

1956 年,德国科学家阿尔弗雷德·吉尔(Alfred Gierer)和格哈德·施拉姆(Gerhard Schramm)在研究烟草花叶病毒时,首先发现了 RNA 也能够传递遗传信息,这些 RNA 病毒能以自身为模板在 RNA 复制酶的作用下进行复制。因此认为,在少数生物中 RNA 是遗传物质,在多数生物中 DNA 是遗传物质。从而可以看出,基因的化学本质是 DNA,但在缺乏 DNA 的某些病毒中,基因的化学本质就是 RNA。

从最早的孟德尔的遗传因子,到约翰逊的基因;从基因的化学本质是 DNA,到遗传物质也可以是 RNA,基因研究领域的每一个成果都给"基因"的概念注入了鲜活的内容。"基因"一词的概念和含义随着多学科渗透和实验手段的日新月异在不断地变化,正如爱因斯坦所说,"科学是永无止境的,它是一个永恒之谜"。

3) 现代基因概念的多样性

随着分子生物学和分子遗传学的不断进步,特别是发展出诸如 DNA 分子克隆技术、快速准确的核酸序列分析法以及核酸分子杂交技术等现代分子生物学实验手段,基因的含义也随之发生了变化。"跳跃基因""断裂基因""假基因""重叠基因""管家基因""奢侈基因"等有关基因相继被发现,从而丰富并深化了人们对基因本质的认识。

基因到底是什么呢?在基因研究深入发展的今天,基因的概念已经难以用几句话简单概括,但是对于基因的本质可以从以下几个方面理解。① 基因是 DNA 或 RNA 长链上的一段序列。② 基因是一个遗传转录单位。③ 基因是一个功能单位。④ 基因序列既可以是连续排列的,也可以是不连续排列的(如断裂基因)。⑤ 基因既可以是 DNA 链上固定的一段序列,也可以是一段可以移动的序列(如插入序列、转座子)。⑥ 基因可能具有编码功能(mRNA 基因为蛋白质编码),也可能不具有编码功能。⑦ 基因的转录物可以真实地翻译,但有的基因不能真实翻译(假基因)。⑧ 基因可以在体外扩增,但在体内往往不能独立地自我复制,它只能随基因组 DNA 的复制而被动地复制。

那么,基因的概念是什么?基因又是如何决定生物性状的呢?

基因是储存有功能的蛋白质多肽链或者 RNA 序列信息及表达这些信息所必需的全部核苷酸序列。基因通过转录和翻译过程,控制合成具有一定氨基酸序列的蛋白质。无论是真核生物基因还是原核生物基因都可能发生突变,从而决定生物体的性状。

4) 基因组的概念

基因组(genome)一词最早出现于 1922 年,指的是单倍体细胞中所含的整套染色体。随后,基因组被定义为整套染色体中的全部基因。随着对不同生物基因组 DNA 的测序,人们发现,基因组这个名词需要更精确的定义。现在认为,基因组指的是细胞或生物体全套染色体中所有的 DNA,包括所有的基因和基因之间的间隔序列。

原核生物基因组就是细胞内构成染色体的 DNA 分子,真核生物的核基因组是指单倍体细胞核内整套染色体所含有的 DNA 分子。除了核基因组外,真核细胞内还有细胞器基因组,即动物细胞和植物细胞的线粒体基因组、植物细胞的叶绿体基因组。目前,科学家们已经完成了多种模式生物如大肠杆菌、酵母菌、线虫、果蝇、小鼠、拟南芥、番茄、葡萄、黄瓜等的基因组测序工作。2003 年,人类基因组的测序工作也宣告完成。

2.3.2　基因的结构

前面已经阐述了基因的概念。从传统观念上看,基因应该是稳定的、连续不可分割的,但是随着研究的深入,各种新的基因(如断裂基因)出现,基因概念逐渐丰富。基因控制人类的生命活动,因此,要深入了解任何生命的过程,有必要深刻地了解基因的基本结构。

生物的基因具有十分精细的结构,基因由多个不同的区域组成,无论是原核生物的基因还是真核生物的基因,都可划分为编码区和非编码区 2 个基本组成部分。编码区是可以被细胞质中转译机器阅读的遗传密码,包括起始密码子(通常为 AUG)和终止密码子(UAA、UAG或 UGA)。非编码区是调控基因的区域,主要位于编码区的两侧,其中位于 5′端的不编码蛋白质的序列称为 5′非翻译区(5′- UTR),3′端的不编码蛋白质的序列称为 3′非翻译区(3′-UTR)。编码区与非编码区构成一个完整的基因表达单元,从而达到控制某个遗传性状的作用。

基因的一个重要组成部分为启动子(promoter),它是位于基因 5′端上游外侧紧挨转录起始位点的一段非编码核苷酸序列,该序列能被 RNA 聚合酶识别并结合,从而启动基因的转录。通常原核基因的启动子比较简单,只有数十个碱基,而真核基因的启动子较大,可能涉及数千个碱基。在基因 3′端下游与终止密码子相邻的一段非编码的核苷酸短序列称为终止子(terminator),具有转录终止信号的功能,即一旦 RNA 聚合酶完全通过了基因的转录单位后,终止子会阻止 RNA 聚合酶继续前移,从而终止转录。典型原核生物与真核生物基因的基本结构特征分别如图 2.22 和图 2.23 所示。

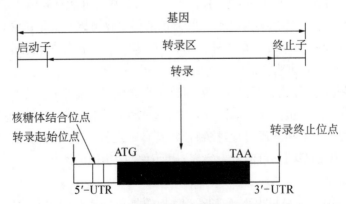

图 2.22　一个典型原核蛋白质编码基因的结构

原核生物基因的编码区(即转录区)是连续不断的序列,包括一个起始密码子 ATG 和一个终止密码子 TAA,编码区的两侧是转录而不翻译的侧翼序列,其中 5′非翻译区(5′- UTR)含有一个核糖体结合位点及一个转录起始信号,3′非翻译区(3′- UTR)含有一个转录终止信号。(图引自:吴乃虎,1998)

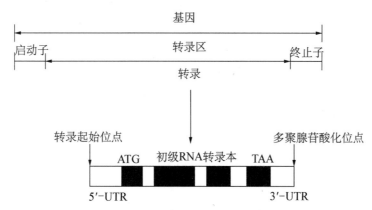

图 2.23 一个典型真核蛋白质编码基因的结构

与原核生物相比,真核生物蛋白质编码基因最主要的特点是其转录区的编码序列是不连续的。其中编码氨基酸的序列称为外显子,非编码序列称为内含子。转录产生的初级 RNA 转录本,经过剪接加工(即去掉内含子)后形成有功能的 mRNA 分子。(图引自:吴乃虎,1998)

如图 2.23 所示,原核基因与真核基因的组成大体相似,它们都包括启动子、转录区和终止子。但是真核基因的结构更为复杂。在真核生物中,大多数基因的编码蛋白质的序列都由若干不编码的序列隔开,编码区中这种不编码的部分称为内含子,编码的部分称为外显子,不同基因内含子和外显子的数目不定。基因在转录以后通过加工,将内含子去掉,然后再将外显子连接起来,形成一个连续的编码区,这种既有内含子又有外显子的基因称为断裂基因。

2.3.3 基因的表达与调控模式

本章 2.3 开始的案例提到,夫妇俩均为镰状细胞贫血基因携带者,但均未表现出镰状细胞贫血,这就需要我们深入了解一下基因与性状的关系。在生物的个体发育过程中,基因一旦处于活化性态,就将它携带的遗传密码,通过转录与翻译,形成特异的蛋白质。基因决定遗传性状的表达可分为直接的与间接的。在普遍的情况下,基因是通过控制酶的合成,影响生物的代谢过程,从而间接地决定生物的性状,如豌豆的圆粒或皱粒。但是,如果基因的最终产物是结构蛋白或功能蛋白,那么基因的变异可以直接表现为不同的遗传性状,如镰状细胞贫血。基因怎样才能准确无误地合成具有特定排列顺序的氨基酸序列,并进一步形成具有特定分子结构和生物学功能的蛋白质呢?

在真核细胞中,DNA 主要存在于细胞核的染色质上,而蛋白质的合成中心却位于细胞质的核糖体上。因此,它需要一种中介物质,才能把 DNA 上控制蛋白质合成的遗传信息传递给核糖体。现已证明,这种中介物质是一种特殊的 RNA,它起着传递信息的作用,因而称为信使RNA(mRNA)。基因中蕴藏的遗传信息,通过转录传递给 mRNA(DNA→mRNA),在 mRNA 分子指导下翻译成蛋白质(mRNA→蛋白),这 2 个过程被称为基因的表达。

人类基因组中包含 2 万多个基因,但是,在人类的每个细胞中,并不是所有的基因都能表达。事实上,在绝大多数情况下,大部分基因处于关闭状态,不同的基因在不同的组织中具有不同的表达特性,称为组织表达特异性。例如,在人类肝细胞中,控制视网膜的基因则处于关闭状态。在细胞中,仅有 5%~10% 的基因是处于活化状态的。基因只有在它应该发挥作用的细胞内和特定的时间内才处于活化状态,在错误的时空表达则会对生物体产生危害。因此,控制基因的活化或者关闭称为基因的调控。

在基因表达过程中,转录和翻译是 2 个极其复杂的过程,同时具有复杂的调控机制。没有调控,基因遗传信息的转录和翻译则不能进行,因此,基因的表达和调控联系在一起被称为基因的表达调控。基因的表达调控涉及的内容比较广泛,包括基因在转录前的调控、转录水平的调控、转录后水平的调控、翻译水平的调控及蛋白质加工水平的调控等。基因不同阶段的表达调控如图 2.24 所示。

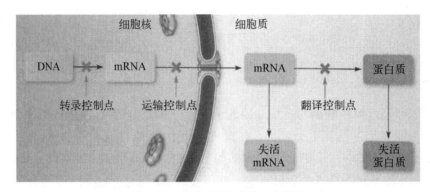

图 2.24　基因不同阶段的表达调控

(图引自:Yashon et al,2009)

1) 真核生物的染色质修饰和表观遗传学调控

在真核生物中,发生在转录之前的、在染色质水平上对基因表达的调控,称为基因表达的染色质修饰。

随着人类对基因本质研究的逐渐深入和各种生物基因组测序工作的完成,人类对基因组遗传信息提出了新的补充,基因组中含有 2 类遗传学信息:传统意义上的遗传学信息提供了生命所必需的蛋白质的模板;表观遗传学的信息提供了何时、何地、以何种方式应用这些遗传信息的指令。

表观遗传学为不涉及 DNA 序列改变的基因表达和调控。这意味着即使环境因素会导致生物的基因表达不同,但是基因本身不会发生改变。表观遗传学修饰提供了改变表达状态的方法,并可通过特定的 DNA 修饰等形式遗传(表观遗传学的详细内容和机制参见 9.1)。

2) 真核生物的转录水平调控

转录水平的调控是基因表达过程中的关键环节。真核基因转录水平调控主要是通过顺式作用元件、反式作用因子和 RNA 聚合酶的相互作用来完成的。顺式作用元件和反式作用因子通过蛋白质- DNA、蛋白质-蛋白质之间的相互作用,影响 RNA 聚合酶的活性,形成一个多级的复杂调控过程。

(1) 顺式作用元件。顺式作用元件,也称为顺式调控元件,是指与靶基因处在同一条染色体上并起调控作用的 DNA 序列,通常不编码蛋白质,位于基因的旁侧序列或内含子中。主要包括启动子(promoter)、增强子(enhancer)、沉默子(silencer)等。

启动子是位于基因转录起始位点 5′端上游的一组具有独立功能的 DNA 序列,是决定 RNA 聚合酶Ⅱ转录起始位点和转录频率的关键元件,包括核心启动子和上游启动子元件 2 个部分。核心启动子是保证 RNA 聚合酶Ⅱ转录正常起始所必需的、序列最小的一段连续 DNA 序列,包括转录起始位点及起始位点上游−25 bp 至−30 bp 左右的 7 bp 保守区, TATAAAA/T,称为 TATA 框。TATA 框与 RNA 聚合酶的定位有关,控制转录的准确性。 普遍存在的上游启动子元件有 CAAT 框和 GC 框,通常位于−70 bp 附近,主要控制转录起 始的频率。

增强子是指能使与它连锁的基因转录频率明显增加的 DNA 序列,最早发现于 SV40 早期 基因的上游,由 2 个长 72 bp 的正向重复序列组成。在病毒、植物、动物和人类的正常细胞中 均发现有增强子存在。增强子的效应很明显,一般能使基因转录频率增加 10~200 倍。增强 子的增强效应与其位置和取向(5′→3′或 3′→5′)无关,既可以位于基因的上游,也可以位于基 因的下游,或者位于基因序列内。目前发现的增强子大多为重复序列,一般长 50 bp,通常包括 一个 8~12 bp 组成的核心序列(G)TGGA/TA/TA/T(G),该序列是产生增强效应时所必需 的。增强子可分为细胞专一性增强子和诱导性增强子。细胞专一性增强子具有严密的组织和 细胞特异性,只有在特定的转录因子参与下才能发挥其功能。诱导性增强子的活性受外部信 号的调控,通常需要特定的启动子参与。例如,金属硫蛋白基因启动子上游所带的增强子,可 以对环境中的锌、镉浓度做出反应。

(2) 反式作用因子。在转录调控过程中,除了需要上述的调控区外,还需要各种类型的反 式作用因子。反式作用因子也称为反式调控元件,是指能直接或间接地识别或结合在各类顺 式作用元件核心序列上,参与调控靶基因转录效率的蛋白质或者 RNA。目前已发现了许多反 式作用因子,其中主要是蛋白质。根据反式作用因子的功能不同,常将反式作用因子分为 3 类。① 通用转录因子:是普遍存在的转录因子,是具有识别启动子元件功能的基本转录因 子。② 转录调节因子:与基因表达的组织特异性有很大关系,能识别增强子或沉默子的转录 调节因子。③ 共调节因子:属于诱导性反式作用因子,其活性能被特异的诱导因子所诱导, 不需要通过 DNA-蛋白质相互作用就可参与转录调控。

通常将前 2 类反式作用因子统称为转录因子。它们是基因编码的一类蛋白质,能识别并 结合转录起始位点的上游序列或远端增强子元件,通过 DNA-蛋白质的相互作用调节转录活 性以决定不同基因的时空表达,其 DNA 结合区域具有特定的三维结构,包括 α 螺旋-转角- α 螺旋(helix-turn-helix,HTH)、锌指结构(zinc finger)、碱性亮氨酸拉链(basic leucine zipper, bZIP)、碱性螺旋-环-螺旋(basic helix-loop-helix,bHLH)和同源域(homeodomain,HD)。 共调节因子本身无 DNA 结合活性,主要通过蛋白质-蛋白质相互作用影响转录因子的分子构 象,从而调节转录活性。

3) 真核生物的转录后调控

真核生物基因大多为断裂基因,内含子和外显子一起被转录,首先生成前体 mRNA(pre- mRNA),或称为核内不均一 RNA(heterogeneous nuclear,RNA,hnRNA)。然后转录产物 再经过 5′端加上"帽子"、3′端加上 poly(A)尾巴、RNA 剪接、核苷酸的甲基化等修饰才变为成熟的 mRNA。mRNA 的这些结构与其作为蛋白质模板的功能有密切关系,是基因表达的一个重要调控环节。另一个重要的转录后调节是转录后的基因沉默,涉及小 RNA 家族。

(1) 转录后加工。真核生物基因转录后的加工具有多样性。真核生物基因按照转录方式不同可以分为两大类:简单转录单位和复杂转录单位。两种转录方式的转录后加工具有差异性。

在简单转录单位类型中,这类基因只编码产生一个多肽,其初级转录产物有时需要加工,有时则不需要加工。有些基因虽然含有内含子,但是只产生一个有功能的 mRNA。

在复杂转录单位类型中,这些基因主要是一些编码具有组织和发育特异性的蛋白质,它们含有数量不等的内含子,而且其原始转录产物能通过多种方式加工成 2 个或 2 个以上的 mRNA。例如,利用多个 5′端转录起始位点或剪接位点产生不同的蛋白质;利用多个 poly(A)位点和不同的剪接方式产生不同的蛋白质;没有剪接,但是有多个转录起始位点或多个 poly(A)位点。

(2) 转录后沉默。转录后基因沉默是基因表达调控的一个重要方面。它通过小 RNA 分子(siRNA/miRNA)靶向作用于 mRNA,降解 mRNA,抑制对应基因的表达,导致细胞特定的基因缺失表型。现已知道在许多真核生物中,小 RNA 分子是普遍存在的,并且是一类有效的基因表达调节因子。Lewis 等通过生物信息学分析认为,人类至少有 30% 的基因受 miRNA 的调控。

4) 真核生物的翻译水平调控

在真核生物中,除了存在转录水平的调控外,在翻译和翻译后水平上也存在各种形式的调控。翻译水平调控的一个重要途径是控制翻译的起始。在蛋白质生物合成的起始反应中,主要涉及细胞内的 4 种装置:① 核糖体,是蛋白质合成的场所;② mRNA,是蛋白质合成的模板,也是传递基因信息的媒介;③ 可溶性蛋白因子,是蛋白质生物合成起始物形成所必需的因子;④ tRNA,是氨基酸的携带者。只有这些装置和谐统一才能完成蛋白质的生物合成,其中 mRNA 的可翻译性起决定性作用。所有真核生物 mRNA 的 5′端都有帽子结构,早在 1976 年 Shtkin 就根据体外翻译实验结果指出,5′端帽子结构有增强翻译效率的作用。此后众多研究证实,大多数 mRNA 的翻译依赖于帽子结构。除了 5′端帽子结构外,真核生物 mRNA 的 3′端大多有 poly(A)尾巴。在许多体内实验和高活性的体外翻译体系中都观察到,mRNA 的 3′端 poly(A)结构与翻译效率有直接关系,带 poly(A)尾巴的 mRNA 比无 poly(A)尾巴的相应 mRNA 的翻译效率要高得多。5′端帽子结构和 3′端 poly(A)尾巴能够协同地调节 mRNA 的翻译。

从 mRNA 翻译形成蛋白质并不意味着基因表达过程已全部完成。直接来自核糖体的线状多肽链是没有功能的,翻译形成的蛋白质还需要经过加工修饰才具有活性。这些加工修饰如下。① 蛋白质折叠。蛋白质在一定的条件下才能折叠成一定的空间构型,并具有生物学功能。② 多肽的切割加工。核糖体上合成的分泌型蛋白质的氨基端具有信号肽,其功能是使蛋白质从内质网进入高尔基体,在高尔基体内信号肽被切除,此时分泌出细胞的蛋白质具有生物活性。此外,有些蛋白质还需经过二次加工才能形成具有活性的蛋白质。③ 化学修饰。多肽合成后可以通过化学修饰控制其生物活性。化学修饰主要有磷酸化和糖基化 2 种,此外还有甲基化、乙酰化及泛素化等。

2.3.4 基因突变

遗传物质是相对稳定的,而不是绝对稳定的。在一定的内外因素影响下,遗传物质是可以发生改变的,而遗传物质的改变可能会引起生物性状的改变。基因突变(gene mutation)就是基因在结构上发生碱基种类、数量或排列顺序的改变。基因突变改变了其所携带的遗传信息,导致其转录翻译后所形成的氨基酸种类、组成和排列顺序出现异常,从而使机体原有的性状发生改变,产生新的遗传性状。

1) 基因突变的类型

一方面,根据基因突变的性质不同,可将基因突变分为 3 种类型。① 点突变,是指 DNA 分子中一个碱基对被另一个不同的碱基对取代所引起的突变。点突变常指碱基置换(substitution)。碱基置换的方式有两种,一种是转换(transition),即嘌呤到嘌呤或嘧啶到嘧啶的变化;另一种是颠换(transversion),即嘌呤到嘧啶或嘧啶到嘌呤的变化。转换比颠换更为常见。② 移码突变(frame shift mutation),是指在 DNA 分子的碱基序列中,插入或丢失一个或几个(不是 3 或 3 的倍数)碱基对,从而造成这一位置后的全部密码子的编码顺序发生改变,从而引起遗传信息的改变。③ 缺失突变和插入突变,通常是指较长片段的碱基序列的缺失或增加,如转座子的插入。现在,"突变"一词常专指点突变。

1991 年,Y. H. Fu 等发现脆性 X 染色体综合征与其 5′非翻译区的(CGG)n 三核苷酸串联重复序列异常扩增有关;同年,A. R. La Spada 等发现脊髓延髓性肌萎缩[spinal and bulbar muscular atrophy,SBMA;又称为肯尼迪病(Kennedy disease,KD)]与其编码区的(CAG)n 三核苷酸重复序列的非正常扩增有关。随后,多种神经系统遗传病均被发现是由于基因的编码区或者调节区的三核苷酸重复序列扩增引起的,而这种增加或者突变都是不稳定的,它可能随着世代的传递而扩大,因而被称为动态突变(dynamic mutation),这种动态突变可发生在基因的编码区和非编码区。研究发现动态突变所引起的疾病有早现和性别差异的特点。早现是由于重复拷贝数在传代过程中不断增加所致,其发病年龄与重复拷贝数之间存在很强的关联性。正常人该重复序列拷贝数通常限定在一个较小的范围内,上下代之间的拷贝数变化频率和幅度较小,变化的形式既可是扩增,也可是缩减。这种突变是不稳定的,可能随着世代的传递而累积,当重复序列的拷贝数超过某个正常范围时,就是"前突变",在这个范围内,个体本人表型正常,但重复序列将变得不稳定,后代重复序列的不稳定性很可能进一步增加。当重复序列拷贝数继续增加,达到"全突变"后,个体将出现表型变化,便会引起疾病或者出现脆性位点。例如,正常人的 CGG 拷贝数为 2~54,脆性 X 染色体综合征患者的 CGG 拷贝数大于 200。

另一方面,根据基因突变对多肽链中氨基酸所造成的影响不同,即基因突变引起遗传信息改变的性质不同,可将基因突变分为以下几种类型。① 同义突变(synonymous mutation):是指蛋白质编码序列中发生单个碱基对的置换突变,但没有改变最后产生的蛋白质的结构,这类突变称为同义突变或中性突变(neutral mutation)。产生这种突变的原因可能是密码子的简并性,或者是虽然氨基酸组成有差别,但是功能和活性未发生改变。② 错义突变(missense mutation):是指碱基置换后,形成新的密码子,编码为另一种氨基酸,最终产生另一种蛋白质,可能影响、改变或丢失原有蛋白质产物的功能。其特点是该突变可导致机体内某蛋白质或酶结构和功能的异常,从而引起遗传性的疾病。③ 无义突变(nonsense mutation):是指碱基置换导致 mRNA 上的密码子发生改变,成为不编码任何氨基酸的终止密码子(UAG、UAA、UGA),多肽链合成提前终止,产生没有活性的多肽片段。④ 终止密码突变(termination codon mutation):当 DNA 分子中一个终止密码子突变为编码某一氨基酸的密码子时,多肽链的合成将继续而不停止,直到下个基因的终止密码子出现时停止。这种突变也称为延长突变。

2)基因突变的因素

突变普遍存在于自然界中。基因突变可以发生在生物个体发育的任何阶段、体细胞或生殖细胞的任何时期。各种环境因素均有可能诱发基因突变,包括物理因素、化学因素和生物因素。物理因素包括各种电离辐射(α 射线、β 射线等)和非电离辐射(紫外线);化学因素主要是指化学试剂,包括烷化剂、抗生素等;生物因素则是指某些病毒和细菌等,如麻疹病毒、疱疹病毒或流感病毒等感染细胞后,均可引起染色体断裂或基因突变。胚胎发育早期的体细胞对此尤为敏感,因此妊娠早期病毒感染常可引起基因突变而导致胎儿畸形。

3)基因突变的鉴定

人类基因突变的检测比较复杂,而且不易鉴定,主要靠家系分析和出生调查。常染色体上的隐性突变难以检出,因为隐性性状的出现,很可能是 2 个杂合体婚配的结果,而不是基因突变的结果。只要遗传方式规则,显性突变比较容易检出。如果发现一个人有显性突变性状,而他(她)的父母是正常的,那么可以说这是一个新的突变。

如果婴儿表现为出生缺陷,然而其没有家族病史,如何确定该症状是遗传的还是非遗传的?例如,胎儿酒精综合征(fetal alcohol syndrome,FAS)为非遗传性疾病,是母亲在妊娠期间酗酒影响胎儿的中枢神经系统所造成的永久性出生缺陷。酒精进入胎盘,阻碍胎儿成长和发育,破坏神经元及脑部结构,引起下一代体质、心智或行为等问题。而与此症状类似的遗传性疾病,如威廉斯氏综合征(Williams syndrome)和努南综合征(Noonan syndrome),表现为先天性的躯体畸形及各种障碍,其中威廉斯氏综合征患者的基因排列失常,7 号染色体少了 20 个基因;而努南综合征则为常染色体显性遗传。鉴定某个症状的影响因子是否是非遗传的,应该考虑其家族史、妊娠期的环境及基因测试。在已知的出生缺陷中,约有 25% 为遗传因素引起,约 10% 由环境因素引起,大部分出生缺陷则可能由遗传和环境因素相互作用所致。

思考题

1. 遗传信息是如何代代相传的?

2. 什么是基因?原核生物与真核生物基因的结构一样吗?为什么?

3. 基因是如何表现性状的?

4. 基因的调控网络有哪些?

5. 基因相同的两个个体,性状表现一定相同吗?为什么?

6. 基因突变产生的作用有哪些?

3 遗传学与品种培育

20 世纪 60 年代初,中国遭受严重的自然灾害。路有饿殍的景象深深刺痛了袁隆平,袁隆平意识到自己既然是学农出身,就应该为农民增产粮食,为人们吃饱饭做出贡献。1960年,袁隆平在试验田里发现了一株十分特殊的水稻,在对这株特殊的水稻进行各类分析和数据研究后发现,它是天然的杂交水稻,这让他产生了人工培植的想法。1964 年 7 月 5 日,他终于发现了第一株天然雄性不育水稻,随后他发表了论文《水稻的雄性不孕性》。此文的发表,迈出了中国杂交水稻研究的第一步。从 1964 年起,袁隆平埋头耕耘,靠着锲而不舍的精神和简陋的工具,用 1 000 多个品种做了 3 000 多次杂交试验、上万次测验,经过 9年的努力,于 1973 年成功地选育了世界上第一个实用高产杂交水稻品种"南优 2 号"。从 1976 年开始,杂交水稻在全国大面积推广应用,这项科研成果让中国人有了彻底摆脱饥饿的希望。

农作物为人类在地球上生存繁衍提供了最基本的保障,是人类长期的经验积累和智慧结晶。然而,农作物是如何被人类送上餐桌的呢? 从生物学角度看,这些农作物究竟是怎么来的? 它们和其祖先有哪些不同? 又是什么原因导致它们变成现在这个样子? 我们现在又如何把它们变成人们更喜欢、更需要的样子?

遗传是生物进化和繁衍的本质,没有遗传就没有生命;变异是生物进化的源泉和基础;选择是生物进化和新品种选育的技术手段。"民以食为天",人类最基本的需要就是食物。当今社会,粮食危机是很多国家的一大难题。要解决这一问题,就需要掌握必要的育种方法。新品种选育是根据生物遗传规律,借助各种物理、化学和生物学手段,创造和利用变异,选择有利的生物特征、特性(如高产优质、抗逆性、抗病性),以满足人类的需求。随着科学技术的不断发展,新品种培育的方式也在不断变化。

从公元前 9000 年中东驯化小麦,至今植物育种已有长达一万年的历史。植物育种的发展已经历 3 个阶梯:第一阶梯主要为引种驯化和选种(见图 3.1);第二阶梯主要为杂交育种与诱变育种(见图 3.2);第三阶梯为分子育种(见图 3.3)。

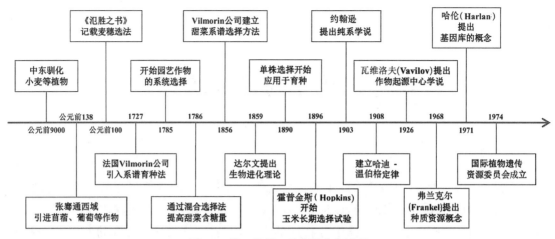

图 3.1　第一阶梯：引种驯化和选种

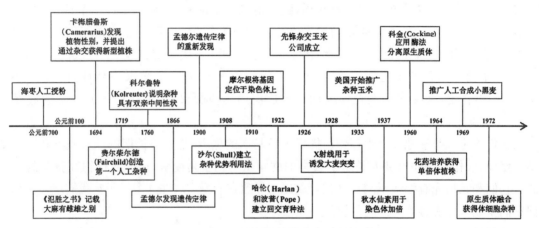

图 3.2　第二阶梯：杂交育种与诱变育种

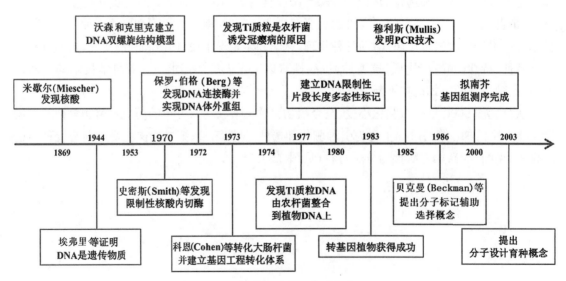

图 3.3　第三阶梯：分子育种

3.1　引种与驯化

通俗地讲,驯化就是我们的祖先在山上或者草地里看到合适的、心仪的野生植物,把它们带回住地进行人工栽培,随着时间的推移,祖先不断地选择他们喜好的、可食用的、产量高的植物保留下来,下一年接着种植。就这样,慢慢地由量变到质变,最开始的野生植物就变化成了人们今天栽培的作物,如玉米、水稻、番茄和小麦(见图 3.4)。

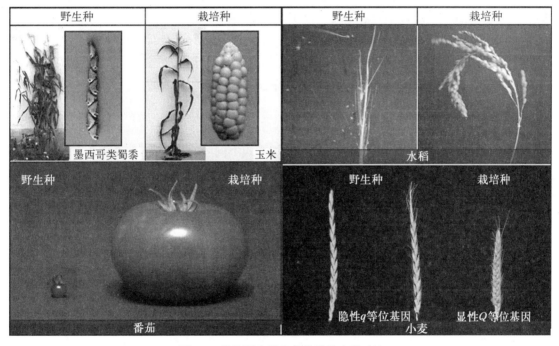

图 3.4　植物野生种和栽培种的表型对比

(图引自：Doebley et al, 2006)

人类的祖先对水稻进行了成千上万年的驯化,这是一个有意识或无意识的农作物品种培育过程。在这个过程中,基因起了决定性作用,基因的变化决定了农作物从古到今的变化。栽培水稻是人类祖先根据自己的需要反复选择而保留下来的,它和野生稻祖先的差别非常大。另外,人们在世界各地的超市中见到各式各样的番茄,它们除大小不同外,还具有不同的颜色和形状。实际上,所有的番茄都是从同一个祖先进化而来的。可能在我们的祖先培育番茄过程中,番茄的某一个基因发生了细微的改变,它呈现的颜色或(和)形状就不一样了。

基因一个很小、很简单的改变,就可能产生人眼所见的巨大变化。由此可见,基因在农作物驯化过程中起到决定性作用,作物最初的育种是从驯化开始的。现在,人们对作物有了各种要求,需要什么？想找什么？作物育种逐渐变成职业性工作。现在人们知道,不管作物的性状怎么变,都是基因变化的结果。改变基因有不同的方法,相对应就有不同的育种方式。随着科学技术的进步,人类通过改变基因来改造作物的方式也在不断改进。

3.2　有性杂交育种

早在 1761 年,有些科学家就开始通过把属于同一物种但性状不同的植物品系的雌蕊与雄蕊进行有性杂交,将两个亲本的优良基因聚合到杂种后代,再从杂交后代中选择综合性状优良的作物,这种方式称为有性杂交育种。

有性杂交育种法也有它的局限性:① 选择周期长;② 一般种内杂交相对容易,但种间杂交就比较困难,属间的杂交就更加困难了,需要经过长时间的努力才有可能成功。有性杂交育种法在实践的基础上,通过不断总结经验,不断地改进和创新。由于人们在有性杂交育种法方面具有丰富的实践经验,对作物的遗传变异规律认识比较透彻,选育新品种的把握比较大。虽然新的育种方法不断出现,但有性杂交育种法依然在育种工作中发挥着十分重要的作用。目前广泛种植的许多优良作物品种都是通过有性杂交育种的方法育成的。

3.2.1　有性杂交

作物的有性杂交方式根据亲本参与数和添加方式不同可分为单杂交、复合杂交和回交等。

(1) 单杂交:即两个品种间的杂交(单交),用甲×乙表示,其杂种后代称为单交种。由于简单易行、经济,单杂交得到广泛的应用。

(2) 复合杂交:即用两个以上的品种、经两次以上杂交的育种方法。当单交不能实现育种所期待的性状要求时,往往采用复合杂交,其目的在于创造一些具有丰富遗传基础的杂种原始群体,以便从中选出更优秀的个体。复合杂交可分为三交、双交等。三交是一个单交种与另一品种的再杂交,可表示为(甲×乙)×丙。双交是两个不同的单交种的杂交,可表示为(甲×乙)×(丙×丁)或(甲×丙)×(乙×丙)。

(3) 回交:即杂交后代继续与其亲本之一再杂交以加强杂种世代某一亲本性状的育种方法。当育种的目的是把某一群体乙的一个或几个经济性状引入另一群体甲中去时,可采用回交育种方法。

3.2.2　杂种优势

杂种优势是生物界普遍存在的现象。杂种优势是指 2 个遗传组成不同的亲本杂交产生的杂种第一代,在生长势、生活力、繁殖力、抗逆性、产量和品质上比其双亲优越的现象。杂种优势是许多性状的综合表现突出,杂种优势的大小往往取决于双亲性状间的相对差异和相互补充。一般而言,亲缘关系、生态类型和生理特性上差异越大,双亲间相对性状的优缺点越能彼此互补,其杂种优势越强。

杂种优势(见图 3.5)在子一代最明显,从子二代开始逐渐衰退,如果再让子二代自交或继续让其各代自由交配,结果将是杂合性逐渐降低,杂种优势趋向衰退甚至消亡。杂种优势的遗传机制目前尚未有比较完善的解释,但较多被承认的说法是超显性性状和多性状相互作用等。

1) 显性假说

早期以布鲁斯(A. V. Bruce)和琼斯(D. F. Jones)等为代表。他们认为,多数显性基因有

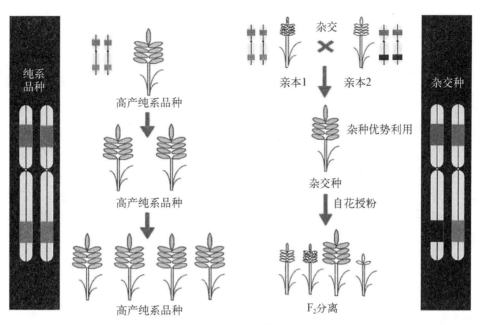

图 3.5 杂种优势

利于个体的生长和发育,相对的隐性基因不利于生长和发育。杂合个体自交或近交会增加子代纯合体出现的概率,暴露隐性基因所代表的有害性状,因而造成自交衰退。如果选用这些不同的自交后代纯系(自交系)进行杂交,那么由一个亲本带入子代杂合体中的某些隐性基因会被另一亲本的显性等位基因所遮盖,从而增进了杂合子代的生长势。由于杂种优势涉及许多基因,而有害的隐性基因和有利的显性基因难免相连锁,要把为数较多的有利基因全部以纯合状态集中到一个自交后代个体中的概率微乎其微,因而不可能获得一个同杂种生长势一样强的自交系。在杂交子一代中则几乎全部有害基因的作用都为其有利基因所遮盖,因而出现杂种优势。杂合体 AaBb(大写字母为显性基因,小写字母为隐性基因)的活力高于纯合体 AAbb 或 aaBB。这便是显性假说所说的杂种优势的生化基础。

2)超显性假说

沙尔于 1911 年提出超显性假说,认为杂种优势是基因型不同的配子结合后产生的一种刺激发育的效应。1918 年,伊斯特(E. M. East)认为某些座位上的不同等位基因(如 A_1 和 A_2)在杂合体(A_1A_2)中发生的相互作用有刺激生长的功能,因此杂合体比 2 种亲本纯合体(A_1A_1 及 A_2A_2)显示出更大的生长优势,优势增长的程度与等位基因间的杂合程度有密切关系。依照超显性假说,杂合体 A_1A_2、A_1A_3、A_2A_3 等始终都具有较高的适应性,因此 A_1、A_2、A_3 等基因都可以以一定的频率保存于这个群体之中,成为一种平衡的多型性而使群体蕴藏最大的适应能力。这样的杂种优势称为平衡性杂种优势。

超显性假说所说的杂种优势的生化基础至少有 2 种可能情况:① 2 个等位基因各自编码1 种蛋白质,这 2 种蛋白质相互作用的结果比各自独立存在更有利于个体的生存。② 两个杂合等位基因所编码的多肽结合成为活力高于相同亚基结合所形成的蛋白质。等位基因的这一相互作用形式曾经在粗糙脉孢菌的谷氨酸脱氢酶基因中发现。

3.3 诱变育种

传统育种周期长,自然突变率低,有益突变少,不利于大规模和多方向育种。诱变育种是指在人为的条件下,利用物理因素、化学因素、空间改变和生物刺激等方式处理植物的种子、器官和组织,使其遗传物质发生改变的育种方法。1928年,斯塔德勒(Stadler)首次发现禾谷类作物经X射线照射后存在诱变效应。1934年,托伦纳(Tollenear)利用X射线诱变育成首个植物烟草品种赫洛里纳(Chlorina)。20世纪70年代以来,利用甲基磺酸乙酯、γ射线、航空育种和生物诱变等获得突变体,已经广泛运用于许多农作物的育种。诱变育种具有突变率高、变异范围广、方向多样等特点,并且能够进行单基因甚至单位点突变,能够有目的地进行定向改造,诱发的变异较易稳定,是获得抗病、耐旱、耐盐碱、抗倒、高产等种质资源的重要手段。表3.1为植物诱变育种的成就汇总。

表 3.1 植物诱变育种的成就

植物繁殖类型	主 要 植 物	改 良 性 状	育成品种数	代 表 性 品 种
种子繁殖	小麦、水稻、大麦、棉花、花生、豆类	株高、熟性、抗病性、品质性状、生长习性	>1 800	酿酒大麦矮秆品种 Diamant、Golden Promise,水稻矮秆品种 Calrose76、Basmati370,棉花早熟耐热有限生长品种 NIAB78
营养繁殖:根、茎切段、离体叶片、休眠植株	菊花、大丽花、三角梅、玫瑰、花叶粉藤、杜鹃、香石竹、美人蕉、荷花、苹果、梨、葡萄柚、杏、桃、木瓜	花色、花型、花大小、生长习性、株高	>465	美国无籽葡萄、菲律宾无刺菠萝、日本抗病梨

3.3.1 物理诱变育种

物理诱变是指用不同的辐射诱变剂对植物进行辐射处理,诱发 DNA 片段断裂、异位、缺失或重组等来引起突变,这是早期诱变育种较为常用的一种方法,其操作方便、诱导频率较高。目前,主要的辐射源有紫外线、X射线、γ射线、快中子、激光、微波、离子束等。

3.3.2 化学诱变育种

化学诱变是指利用化学诱变剂对作物进行一系列处理,使其遗传物质发生变化,最终产生突变体。烷化剂、吖啶类、叠氮化合物、碱基类似物、羟胺等都是常用的化学诱变剂。化学诱变的突变以点突变为主。化学诱变具有易操作、诱变剂量易控制、对基因组损伤小、突变频率高等特点,是近年来运用最为广泛的诱变育种技术。

3.3.3 生物诱变育种

生物诱变是指利用有一定生命活性的生物因素诱发变异,进而产生有价值的突变体。生物诱变因素主要有病毒入侵、T－DNA插入、外源DNA、转座子和反转座子等。生物诱变可以引起基因沉默、基因重组、插入突变以及产生新基因等。

3.3.4 空间诱变育种

空间诱变育种也称为太空育种，是指通过空间诱变使植物种子发生变异，创造新基因，再经过多代系谱选育，最终选育出新品种（见图3.6）。高能空间辐射会引起种子损伤，如DNA突变、染色体畸形、细胞失活、发育异常等。大气结构、压力、地磁强度、气温等综合因素也会引起DNA的结构改变。太空真空、微重力环境能改变细胞酶的活性，从而抑制DNA损伤的修复。

图3.6 航天育种品种

（图引自：中国航天育种网站）

3.4 单倍体育种

单倍体是体细胞染色体数为本物种配子染色体数的生物个体，单倍体育种是植物育种手段之一。单倍体中没有显性和隐性基因的干扰，在加速育种材料纯合（见图3.7）、提高育种选择效率中具有重要的作用。单倍体的自然产生频率一般为$0.001\%\sim0.01\%$，这阻碍了其在育种实践中的广泛应用。本节主要介绍通过花药和花粉的离体培养诱导产生单倍体。

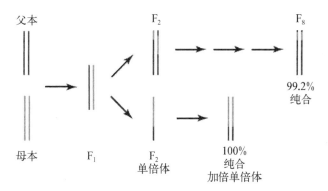

图3.7 单倍体加快传统育种进程

（图引自：Chan，2010）

花粉和花药的培养是指在人工合成培养基上,改变花粉的发育途径,使其不形成配子,而像体细胞一样进行分裂、分化,由单个花粉粒发育成完整的单倍体植株的技术。花粉和花药培养也存在一些异同,如表 3.2 所示。

表 3.2 花粉和花药培养的异同

相同点	花 药 培 养	花 粉 培 养
	目标一致,都是要诱导花粉细胞发育成单倍体细胞,最后发育成单倍体植株	
不同点	花药培养属器官培养,花药是植物花的雄性器官,包括体细胞性质的药壁和药隔组织以及雄性性细胞的花粉粒	花粉培养属于细胞培养
		花粉培养没有药壁组织干扰
		可计数小孢子产胚率
		可观察雄核发育全过程
		单倍体产量高
		技术更复杂,比花药培养难度大

3.4.1 花药培养

花药培养在植物离体培养中占有重要的地位。据不完全统计,已有 23 科 52 属约 300 种高等植物的花药培养获得成功,其中包括大麦、玉米、大豆、梨、橡胶、桃、杨树、苹果、荔枝、龙眼等。

花药培养较花粉培养简单,主要步骤如下。① 取材:镜检,根据花粉的发育时期,选取大小适宜的花蕾。② 消毒:用 70%乙醇擦洗花蕾表面或用 70%乙醇浸泡 30~60 s,然后在 1%次氯酸钠溶液中浸泡 10~20 min 或在 0.1%的氯化汞溶液中消毒 3~10 min,最后用无菌水冲洗 3~5 次。③ 培养:固体或液体培养基均可。先脱分化培养,至小孢子大量分裂形成胚或愈伤组织,并突破花药壁表面,形成突出物(2~3 周)后转入分化培养基培养,形成小植株。

3.4.2 花粉培养

1) 花粉分离与纯化

花粉分离与纯化的常用方法有 3 种。① 自然散落法(漂浮培养散落小孢子收集法):将花药接种在预处理液或液体培养基上,待花粉自动散落后,收集培养。② 挤压法:在烧杯或研钵中挤压花药,将花粉挤出后收集培养。③ 机械游离法:一种为磁搅拌法,即用磁力搅拌器搅拌培养液中的花药,使花粉游离出来;还有一种为超速旋切法,即通过搅拌器中的高速旋转刀具破碎花蕾、穗子、花药,使小孢子游离出来(此法应用最广)。对上述方法获得的小孢子混合物分级过筛和以 30%蔗糖梯度离心获得纯化小孢子。

2) 花粉培养的方式

目前可以用于花粉培养的方式如下。① 平板培养:花粉置于琼脂固体培养基上培养。② 液体培养:花粉悬浮在液体培养基中培养,需振荡,以利通气。③ 双层培养:花粉置于固体-液体双层培养基上培养。培养基制作方法如下:先铺一层琼脂固体培养基,待凝固后,在表面加上少量液体培养基。④ 看护培养：利用花药或花药愈伤组织释放出的活性物质促进花粉小孢子发育。用一块活跃生长的愈伤组织来看护单个细胞，并使其生长和增殖。该愈伤组织称为看护愈伤组织。⑤ 微室培养：利用小的盖玻片和凹穴载玻片形成微室进行花粉培养。⑥ 条件培养基培养：在培养过花药的液体培养基中或在含有失活花药提取物的液体培养基上培养，包括花药条件培养、子房条件培养等。

3.5 体细胞杂交育种

体细胞杂交是指通过物理或化学的方法使原生质体融合，能克服有性杂交的配子不亲和性，获得一些含有另一亲本非整倍体的杂种或胞质杂种（见图3.8），也称为原生质体融合（protoplast fusion）。

通过原生质体融合在细胞水平上进行无性杂交，克服了有性杂交技术配子不亲和性的障碍。原生质体融合技术可以高效地将供体的目标性状基因转移给受体，解决种间杂交不亲和的问题，为品种遗传改良、遗传工程和作物改良提供了多种可能。植物原生质体融合技术已在多种植物中获得了成功的应用，为培育出在自然条件下不能得到但具有各种优良经济性状的作物新品种开辟了一条可能的新途径。

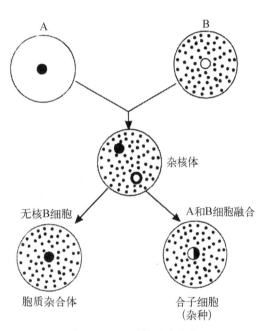

图 3.8　原生质体融合培育杂种

3.5.1 原生质体的分离与纯化

自 1960 年英国学者科金首次用纤维素酶制备番茄根尖原生质体获得成功以来，迄今已有46 个科 160 多个属的 360 多种植物（含变种和亚种）的原生质体再生植株问世，80 余种科间、属间、种间或品种间细胞融合获得胞质杂种。

1）原生质体的分离方法

原生质体的分离方法主要有机械法和酶解法两种，其中酶解法是目前常用的技术。机械分离法能防止酶对原生质体产生副作用，但收获量太小。酶解分离法（见图3.9）是将材料放入能降解细胞壁的混合等渗酶液（纤维素酶、果胶酶和半纤维素酶）中保温一定时间，在酶液的作用下细胞壁被降解，从而获得大量有活力的原生质体的方法。

2）原生质体的纯化方法

酶解后的原生质体悬浮液中混有多种成分，主要是淀粉体、原生质体和细胞碎片，其中淀粉体呈白色球体（见图3.10）。

原生质体纯化的主要方法是离心纯化（见图3.11），分为漂浮法、沉降法、界面法。

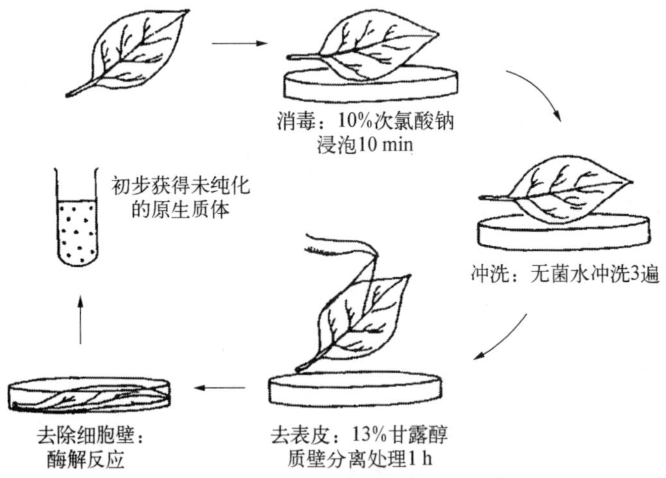

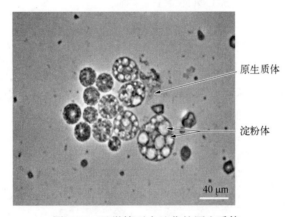

消毒：10%次氯酸钠
浸泡10 min

冲洗：无菌水冲洗3遍

去表皮：13%甘露醇
质壁分离处理1 h

去除细胞壁：
酶解反应

初步获得未纯化
的原生质体

图 3.9 酶解法分离原生质体

原生质体

淀粉体

40 μm

图 3.10 显微镜下未纯化的原生质体

(图引自：郭艳萍，2013)

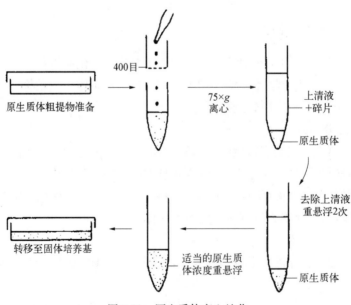

原生质体粗提物准备

400目

75×g
离心

上清液
+碎片

原生质体

去除上清液
重悬浮2次

原生质体

适当的原生质
体浓度重悬浮

转移至固体培养基

图 3.11 原生质体离心纯化

3）原生质体活力的主要鉴定方法

（1）形态观察法。一般通过形态特征即可识别原生质体的活力。如果原生质体颜色鲜艳、形态完整、富含细胞质,则有活力。也可采用渗透压变化法,把原生质体放入高渗或低渗溶液中,观察张缩情况来判断其活力。如果原生质体体积能随溶液渗透压变化而改变,即为活的。

（2）染色观察法。检测原生质体活力常用的染色方法有二乙酸荧光素（FDA）染色法、酚藏花红染色法、台盼蓝染色法和荧光增白剂染色法。其中 FDA 法最为常用。FDA 本身不发荧光也不具有极性,能自由穿过细胞膜。活细胞内的 FDA 可以被酯酶裂解成为具有荧光的极性物质,该极性物质则不能自由穿越细胞膜,可在完整的活细胞内积累（见图 3.12）。

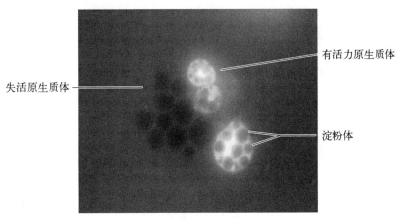

图 3.12　FDA 染色后荧光激发下的原生质体

（图引自：郭艳萍,2013）

3.5.2　原生质体的培养

培养原生质体形成完整植株的培养技术主要有以下几种：液体浅层培养法、固液双层培养法、固体平板培养法、琼脂糖珠培养法等（见图 3.13）。各种培养方法具有各自的优缺点,其中固液双层培养法结合了液体浅层培养和固体培养的优点,应用最为广泛。

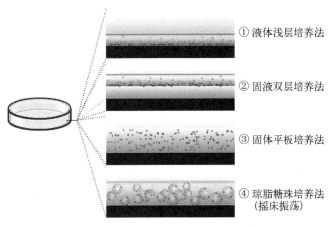

图 3.13　原生质体培养方法

3.5.3 原生质体的融合与杂种细胞的筛选

1) 原生质体融合的方法

诱导分离的原生质体融合的方法主要有机械融合法、化学融合法(高 pH 值、高 Ca^{2+} 条件下的原生质体融合,见图 3.14)和电融合法 3 种。

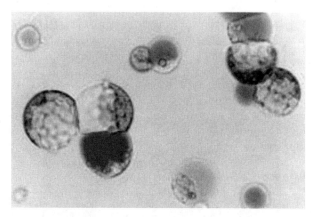

图 3.14 高 pH 值、高 Ca^{2+} 条件下的原生质体融合

2) 原生质体融合的方式

常见的原生质体融合方式有 2 种:对称融合和非对称融合。通过这 2 种融合方式可产生 3 种类型的杂种:对称杂种、非对称杂种和胞质杂种。

(1) 对称融合方法。即融合双亲细胞未经过任何处理,以完整的基因组进行原生质体融合。1972 年,卡尔森(Carlson)通过对称融合获得了首例烟草种间 Nicotiana glauca × N. langsdorffii 体细胞杂种。随后,在矮牵牛、番茄、芸薹属、拟南芥和胡萝卜等植物中相继开展研究并取得成功。20 世纪 80 年代以来在水稻、玉米、大豆等重要的粮食和经济作物以及柑橘、猕猴桃等木本植物中取得了较大的进展。一般说来,对称融合多形成对称杂种,但如果融合亲本亲缘关系较远也可获得非对称体细胞杂种和胞质杂种。

(2) 非对称融合。非对称融合是 20 世纪 70 年代末至 80 年代初发展起来的一项新技术。它是利用物理或化学方法使一个亲本的核失活,再与另外一个完整的细胞融合的方式。一般经射线(X 射线或 γ 射线)、紫外线等照射,细胞完整的染色体结构被打断,导致核失活,细胞不能分裂,可把核失活的原生质体作为供体;以代谢抑制剂如碘乙酸(IA)、碘乙酰胺(IOA)、罗丹明-6G(R-6G)等处理的原生质体,细胞的能量代谢受到抑制,细胞质失活,细胞不能生长,可作为受体;当供体和受体融合形成的融合体发生互补后才能生长,从而可以筛选出杂种。该法有可能免除杂种细胞的筛选过程。

非对称融合有意识地去除(或杀死)某一亲本的细胞核,使其与另一亲本的细胞质或者完整原生质体杂交,得到一个亲本细胞核与另一亲本细胞质或者两个亲本细胞质的体细胞杂种称为胞质杂种。胞质杂种可以通过 3 种途径产生:① 一个正常的原生质体和一个去核的原生质体融合;② 一个正常的原生质体和一个核失活的原生质体融合;③ 细胞对称融合以后某一阶段一个亲本的核或染色体被排除,但是这种情况具有一定的偶然性。不对称融合只有 DNA 重组而没有额外的染色体作用,避免了胞质基因供方的野生性状进入杂种,其遗传性状稳定,有希望成为直接用于育种的一种有效途径。

3)杂种细胞的筛选

在原生质体融合后的群体中,有亲本、同核体(同源原生质体的融合体)、异核体(非同源的原生质体的融合体)、多核体(含有双亲不同比例核物质的融合体)、异胞质体(具有不同胞质来源的杂合细胞)和核质体(有细胞核而带有少量细胞质的亚原生质体)。杂种细胞的筛选就是从中区分出预期的融合重组类型。常用杂种细胞筛选方法如下:

(1)根据物理特性筛选。根据亲本原生质体大小、颜色、漂浮密度及电泳迁移率、形成愈伤组织的差异和荧光标记选择等筛选杂种细胞。

(2)根据生长特性筛选。利用原生质体对培养基成分的要求与反应差异选择杂种细胞,图 3.15 显示了矮牵牛＋爬山虎融合体的生长互补选择。

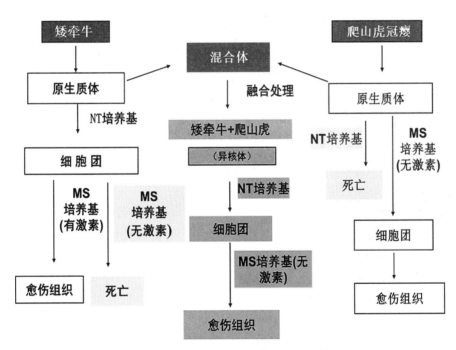

图 3.15　矮牵牛＋爬山虎融合体的生长互补选择

(3)根据其遗传和生理生化特性的互补选择。互补选择法是指利用两个亲本具有不同遗传和生理特性,在特定的培养条件下,只有发生互补作用的杂种细胞才能生长的选择方法。如遗传互补筛选法、抗性互补选择法、营养缺陷型互补选择法和生长互补选择法等。

3.5.4　融合体的再生与杂种植株的鉴定

原生质体再生是指分离、纯化的原生质体在适当的培养方法和良好的培养条件下,很快恢复细胞壁,再生细胞持续分裂形成细胞团,最后通过愈伤组织或胚状体分化出完整植株的过程。

融合体在再生过程中也可能存在体细胞变异,因此必须对原生质体融合再生的植株做杂种真实性的鉴定。目前可以通过形态学、细胞学、生物化学和分子生物学、遗传学等方法鉴定。

3.6 植物基因工程

3.6.1 植物基因工程概述

常规植物遗传改良技术是以基因突变和有性杂交为基础。在通常情况下,基因自发或诱发突变的频率低,同时,某种植物可利用的种质资源受生殖隔离等特性的制约,这些在很大程度上限制了植物的遗传改良。

基因工程(genetic engineering)是在分子水平上对基因进行操作的复杂技术,是将外源基因通过体外重组后导入受体细胞内,使该基因能在受体细胞内复制、转录、翻译表达的操作。

基因工程是 20 世纪 70 年代随 DNA 重组技术的发展应运而生的一门新技术。1970 年,史密斯等发现了一种源于细菌,能切断 DNA 一定部位的蛋白质,称为限制性核酸内切酶;1972 年,保罗·伯格等发现了一种蛋白质,它能连接限制性核酸内切酶切后的猿猴病毒 SV40 的 DNA 和 λ 噬菌体的 DNA,称为核酸连接酶。限制性核酸内切酶常被比作"基因的剪刀",一种酶只能识别一种特定的核苷酸序列,并在特定的切点上切割 DNA 分子;核酸连接酶常被比作"基因的针线",将互补的 2 个黏性末端连接起来(通过磷酸二酯键),使之成为一个完整的 DNA 分子。1973 年,科恩等发现 DNA 片段+质粒 DNA 形成的重组质粒能转化大肠杆菌,成功地总结了一套基因工程的方法体系。

基因工程依据的三大理论基础:① 20 世纪 40 年代,埃弗里通过肺炎双球菌体外转化实验,确定了生物遗传物质的化学本质是 DNA;② 19 世纪 50 年代,沃森和克里克揭示了 DNA 分子的双螺旋结构和半保留复制机制,解决了基因的自我复制和传递的问题;③ 1958 年,克里克又提出了遗传信息传递的"中心法则";1964 年,尼伦伯格和科拉纳等破译了 64 种遗传密码,从而阐明了遗传信息的流向和表达问题。

基因工程技术应用于植物遗传改良,解决了常规遗传改良中存在的一些难题,逐步发展成为一种新的遗传改良手段。尽管植物基因工程在遗传改良中的应用仍然存在许多问题,但其应用价值越来越受到重视。自从 1985 年第一批转基因植株(烟草)问世以来,转基因作物的种植面积不断增长。1996 年全球转基因作物的种植面积为 170 万公顷,2007 年达到 1.143 亿公顷,2015 年达到 1.797 亿公顷。2015 年,共有 28 个国家种植了转基因作物,其中包括 20 个发展中国家和 8 个发达国家。美国的种植面积达 7 090 万公顷,占绝对优势;有 5 个国家的种植面积超过 1 000 万公顷;19 个国家的种植面积达到或超过 10 万公顷。

我国在 20 世纪 80 年代就开始了转基因作物的研究工作,1999 年启动了"国家转基因植物研究与产业化"专题,重点开展了功能基因克隆、转基因新材料创制、基因转化核心技术创新、新产品培育与产业化、转基因植物安全性评价以及转基因平台建设等研究工作。目前,虽说我国共批准发放了 7 种转基因植物的农业转基因生物安全证书,即 1997 年发放的耐贮存番茄、抗虫棉花安全证书,1999 年发放的改变花色矮牵牛和抗病辣椒(甜椒、线辣椒)安全证书,2006 年发放的转基因抗病番木瓜安全证书,2009 年发放的转基因抗虫水稻和转植酸酶玉米安全证书。但是,只有转基因抗虫棉(见图 3.16)和抗病毒番木瓜(见图 3.17)进行了商业化生产。据国际农业生物技术应用服务组织(ISAAA)统计,2014 年我国成功地种植了 390 万公顷转基因棉花,种植率从 2013 年的 90% 增加到 2014 年的 93%;同年也成功地种植了 8 500 公顷的转基因抗病毒番木瓜。

CK—非转基因棉花;抗虫—转 Bt 基因抗虫棉。

图 3.16　非转基因棉花与转基因抗虫棉对比

(图引自:陈火英 等,2017)

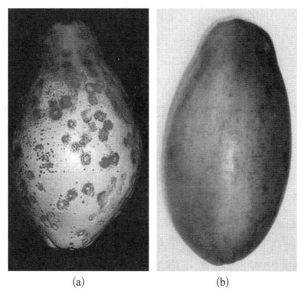

(a)　　　　　　　　　　(b)

(a) 为非转基因番木瓜感染环斑病毒;(b) 为转基因抗病番木瓜。

图 3.17　非转基因番木瓜与转基因抗病番木瓜对比

(图引自:https://www.sohu.com/a/120367917_470779)

3.6.2　植物基因工程的基本操作程序

植物基因工程(见图 3.18)就是先将特定的目的基因分离,然后利用载体将分离的目的基因导入植物受体细胞,并整合到植物受体细胞的染色体上,从而使目的基因在植物受体中得到表达,最终达到改变植物性状(如抗病、抗虫、抗逆等)以及快速培育植物新品种的目的的一种技术。植物基因工程技术不仅可与常规育种技术相结合,在培育优质、高产和抗逆植物新品种中具有巨大潜力,而且它还是植物分子生物学基础研究的极好手段。

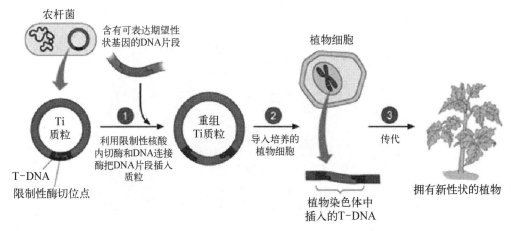

图 3.18　植物基因工程

(图引自:Yashon et al,2009)

3.6.3　植物基因工程在育种上的应用

植物基因工程技术作为育种工作的一个突破,大大拓宽了植物可利用的基因库,按照人们事先计划好的方案引发定向变异已成为现实,给植物育种带来了变革。主要表现在以下几个方面:① 能够打破生殖隔离,使得转基因技术为拓宽植物可利用基因库创造了条件,并提供了新的创造变异的技术手段;② 用于基因工程育种的基因大多研究得较为清楚,改良植物的目的性状明确,选择手段有效,这使得引发植物产生定向变异和定向选择成为可能;③ 改良植物的一些关键性状会使原推广品种的品质在很大程度上得到提高,不但可以缩短育种年限,而且还可能在不同的生态区取得全面的突破;④ 随着对基因工程技术认识的不断深入、新基因克隆和转基因技术手段的不断完善,对多个基因进行定向操作也将成为可能,这在常规育种中是难以想象的,而且有可能引发新的"绿色革命"。

植物基因工程技术已成为当今植物遗传育种、改良品种体系的重要手段之一,其研究成果和应用前景倍受重视。尽管现在用于植物性状改良的基因数量还相当有限,但植物性状改良已取得很多成果,其研究范围也相当广阔。

1) 改良品质

(1) 将某些蛋白质亚基因导入植物。例如,将高分子量谷蛋白亚基(HMW)基因导入小麦,以提高烘烤品质等。

(2) 将与淀粉合成有关的基因导入植物。例如,将支链淀粉酶基因导入水稻,以改善其蒸煮品质等。

(3) 将与脂类合成有关的基因导入植物。例如,将脂肪代谢相关基因导入大豆、油菜,以改善其油脂品质等。

(4) 将编码广泛的氨基酸或高含硫氨基酸的种子贮藏蛋白基因导入植物。例如,将玉米醇溶蛋白基因导入烟草、马铃薯等,以改良其蛋白质的营养品质等。

这些研究成果已在有些国家获得商业化生产,不仅改良了品质,而且也提高了产量。

2) 提高抗性

(1) 抗病毒性。自1986年将烟草花叶病毒(TMV)外壳蛋白基因导入烟草,获得首例抗病毒转基因烟草以来,植物抗病毒基因工程的研究日趋活跃。1999年,美国已批准转基因抗病毒马铃薯、西葫芦、番木瓜品种投入生产。

(2) 抗病虫性。植物虫害也是减产的重要原因之一。植物基因工程在该领域的应用较为活跃。实验中将编码具有杀虫活性产物的基因导入植物后,其表达产物破坏害虫的消化功能,损伤害虫的消化道,最终使害虫停食,脱水死亡。

(3) 抗除草剂。抗除草剂的基因工程技术主要针对几种常用除草剂发挥作用。① 草甘膦:是一种广谱除草剂,利用源于细菌、植物抗性细胞系的基因,提高植物对草甘膦的耐受性。目前这类基因在烟草、大豆、棉花、玉米等植物中得到大量的应用。② 草丁膦:是一种灭生性除草剂,可抑制谷氨酰胺合成酶的作用,使氨积累造成植物中毒。源于土壤细菌的 bar 基因可以编码草丁膦乙酰转移酶,使草丁膦的自由氨基乙酰化从而对其解毒。目前 bar 基因已导入烟草、马铃薯、水稻、小麦、玉米等,获得了大量草丁膦抗性株系。③ 2,4-D:是一种生长素类似物,可选择性地抑制双子叶植物生长,源于细菌 $tfdA$ 基因编码的2,4-D单氧化酶将其氧化解毒,该基因已在大豆等双子叶植物中发挥作用。

(4) 抗逆境。目前用于抗逆研究的基因有以下几类:① 逆境诱导的植物蛋白激酶基因,如受体蛋白激酶基因、核糖体蛋白激酶基因等;② 编码细胞渗透压调节物质基因,如1-磷酸甘露醇脱氢酶基因 $mtlD$ 等;③ 超氧化物歧化酶(SOD)基因,可以消除恶劣环境使植物产生的活性氧,如 Mn-SOD 等;④ 防止细胞蛋白质变性的基因,如编码蛋白家族 HSP60、HSP70 的基因。目前,已获得了耐盐碱的转基因烟草、玉米、水稻等。

3) 改善发育

人们利用植物基因工程技术改变果品的发育状况,目前已分离到几个控制果品成熟的转化基因,如纤维素酶基因和多聚半乳糖醛酸酶基因,可通过改变这类基因的表达改变果实的成熟特性。将其导入番茄后,明显推迟番茄成熟时的软化进程。还有一类方法是干扰乙烯的合成,推迟收获后成熟和软化进程。另外,与植物发育相关的基因近年来越来越受到人们的重视,如花发育基因、抗衰老基因等。将这些基因导入植物后,可改善植物的发育状况,以满足人们的需求。已有研究者利用反义RNA技术将冬小麦春化相关基因 $ver203$ 导入冬小麦品系,在一定程度上改善了其春化的特性。

随着生物技术发展的突飞猛进,有望培育出高产优质,集高光效、抗病、抗虫和抗逆等特性于一身的作物新品种。一些重要的、有经济价值的转基因植物已陆续在大田种植,并取得了较好的经济效益、社会效益和环境效益,在解决人类所面临的资源短缺、环境恶化和效益衰退三大难题中显示了越来越重要的作用,为农业的持续、稳定发展提供了强有力的保障。

3.7 分子标记辅助选择育种

遗传标记是指可以明确反映遗传多态性的生物特征。在经典遗传学中,遗传多态性是指等位基因的变异。在现代遗传学中,遗传多态性是指基因组中任何座位上的相对差异。遗传标记可以帮助人们更好地研究生物的遗传与变异规律。在遗传学研究中遗传标记主要应用于连锁分析、基因定位、遗传作图及基因转移等方面。在作物育种中,通常将与育种目标性状紧密连锁的遗传标记用于对目标性状进行追踪选择。在现代分子育种研究中,遗传标记的应用已成为基因定位和辅助选择的主要手段。纵观遗传学的发展历史,每一种新型遗传标记的发现,都大大地推进了遗传学的发展。

遗传标记主要有4种类型:形态学标记、细胞学标记、生化(蛋白质)标记和分子标记。形态学标记和细胞学标记的遗传行为不需要特殊的生化和分子技术就能够检测到,但它们数量有限,容易受到环境、上位基因的影响。如属显性标记,则不能区分出杂合个体。生化标记是基因表达的产物,在蛋白质分子水平显示多态性,通过电泳分离可显示不同的等位基因。同工酶是最常用的生化标记,显示同一种酶的不同结构形式,揭示了功能和编码基因序列的差异,属于共显性标记。但生化标记在作物品种中数量太少,且易受转录后加工的影响,所以其应用受到一定的限制。理想的遗传标记应具备多态性丰富,遗传行为简单、稳定、不易受内外环境影响,费用较低,操作简便等特点。

与前三类遗传标记相比,分子标记具有无与伦比的优越性:它们对表型无影响;大多数分子标记是共显性的,对隐性的农艺性状选择十分便利;大部分多态性标记位于非编码区,不受环境和基因表达的影响;基因组DNA的变异极其丰富,分子标记的数量几乎是无限的;在发育不同阶段、不同组织的DNA都可用于标记分析,这使得对植株基因型的早期选择成为可能。因而分子标记一经出现就得到了迅速发展和广泛应用。

3.7.1 分子标记的类型

随着分子生物学技术的不断发展,目前已经开发了十几种分子标记技术,它们各具特色,并为不同的研究目标提供了丰富的技术手段(见表3.3)。依据对DNA多态性的检测手段不同,分子标记可分为三大类:

1) 基于DNA‑DNA杂交的分子标记

该技术是利用限制性内切酶酶解及凝胶电泳分离不同生物体的DNA分子,然后用经标记的特异DNA探针与之杂交,通过放射自显影或非同位素显色技术揭示DNA的多态性。其中,发现最早、最具代表性的是限制性片段长度多态性(restriction fragment length polymorphism,RFLP)标记技术。RFLP是利用限制性内切酶酶解不同生物体的DNA分子后,用特异探针进行印迹杂交(Southern blotting,DNA印迹法),通过放射自显影揭示DNA的多态性,该标记为共显性标记。RFLP标记主要应用于遗传连锁图的绘制和目的基因的标记。

2) 基于PCR的分子标记

聚合酶链反应(PCR)技术问世不久,便以其简便、快速和高效等特点迅速成为分子生物学研究的有力工具,尤其是在分子标记技术的发展上更是起了巨大的作用。根据所用引物的特点,这类 DNA 标记可分为随机引物 PCR 标记和特异引物 PCR 标记。随机引物 PCR 标记包括随机扩增多态性 DNA(random amplified polymorphic DNA,RAPD)标记、简单重复序列间区(inter-simple sequence repeat,ISSR)标记、相关序列扩增多态性(sequence-related amplified polymorphism,SRAP)标记等。随机引物 PCR 所扩增的 DNA 区段是事先未知的,具有随机性和任意性,因此随机引物 PCR 标记技术可用于任何未知基因组的研究。特异引物 PCR 标记包括简单重复序列(simple sequence repeat,SSR)标记、序列标签位点(sequence-tagged site,STS)标记等。特异引物 PCR 所扩增的 DNA 区段是事先已知的、明确的,具有特异性。因此,特异引物 PCR 标记技术依赖于对各个物种基因组信息的了解。

表 3.3　几种常见分子标记的主要特点

标记名称	RFLP	RAPD	AFLP	SSR	SRAP	CAPS
主要原理	限制性酶切 DNA 印迹法杂交	随机 PCR 扩增	限制性酶切结合 PCR 扩增	PCR 扩增	随机 PCR 扩增	PCR 扩增产物限制性酶切
多态性水平	中等	较高	非常高	高	高	较高
检测基因组区域	单/低拷贝区	整个基因组	整个基因组	重复序列	开放阅读框	整个基因组
可靠性	高	中	高	高	高	高
遗传特性	共显性	显性/共显性	共显性/显性	共显性	显性/共显性	共显性
DNA 质量要求	高,5～30 μg	中,10～100 ng	很高,50～100 ng	中,10～100 ng	中,2～50 ng	中,2～50 ng
实验周期	长	短	较长	短	短	短
开发成本	高	低	高	高	低	较高

注:AFLP,amplified fragment length polymorphism,扩增片段长度多态性;CAPS,cleaved amplified polymorphic sequence,酶切扩增多态性序列。

3) 基于单核苷酸多态性的分子标记

此类技术是基于 DNA 序列中因单个碱基的变异而引起的遗传多态性。其中,插入缺失长度多态性(insertion and deletion length polymorphism,InDel)标记和单核苷酸多态性(single nucleotide polymorphism,SNP)标记是基于基因组重测序技术发展起来的第三代新型分子标记,在生物技术领域正发挥着越来越重要的作用。

3.7.2　分子标记的主要应用

在传统的育种过程中,育种专家对植株的选择只能依靠其表型性状,这是一个耗时耗力的过程:一方面,有些重要性状如抗性、品质等的表型观测十分困难;另一方面,许多重要的性状都是数量性状,易受环境影响,使选择的准确性不高。生物技术的出现与发展给遗传育种研究带来了巨大的变化。在育种过程中利用分子标记技术进行鉴定、检测、辅助亲本选择和品种选育,已成为分子育种这门新兴学科的重要组成部分。

1) 构建遗传图谱

遗传图谱是通过遗传重组结果进行连锁分析所得到的基因在染色体上相对位置的排列图。经典的遗传图谱是根据形态、生理、生化标记构建的,因受到这些遗传标记数量的限制而发展缓慢。分子标记用于遗传图谱的构建是遗传学领域最激动人心的重大进展之一。第一张植物的RFLP标记图谱在番茄中完成,这一创造性的工作为番茄育种工作开启了新的道路。刘杨等(2016)利用野生醋栗和栽培番茄构建了由133个株系组成的番茄重组自交系群体,得到一张含有120个SSR标记的番茄分子遗传图谱(见图3.19),总的遗传距离为256.8 cM,最大遗传距离为8.30 cM,最小遗传距离为0.18 cM,平均遗传距离为2.14 cM,15个遗传连锁群分布在番茄的12条染色体上。

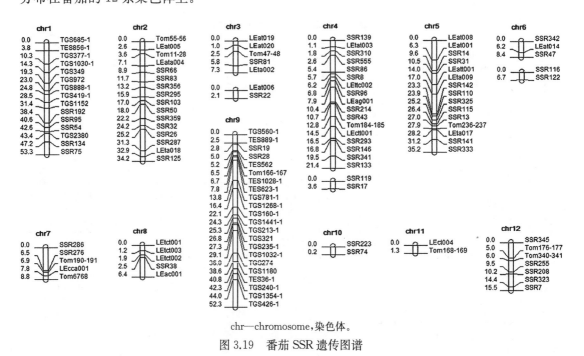

chr—chromosome,染色体。

图3.19 番茄SSR遗传图谱

2) 亲缘关系和遗传多样性研究

植物的遗传多样性是品种遗传改良的基础。分子标记是种质资源亲缘关系分析的有效工具,利用分子标记可以准确地确定亲本间的遗传差异和亲缘关系,从而确定亲本间的遗传距离,有利于育种中亲本的选配。以往人们在进行亲本评价时往往基于表型性状、地理关系、系谱等,由于可利用的信息有限,加上数量性状易受环境影响等,很难得出准确的结论。而分子标记可以覆盖整个基因组,能客观、准确地检测基因组DNA水平的差异。多数研究结果都表明,用分子标记划分的杂种优势群与依系谱资料划分的结果基本一致,且不受系谱资料不全、系谱不清和取样假设的限制,可将混合起源的自交系准确划归遗传结构相同的优势群,可揭示更多的遗传多样性和更好地覆盖整个基因组,可查明选择、漂移、突变的效应。由于分子标记技术具有客观和稳定的特点,它在分析种质亲缘关系、确定核心种质及检测种质资源多样性方面发挥着相当大的作用。葛海燕等(Ge et al, 2013)利用SSR标记研究了主要来自我国的152份茄子种质材料的遗传多样性。结果表明,野生种质比栽培种质具有更高的多态性。同时,作者对我国7个区域的茄子种质研究发现：紫色棒形、卵圆形茄子区（包括重庆、四川、云南、贵州、西藏）的遗传多样性水平最高，黑紫色长棒形茄子区（包括黑龙江、吉林、辽宁和内蒙古东部一些地区）的遗传多样性水平最低；其余区域茄子的遗传多样性水平居中。以各区域的遗传距离进行聚类分析，发现7个区域可基本聚为南、北两大类别，说明我国茄子种质的亲缘关系与地理来源有一定的关系（见图3.20）。

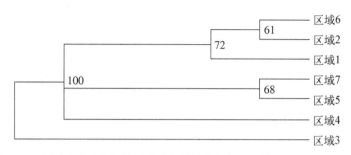

图3.20　我国不同区域间茄子种质资源的非加权组平均法（UPGMA）聚类

3）品种指纹图谱构建及种子纯度鉴定

随着农业知识产权保护的发展，DUS（特异性，distinctness；一致性，uniformity；稳定性，stability）测试成为授予植物新品种权的法定测试，然而其存在田间测试周期长、性状多、工作量大且易受自然因素影响等问题。指纹图谱技术已成为DUS测试的重要补充，可作为保证植物新品种客观、公正、准确授权以及进行审查测试的一种重要手段。

目前，品种鉴定中应用较多的指纹图谱主要有两类：一类是研究较早的生化指纹图谱，包括同工酶电泳指纹图谱和种子贮藏蛋白电泳指纹图谱，同工酶与种子贮藏蛋白标记数有限，难以满足品种鉴定和育种工作的需要；另一类是20世纪90年代后才发展起来的DNA指纹（DNA fingerprint）图谱，通过构建品种指纹图谱数据库，可实现计算机管理。苏永涛等（2010）利用5对扩增片段长度多态性（amplified fragment length polymorphism，AFLP）引物扩增得到的16个位点构建了62份番茄栽培种的AFLP指纹图谱，将参试的62份番茄材料一一予以区分。

种子纯度鉴定技术是当前我国种子检验工作的重点与难点之一，也是种子管理工作中迫切需要解决的问题。随着生物技术的不断发展，种子纯度检验也已发展到分子标记阶段，从而使种子纯度检验变得简便、快捷而有效。目前，种子纯度检验的方法大致有3种，即大田形态学鉴定法、生化标记鉴定法和分子标记鉴定法。传统的大田形态鉴定法在生产实践中虽然是一种较为可行的方法，但大田鉴定需额外占用土地，且周期长、花费大、受季节限制。生化标记鉴定法是近年来发展很快、应用面广、准确性高的种子纯度鉴定方法，它在蛋白质分子水平上对具有不同遗传特性的种子进行鉴别，有准确、可靠、快速和不受外界环境条件影响的特点，但有些亲缘关系比较近的自交系及杂交种区别比较难。分子标记的应用，使种子纯度鉴定进入了基因水平。它以种子的DNA片段直接作为检测对象，具有很高的准确性、稳定性和重复性，为作物品种鉴定与纯度分析提供了更为准确、可靠、方便的方法，且不受季节、环境限制，不存在表达与否的问题。高莉洁等（2016）利用10对简单重复序列（SSR）引物进行了番茄、茄子和黄瓜杂种纯度的检测工作,亲本纯度符合率为100%,杂种一代为96.5%。图3.21所示为利用SSR技术检测番茄杂种纯度。

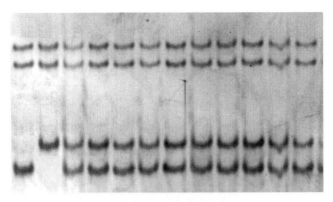

图3.21 利用SSR标记进行番茄杂种纯度检测

4) 基因的定位

基因定位(gene location)就是将基因定位在某一特定的连锁群(或染色体)上,测定基因在连锁群(或染色体)上排列的顺序和距离。基因定位一直是遗传学研究的重要目的之一。目前,国内SSR应用于基因定位的作物主要有小麦、水稻、玉米、大豆等,涉及抗逆、抗病、品质等多个重要经济性状。刘杨等(2005,2011,2016)利用重组自交系群体和SSR标记构建了番茄遗传图谱,对与产量相关的主要农艺性状、耐盐碱性、耐低温性、耐高温性、抗叶霉病和抗黄化曲叶病毒病等主要性状进行了数量性状位点(quantitative trait loci,QTL)定位。

5) 分子标记辅助育种

在传统育种中,植株的选择都是基于其表型性状进行的。当性状的遗传基础较为简单时,表型选择是非常有效的。但许多数量性状如产量、品质、熟性等的表型受许多微效基因的控制,且易受环境影响,此时根据表型选择的效率往往较低。随着分子标记技术的发展,分子标记辅助选择(marker-assisted selection,MAS)正在成为育种的有效工具。高莉洁(2016)利用特异序列扩增区域(sequence characterized amplified region,SCAR)、CAPS分子标记技术,从850份番茄分离材料中筛选出分别含$Ty-1$、$Ty-3$、$Mi-1$、$Cf-5$和$Cf-9$纯合抗性基因的材料,供企业用于含多种抗病基因番茄新品种的选育。

分子标记在植物育种中的应用步骤如下:先要分析不同品种间的多态性,或者构建遗传图谱,对与经济性状紧密相连的基因或QTL进行标记,然后利用其判断目标基因是否存在,以便追踪这些基因并且在育种中谨慎地做出选择,实现MAS,它是现代分子生物学与传统遗传育种的结合点。与传统的表型性状选择相比,MAS具有以下优点:标记基因型鉴定可以在低世代和植株生长的任何阶段进行,共显性的分子标记允许在杂合体阶段鉴定隐性基因,对目的基因的选择不受基因表达和环境条件的影响等。应用MAS,理论上只要回交3代就可以选到理想的材料。因此,其可以加快育种速度,提高选择效率,特别是对多基因位点控制的许多重要农艺性状的准确选择很有利,同时对于开发高新产品具有重要意义。

利用MAS必须具备2个重要的条件:一是与目标基因紧密连锁的分子标记。标记基因座位与目标基因座位之间的遗传距离决定了 MAS 的准确率,遗传距离越小,准确率越高。二是检测手段高效、准确、低成本和自动化。由于 MAS 研究的对象是大规模的育种群体,要求检测过程简单、成本低、自动化程度高。

尽管在许多作物中已定位了很多重要性状的基因,但育成品系或品种的报道还相对较少。主要原因如下。① 标记信息丢失。标记并不是基因,因重组而使标记与基因分离,导致选择偏离方向。② QTL 定位和效应估算不精确。③ 存在上位性。由于 QTL 与环境、QTL 与 QTL 间存在相互作用,在不同的环境、不同的背景下选择效率发生偏差。④ QTL 筛选与育种过程相脱离。为了成功地筛选效应值大的 QTL,研究者总是首先选择目标性状差异大的亲本构建作图群体,一旦筛选到 QTL 后,再与商业品种回交进行标记辅助选择。这一过程不但增加了品种培育的时间,而且在不同的遗传背景下,由于上位性的作用或者与 QTL 相连锁的标记在不同亲本间的多态性消失,导致选择效率降低或 MAS 无法进行。

针对上述现象,在分子标记研究中需加强以下工作:① 发展饱和的遗传图谱,寻找与目的基因紧密连锁的两侧标记,提高基因型与表现型的一致性。② 从全基因组水平上对 QTL 展开研究,包括 QTL 的数目、位置、效应以及 QTL 与 QTL 间、QTL 与环境的相互作用、QTL 的一因多效性等,充分发掘 QTL 的信息,选择最佳组合进行标记辅助选择。③ QTL 筛选与品种选育过程相结合。例如,选择商业品种作为作图亲本之一,或利用高代回交 QTL 分析方法将筛选与育种同步进行。④ 将常规选择与标记辅助选择相结合,针对不同性状的特点,研究高效的选择方法。例如,动物育种中采用的两阶段选择方法,即在早代通过标记辅助选择提高 QTL 基因的频率,在后期世代结合表型选择,快速获得理想的表型。⑤ 各科研院所、研究机构之间的通力合作也是 MAS 成功应用的重要基础。

思考题

1. 植物品种培育的主要方法包括哪些?
2. 花药培养和花粉培养的主要区别?
3. 基因工程在植物育种上的主要应用?
4. 分子标记主要应用在哪些方面?
5. MAS 在抗病育种中的优点体现在哪里?

4　遗传学与人类疾病

在济南市向北的一个偏僻的小村里有一对兄妹,哥哥 27 岁,妹妹 21 岁,兄妹俩从 3 岁起就不断地发生骨折,密集时 1 个月就发生三四次骨折,有时甚至一弯腰,腿就断了。小时候,哥哥上学没多久就因为经常出现骨折而退学,仅靠着看电视,识了一些字;妹妹很爱学习,13 岁上幼儿园,在家长和学校签订了合同承诺若摔跤无须学校承担责任的情况下开始上学。妹妹从小学到初一,都是妈妈抱着去学校,而且妈妈不能离开,上厕所时需要妈妈抱。妈妈为兄妹俩的未来十分忧虑:一旦父母老了,兄妹俩无法照顾和养活自己该怎么办?

兄妹俩所患的是一种罕见的遗传性骨疾病——成骨不全,又称为脆骨病、瓷娃娃。患儿易发骨折,轻微的碰撞也会造成严重的骨折,发病率约为 3/100 000。目前,此病的病因尚不清楚,多有家族遗传史,此病是一种先天性遗传性疾病。

4.1　什么是遗传病

什么是遗传病? 经典意义上的遗传病是指能世代相传的疾病。现今,将一切因遗传物质异常而引起的疾病都称为遗传病(inherited disease, genetic disease)。遗传病可以由生殖细胞或受精卵的遗传物质变化引起,也可以由体细胞内遗传物质的结构和功能改变引起。从这个意义上讲,遗传病不一定具有遗传性,如大多数染色体病和体细胞遗传病。

遗传病具有以下几个特征。① 垂直传递。遗传病具有由上一代向下一代垂直传递的特征,但不是在每个患者的家系中都能看到这一特征。因为有些患者的基因突变是新发生的,是该家系的首例;或者疾病是隐性遗传,携带者没有临床表现。② 该疾病产生的根本原因是基因突变或染色体畸变。③ 只有生殖细胞或受精卵发生突变才能遗传,体细胞中遗传物质的改变不能向后代传递。例如,肿瘤的发生常涉及特定组织中的染色体和癌基因或抑癌基因的变化。④ 遗传病常具有家族性聚集现象。在遗传病患者家系中,亲缘关系越近,发病概率越高。

遗传病与先天性疾病(congenital disease)是两个不同的概念。大多数遗传病为先天性疾病。先天性疾病是指个体出生后即出现症状的疾病,它们大多是遗传性的或与遗传因素密切相关;但先天性疾病也可能是胎儿在发育过程中获得的。例如,胎儿酒精综合征是母亲在妊娠期间酗酒对胎儿造成的永久性出生缺陷。所以,不是所有的先天性疾病都是遗传病。有些遗传病在婴儿出生时并无症状,只有到了一定的发育阶段才出现症状,具有特殊的发病年龄特征。例如,肢带型肌营养不良(limb-girdle type muscular dystrophy)一般在接近青春期时发病,亨廷顿病通常在 25～45 岁发病。据估计,在先天性疾病中,确定由遗传因素引起的疾病约占 10%，确定为发育过程中或后天获得的疾病占 10%，原因不明的疾病约占 80%。

另外，遗传病与家族性疾病(familial disease)是两个不完全相同的概念。家族性疾病是指表现出家族聚集现象的疾病，即一个家族中有两个以上成员罹患同一种疾病。许多遗传病因为致病基因的垂直传递而具有家族聚集性。但是并非所有遗传病都是这样，许多染色体病或隐性遗传病呈散发性，不一定有家族史。相反，一些有家族聚集性的疾病，如肝炎、结核病等是因为家族成员有共同的生活环境或相互接触而感染，它们不属于遗传病；夜盲症也常有家族聚集性，是由维生素 A 缺乏导致的。

根据遗传物质改变的不同和遗传方式的不同，现代医学遗传学将遗传病主要分为以下几类：单基因遗传病、多基因遗传病、染色体病、线粒体病和体细胞遗传病。

4.2　单基因遗传病

单基因遗传病(single gene disease)是由染色体上某个等位基因发生突变导致的疾病。单基因遗传病通常呈现特征性的家系传递格局，符合孟德尔遗传定律。单基因遗传病病种多，已经鉴定的单基因遗传病超过 2 万种。单基因遗传病的发病率在新生儿中约占 1%。单基因遗传病的致病基因常由正常等位基因中的一个基因发生突变产生。基因突变会导致转录和翻译的蛋白质功能缺失，当此蛋白质是个体新陈代谢过程中重要的酶或有其他重要作用时，这将导致个体的某一生理过程发生异常而发病。单基因的致病突变发生在一个功能基因内部，任何基因序列发生变异均可能产生致病性的后果，有时一个碱基的突变即可产生不正常的蛋白质。例如，镰状细胞贫血是指因为编码血红蛋白的 DNA 序列中一个碱基发生突变，翻译的肽链中的谷氨酸突变为缬氨酸，镰状血红蛋白(HbS)凝胶化，这使血液的黏滞度增大，阻塞毛细血管，引起局部组织器官缺血缺氧，产生脾肿大、胸腹疼痛(又称为镰形细胞痛性危象)等临床表现，严重时危及生命(见图 4.1 和图 4.2)。

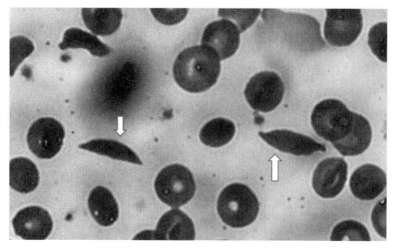

图 4.1　镰形红细胞

(图引自：Ahmed，2015)

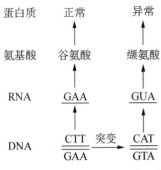

图 4.2 镰状细胞贫血的病因

4.2.1 单基因遗传病发生的方式

单基因突变的产生方式有两种:一种为点突变(point mutation),是指由单个碱基突变导致的基因突变;另一种为大片段突变(gross mutation),是指由基因内部大片段DNA序列改变导致的基因突变。点突变是由碱基的插入、置换或缺失引起的,碱基置换或缺失可发生在基因片段的不同位置,因而会产生不同的突变效果。如果碱基置换发生在简并密码子的第3个碱基,且不使该密码子编码的氨基酸发生改变,则称该点突变为沉默突变(silent mutation)。碱基置换可能产生基因表达的终止密码子,使翻译提前终止,产生不完整的肽链。点突变也可能发生在基因表达的启动子序列和与转录后加工相关的信号序列,影响转录的起始或mRNA的转录后加工进而影响基因的正确表达。例如,凝血因子IX基因启动子碱基的突变导致无法产生凝血因子IX,造成血友病B(hemophilia B)。由于每个密码子由3个碱基组成,并且这些密码子依次排列,因此当一个或几个碱基缺失时,整个基因序列的开放阅读框可能改变了,这使基因序列编码的肽链序列与原先的肽链序列完全不同,这种突变又称为移码突变(frame-shift mutation)。

大片段突变可能涉及基因序列中大片段DNA序列的缺失、插入和重排。例如,α-珠蛋白基因的大片段缺失造成无法合成α-珠蛋白,引发α-地中海贫血(α-thalassemia)。某些三核苷酸大量重复性扩展也会引起大片段变异,拷贝数为6~50次不等。例如,CAG和CTG三核苷酸重复序列与亨廷顿病、强直性肌营养不良、肯尼迪病等多种神经系统遗传病有关,疾病的严重程度与三核苷酸序列的拷贝数相关,拷贝数越多,疾病的症状越严重;拷贝数在世代之间不稳定,常随世代的增加而增加,这使相应的症状一代比一代严重,且发病的时间一代早于一代。

个体对基因突变有自我修复的能力,因此基因突变导致的遗传病并不常发生。只有当基因突变无法避免时,个体才患遗传病。单基因的致病突变可发生在体细胞或生殖细胞中,当基因突变发生在体细胞中时,其对个体的影响是局部的;当基因突变发生在生殖细胞中时,其可通过遗传的方式使后代所有的体细胞均携带突变的基因。

4.2.2 单基因遗传病的表现方式

突变的基因可表现为显性或隐性。当突变基因表现为显性时,等位基因中有突变基因的个体均会发病;当突变基因表现为隐性时,只有隐性基因在后代纯合时才发病,而杂合个体表现正常,因而其更容易在不知情的情况下将疾病遗传给后代。突变的致病基因可位于常染色体上或性染色体上。当致病基因位于常染色体上时,疾病遗传的方式表现为孟德尔式的显性遗传或隐性遗传;而当致病基因位于性染色体上时,则表现为伴性遗传(sex-linked inheritable disease)或限性遗传(sex-limited inheritable disease)(见表4.1)。

表 4.1　四类单基因遗传病的特征及表现

单基因遗传病类型	主 要 遗 传 特 征	病 例
常染色体显性遗传病	遗传与性别无关； 每代都可出现患者，在连续世代中呈垂直分布； 父母一方有病症，子女出现病症的概率为 50%	亨廷顿病、强直性肌营养不良、家族性心肌病
常染色体隐性遗传病	遗传与性别无关； 多为散发或隔代遗传； 只有在父母均携带缺陷基因的情况下，子女才可能表现出病症	苯丙酮尿症、尿黑酸尿症、白化病
X 连锁遗传病	伴性遗传显性遗传中女性患者比男性患者多约 1 倍，有连续传递的现象； 伴性遗传隐性遗传中男性患者远多于女性，呈交叉遗传，可出现隔代遗传	血友病、色素失调症
Y 连锁遗传病	限雄遗传，全男性遗传	外耳道多毛症、无精子因子无精症

　　显性遗传的特点是代代遗传，从不间断。父母中只要有一个发病，后代中就有一半的发病概率，因为在等位基因中只要有一个突变基因，个体就会发病。现在，已知的显性遗传病有1 460 种，如多指（趾）、并指（趾）、偏头痛、家族性结肠息肉病、先天性白内障、成骨不全、家族性低血钾性周期性麻痹、家族性心肌病等。

　　隐性遗传病的杂合子个体虽然不发病，但却能把致病性的基因传给后代，这样的人称为携带者。绝大多数携带者都是因婚配的双方均为携带者，后代中出现发病的子女而被发现。有亲缘关系的个体婚配，其携带相同致病基因的概率较高，其后代出现致病基因纯合进而发病的概率上升，因此禁止近亲结婚是有科学依据的。目前，已知的常染色体单基因隐性遗传病已有上千种，如苯丙酮尿症、威尔逊氏症（即肝豆状核变性）、半乳糖血症、先天性聋哑、高度近视、白化病、尿黑酸尿症、着色性干皮病、遗传性痉挛性截瘫、脑苷脂贮积病及侏儒等。

　　伴性遗传病是指致病的突变发生在性染色体引起的疾病，发生的突变可以是点突变或基因序列内的大片段突变。伴性遗传病中单基因遗传病有特殊的遗传方式。这是因为性染色体中 X 染色体较大，含有的基因较多，Y 染色体较小，含有的基因较少。因此，突变常发生于性染色体的非配对序列上，这使该遗传病呈现出与性别相关联的现象，称为性连锁遗传病（sex-linked disorder）。

　　伴性遗传的突变也有显性与隐性之分，隐性突变比较常见。女性的性染色体为两条 X 染色体，对于 X 连锁隐性遗传，只有两条 X 染色体上的等位基因均发生致病隐性突变时才发病；当只有一个等位基因发生致病隐性突变时，个体表型正常，为携带者（见图 4.3）。男性的性染色体为一条

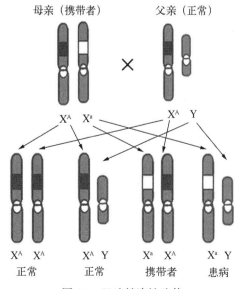

图 4.3　X 连锁隐性遗传

X 染色体和一条 Y 染色体,对于 X 连锁隐性遗传,因为男性的 Y 染色体中不含有该致病基因,只要 X 染色体上有致病基因,个体就会发病。因此,性连锁隐性基因引起的遗传病在男性中的发病率较高。当女性携带者与正常男性婚配后,其后代的男性个体中有一半发病,而其发病的儿子如与该基因都正常的女性婚配,则后代均不发病,但女儿均为致病基因的携带者,能将疾病再遗传给下一代的男性,这种母传子的遗传现象称为交叉遗传(criss-cross inheritance)。这类疾病常在近亲结婚的后代中发病,如无眼畸形、肛门闭锁、夜盲症、脑积水、血友病、鱼鳞病、色盲等 200 多种疾病。

性连锁的显性遗传致病基因可能位于 X 染色体上,无论男女,只要有一个致病基因存在就会发病,特点也是代代相传不中断。这类疾病有低磷酸盐血症、遗传性肾炎、脂肪瘤、脊髓空洞症等 10 余种。致病突变也可能发生在 Y 染色体上,称为 Y 染色体连锁。因为 X 染色体上没有相对应的等位基因,这种致病突变随 Y 染色体代代相传,表现为父传子、子传孙,而女性则没有遗传性状,因此这类疾病称为限雄遗传(holandric inheritance)。限雄遗传的疾病较少,如外耳道长毛症。

4.2.3 典型单基因遗传病

1) 常染色体隐性遗传病——苯丙酮尿症和白化病

苯丙酮尿症(phenylketonuria,PKU)是由苯丙氨酸代谢途径出现障碍引发的一种遗传病(见图 4.4A),主要因为肝内缺乏苯丙氨酸羟化酶,苯丙氨酸不能代谢为酪氨酸,致使苯丙氨酸及其中间代谢物苯丙酮酸、苯乙酸等在体内蓄积及经尿排出,而引起中枢神经系统损害、脑萎缩、智能低下、癫痫发作和毛发色素减少。苯丙酮尿症的发病率有种族和地区差异,白种人苯丙酮尿症的发病率高于黑种人和黄种人,美国苯丙酮尿症的发病率约为 1/14 000,我国约为 1/10 000。

白化病(albinism)是苯丙氨酸代谢途径出现障碍引发的另一种遗传病(见图 4.4B),是由于酪氨酸酶缺乏或功能减退引起的一种皮肤及附属器官黑色素缺乏或合成障碍所导致的遗传性白斑病。患者视网膜无色素,虹膜和瞳孔呈现淡粉色,怕光,皮肤、眉毛、头发及其他体毛都呈白色或黄白色。白化病遍及全世界,总发病率为 1/20 000～1/10 000。

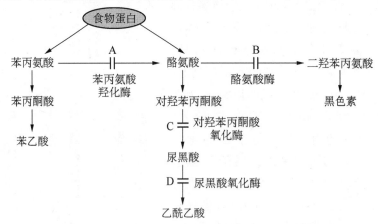

A 为苯丙酮尿症;B 为白化病;C 为酪氨酸代谢障碍;D 为尿黑酸尿症。

图 4.4　苯丙氨酸代谢及苯丙氨酸代谢障碍相关疾病的发病机制

2) 常染色体显性遗传病——亨廷顿病

亨廷顿病（Huntington disease，HD）也称为亨廷顿舞蹈症，是第 1 个被发现的显性遗传病（见图 4.5）。导致该疾病的突变基因位于 4 号染色体上。1993 年，该基因被克隆，基因包含一段 CAG（谷氨酰胺）重复序列（在正常人群中其拷贝数为 11～34 个，而 HD 患者突变基因中其拷贝数达 42～100 个）。1997 年，研究者推测该病的病因是缺陷基因产生不溶性蛋白质"亨廷顿蛋白质"，这些异常蛋白质积聚成块，损坏部分脑细胞，特别是那些与肌肉控制有关的细胞，导致患者神经系统逐渐退化，神经冲动弥散，动作失调，出现不可控制的抽搐，并发展成痴呆，甚至死亡。该病的群体发病率为 1/100 000～1/20 000，典型病例常在 30～50 岁发病。亨廷顿病的最大家族谱系包含 1 万个成员。

图 4.5　亨廷顿病的发现者亨廷顿和相关论文

3) 伴性遗传病——血友病和色盲

凝血因子是参与血液凝固过程的各种蛋白质组分。血液凝固机制涉及 10 余个凝血因子。其中凝血因子 Ⅷ 和 Ⅸ 位于 X 染色体上。血友病（hemophilia）是由这两个因子之一的基因发生突变导致患者血液凝固过程受阻，表现为受伤时出血不止。由于血友病是 X 连锁隐性遗传病，在男性群体中其发病率为 $1/10\,000$，而在女性中其发病率则仅为 $1/10^9$。

19 世纪英国维多利亚女王家族就是一个著名的血友病家族。维多利亚一世是血友病基因携带者，也是这个大家族内血友病流行的肇端者。皇族间联姻使致病基因从英国皇族传到了俄国、西班牙等欧洲皇室，并使这些皇室出现了一连串患者和携带者，家族中的所有患者都为男性。图 4.6 为英国皇室血友病遗传图谱。早期欧洲，血友病被称为"出血病"，后来又得到了"皇室病"这一颇为"尊贵"的称号。皇室有完整而精确的家谱，为医学遗传学家留下了珍贵的资料。

另一种 X 连锁隐性遗传病也较为常见，那就是先天性色觉障碍，通常称为色盲，它不能分辨自然光谱中的各种颜色或某种颜色（图 4.7 为红绿色盲检验图）。控制色盲的基因为隐性，位于 X 染色体上，Y 染色体上无等位基因。女性在基因杂合时表型正常，而男性由于在 Y 染色体上无对应的基因，色盲频率高。我国男性色盲的患病率为 4.71%，女性色盲的患病率为 0.67%。

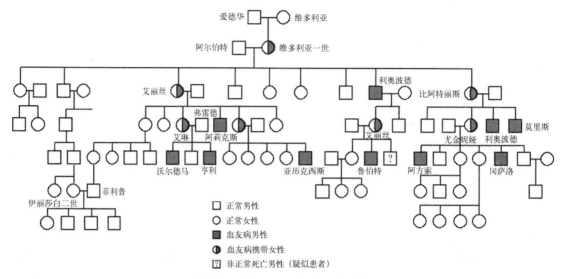

图 4.6　英国皇室血友病遗传图谱

（图引自：Aronova-Tiuntseva et al，2003）

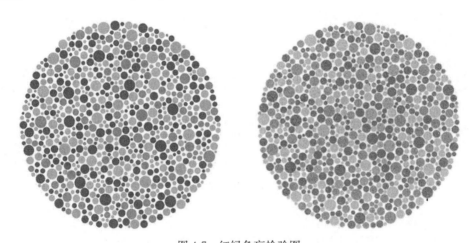

图 4.7　红绿色盲检验图

（图引自：维基百科）

4.3　多基因遗传病

4.3.1　多基因遗传病概述

　　遗传的发生不是由 1 对等位基因决定,而是由 2 对或 2 对以上等位基因决定,这类疾病称为多基因遗传病(polygenic disease)。同时,疾病的形成还受环境因子的影响,也称为多因子疾病。

　　多基因遗传病涉及多对基因。基因之间没有显隐性关系,每个基因都对疾病的影响有一定作用,但作用很微小,被称为微效基因(minor gene)。因此,多基因控制的遗传病的发病是由各微效基因效果累加而成的,微效基因越多,性状表现的强度越大。同时,由于微效基因的表现对环境影响比较敏感,此类疾病在个体之间的表现程度不同。

由遗传基础所决定的某个体患病的风险称为易感性。遗传基础和环境因素共同作用,决定个体是否患某种多基因遗传病的可能性则称为易患性。当个体的易患性达到或超过一定的水平就可能患病,这种由易患性决定的多基因遗传病发病的最低限度称为阈值。从易患性阈值模型(见图4.8)可以看出,在一个群体中,易患性呈正态分布,大多数人的易患性接近平均值。易患性大于阈值部分为患者,患者人数与群体总人数的比值为群体发病率。

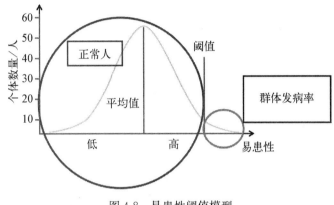

图 4.8　易患性阈值模型

多基因遗传病具有家族聚集性,其发病率与患者亲属级别(亲缘系数)有关,近亲婚配的子女患病风险增高。发病率存在种族和地域差异(见表4.2),如英国人的脊柱裂发病率是日本人的8倍,而日本人的唇腭裂发病率则为英国人的2.5倍,匈牙利人的先天性髋关节脱位发病率为英国人的近7倍。

表 4.2　某些多基因遗传病发病率的种族差异(‰)

名　　称	英　　国	匈牙利	日　本	尼日利亚
脊柱裂	2.5	1.9	0.3	0.2
无脑儿	2.0	1.1	0.6	0.8
唇裂±腭裂	1.2	1.0	3.0	0.4
先天性髋关节脱位	4.0	27.5	7.1	—

多基因遗传病可以分为两种类型。一类为常见复杂疾病,包括原发性高血压、糖尿病(早发型)、动脉粥样硬化、冠心病、精神分裂症、哮喘、癫痫及老年性痴呆等;另一类为先天性畸形,包括唇裂、腭裂、脊柱裂、无脑儿、先天性心脏病、先天性幽门狭窄、先天性髋关节脱位、先天性肾缺如及先天性巨结肠等。

多基因遗传病的发病受遗传基础和环境因素的双重影响。其中遗传因素所起作用的大小称为遗传度(heritability)。遗传度越大,致病因素中遗传因素占的比例就越大;遗传度越小,环境因素占的比例就越大。常见多基因遗传病的患病率和遗传度如表4.3和表4.4所示。

表 4.3 常见复杂疾病的患病率和遗传度

疾 病 名 称	一般群体患病率/%	遗传度/%
哮喘	4.0	80.0
精神分裂症	1.0	80.0
强直性脊柱炎	0.2	70.0
冠心病	2.5	65.0
原发性高血压	4.0～8.0	62.0
消化性溃疡	4.0	37.0
糖尿病(早发型)	0.2	75.0

表 4.4 常见先天性畸形的患病率和遗传度

畸 形 名 称	一般群体患病率/%	遗传度/%
唇裂±腭裂	0.17	76.00
先天性髋关节脱位	0.07	70.00
先天性畸形足	0.10	68.00
脊柱裂	0.30	60.00
无脑儿	0.20	60.00
先天性幽门狭窄	0.30	75.00

多基因遗传病发病主要受两方面因素控制：内因为遗传基础，也就是易感性；外因包括环境因素、饮食习惯、妊娠和情绪等。此外，年龄也是多基因遗传病发病的一个重要因素。在各类遗传病中，多基因遗传的发病风险随着年龄的增加而显著升高，高于其他种类遗传病。图 4.9 为各类遗传病在人体不同发育阶段的发病风险。

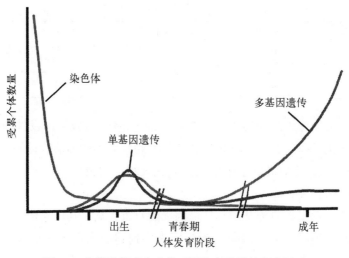

图 4.9 各类遗传病在人体不同发育阶段的发病风险

4.3.2　典型多基因遗传病

1) 精神分裂症

精神分裂症(schizophrenia, SZ)是一种全球性的常见病,其终身发病率约为 1%。据世界卫生组织(World Health Organization, WHO)统计,精神分裂症的社会负担居各种疾病的第4位。家系调查、双生子以及寄养子研究已经证实,精神分裂症为多基因遗传,环境因素如病毒、产伤等均可能导致发病。

通过对 SZ 患者与对照基因表达谱的研究,研究者发现许多 SZ 候选基因可能与突触功能、谷氨酸能神经传递、新陈代谢途径、髓鞘形成、免疫及神经细胞发育异常有关。可以预见,研究者今后必将最终定位和克隆 SZ 的易感基因,揭示精神分裂症发病的分子机制,并为新药研制、个性化治疗提供理论依据。

2) 糖尿病

糖尿病(diabetes mellitus, DM)是一种常见的、多发的、与遗传因素有关的复杂性疾病。其患病人数正随着人民生活水平提高、人口老龄化、生活方式改变以及诊断技术的进步而迅速增加。欧美人群的糖尿病患病率为 2%~3%,我国人群该指标已超过 3%。在发达国家,糖尿病已成为继心血管疾病和恶性肿瘤之后的第三大非传染性疾病;在世界范围内,糖尿病已成为第五大死因,成为严重威胁人类健康的全球性公共卫生问题。

胰岛病变导致胰岛素分泌缺乏或延迟,血液中抗胰岛素抗体产生,胰岛素受体缺陷或受体靶组织对胰岛素敏感性降低等构成糖尿病发病的主要环节。糖尿病发病具有遗传倾向,95%以上属于多基因遗传病,虽然环境因素影响也很重要,但却出现了很强的遗传异质性。

4.4　染色体病

人类正常体细胞为二倍体,含 46 条染色体。染色体病是指由染色体畸变引起的疾病。染色体病是一大类严重的遗传病,通常表现为先天发育异常,常伴有不同程度的智力低下和发育畸形。例如,唐氏综合征是因为 21 号染色体多了一条染色体而引起的疾病,所以又称为 21 三体综合征。另外,染色体病也是导致流产和不育的重要因素。一般在活产婴儿中染色体畸变的发生率为 0.5%~0.7%,在妊娠前 3 个月的自发流产儿中约 50% 有染色体异常。已知的染色体病有 300 多种,其中常染色体异常占 25%,性染色体异常占 75%,存在结构变异和数目变异两种方式(见表 4.5)。

表 4.5　染色体病的特征及病例

种　类	特　征	病　例
常染色体异常 (结构变异)	常见结构异常包括缺失、重复、倒位和易位	猫叫综合征 视网膜母细胞瘤
常染色体异常 (数目变异)	染色体数目的改变包括染色体组整倍增加,或者某条染色体数目增加或减少,最常见的为三体	21 三体综合征(唐氏综合征) 18 三体综合征(爱德华综合征) 13 三体综合征(帕托综合征)

（续表）

种　类	特　征	病　例
性染色体异常 （结构变异）	常见性染色体结构异常包括缺失、重复、倒位和易位	肾上腺生殖综合征
性染色体异常 （数目变异）	性染色体数目增加或缺失	先天性睾丸发育不全（克兰费尔特综合征） 先天性卵巢发育不全（特纳综合征）

4.4.1　染色体结构变异

染色体结构变异包括染色体缺失（deletion 或 deficiency）、重复（duplication 或 repeat）、倒位（inversion）和易位（translocation）。

缺失：染色体缺失可发生在染色体各个部位，当含有着丝点的片段缺失后，剩余的片段由于无法在有丝分裂和减数分裂中与纺锤丝相结合，在细胞增殖或配子形成过程中丢失（见图 4.10）。染色体片段缺失后，其所包含的基因也缺失，这将对生物的存活产生极大的影响，即使生物存活也会产生极为严重的遗传疾病。例如，慢性粒细胞白血病（chronic myelocytic leukemia，CML）的发病机制是 22 号染色体长臂缺失了一大段，缺失染色体的 DNA 含量大约相当于正常 22 号染色体的 61％。由于这种染色体首先在美国费城发现，它被称为费城染色体（Ph）。

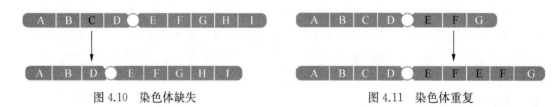

图 4.10　染色体缺失　　　　　　　　图 4.11　染色体重复

重复：染色体的某一片段在同一条染色体上出现不止一次的现象称为重复（见图 4.11）。在细胞进行有丝分裂或减数分裂时，含有重复的染色体在联会过程中会产生一个环状突起。重复的遗传效应比缺失缓和，但若重复的片段大，所含基因在个体生长发育中和对生理功能有重要作用时，也会影响个体的生活力，严重时会引起死亡。染色体重复可由同源染色体之间不等量交换引起，如血红蛋白 Lepore 病。血红蛋白 Lepore 是一种能引起类似地中海贫血的异常血红蛋白，它由 2 条 α 链与 2 条异常的非 α 链构成。异常的非 α 链氨基端为 δ 链的一部分，而羟基端则为 β 链的一部分，称为 δ-β 链。其发病机制是在性细胞形成过程中细胞进行减数分裂，在进行减数分裂时同源染色体配对并进行遗传物质交换，这种交换如果在染色体不完全对应的部分间进行，则交换是不等的，可以导致非等位基因间的融合，形成融合基因。血红蛋白 Lepore 病患者有严重贫血、肝脾肿大、骨骼改变、特殊面容及黄疸等临床表现。

倒位：一条染色体上同时出现两处断裂，中间片段倒转 180°后重新连接，致使这一片段上的基因排列顺序颠倒，发生倒位（见图 4.12）。倒位十分罕见，并不改变染色体上基因的数量，只造成基因重排，重排后的染色体与同源染色体配对困难，对配子有影响。因此，含有重排染色体的杂合个体的生殖能力下降。倒位可发生在染色体的任何部位。目前发现，人类染色体常发生 9 号染色体臂间倒位,这在人群中的发生率约为 1.8%,常引起不孕、流产、畸胎及出生儿智力低下等生殖问题。

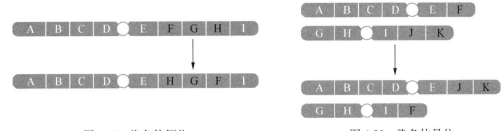

图 4.12 染色体倒位   图 4.13 染色体易位

易位:非同源染色体之间的片段转移所引起的染色体重排现象称为易位(见图 4.13)。这是一种较为复杂的染色体结构变异,易位的方式有多种,可分为相互易位(reciprocal translocation)和简单易位[simple translocation,又称为转座(transposition)]。易位可发生在整条染色体臂上,称为整臂易位(whole-arm translocation)。罗伯逊易位(Robertsonian translocation)是一种特殊的整臂易位,可发生着丝粒融合或断裂,引起染色体数目和形态的改变。易位一般不改变基因的数量,因此引起的遗传改变较少,但也会产生一些遗传性疾病。例如,Burkitt 淋巴瘤是一种发生在 B 细胞中的恶性肿瘤,是由 8 号染色体长臂和 14 号染色体之间的相互易位使 8 号染色体上的癌基因 c-myc 发生位置改变后被激活并大量表达引起的。

4.4.2 染色体数目变异

一般来说,每一种生物的染色体数目都是稳定的,但是在某些特定的环境条件下,生物体的染色体数目会发生改变,从而产生可遗传的变异。染色体数目异常几乎全是由于染色体或姐妹染色单体在减数分裂时不分离或分裂后期迟延的结果。在减数第 1 次分裂或减数第 2 次分裂时期,由于 2 条同源染色体或姐妹染色单体未能分开,子代细胞染色体数目有多有少。染色体数目的变异可以分为整倍性变异和非整倍性变异两类。

1) 整倍性变异

整倍性变异是指细胞内的染色体数目以染色体组的形式成倍地增加或减少(见图 4.14)。单倍体(haploid)只有 1 个染色体组;二倍体有 2 个染色体组;体细胞中含有 3 个或 3 个以上染色体组的个体统称为多倍体(polyploid),如三倍体、四倍体、五倍体、六倍体等。染色体数目整倍地增加或减少在植物中比较多见,但在动物和人类中如果染色体数目整倍增加或减少,个体往往无法存活且这种情况比较罕见。

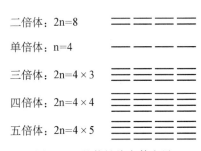

图 4.14 整倍性染色体变异

2) 非整倍性变异

非整倍性变异是指细胞内的个别染色体增加或减少(见图 4.15)。其中涉及完整染色体的非整倍体称为初级非整倍体,涉及染色体臂的非整倍体称为次级非整倍体。在初级非整倍

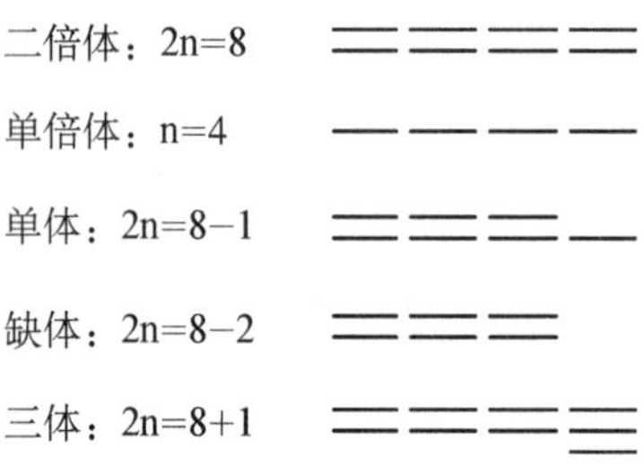

二倍体:2n=8

单倍体:n=4

单体:2n=8-1

缺体:2n=8-2

三体:2n=8+1

图 4.15 非整倍性染色体变异

体中,丢失 1 对同源染色体的生物体,称为缺体(2n-2);丢失同源染色体对中 1 条染色体的生物体称为单体(2n-1);增加同源染色体对中 1 条染色体的生物体称为三体(2n+1);增加 1 对同源染色体的生物体称为四体(2n+2)。在次级非整倍体中,丢失 1 个臂的染色体称为端体;丢失 1 个臂,另 1 个臂复制为 2 个同源臂的染色体,称为等臂染色体,具有该等臂染色体的生物体,称为等臂体。染色体上有很多重要基因,丢失一条染色体往往会使个体死亡。多出一条染色体,多余基因表达,这也会对个体的发育和生理功能造成一定的影响,进而使其呈现病态。

4.4.3 典型染色体病

1) 猫叫综合征——常染色体结构变异引起的遗传病

1963 年法国科学家首次报道了一种特殊的疾病,患儿的哭声好像猫在叫一样,称为猫叫综合征。猫叫综合征(见图 4.16)是由 5 号染色体丢失一个片段导致,也称为 5 号染色体部分缺失综合征。根据国外报道,猫叫综合征在新生儿中的发病率为 1/45 000;在精神发育不全者中其发生率为 3/2 000。也有研究者认为,染色体与短臂长度缺失 35%~55% 时才表现出此症,缺 10% 以下可无症状。他们还发现,5 号染色体为环形染色体且其短臂缺失则一定会出现本症状,长臂端缺失可能表现为其他症状。

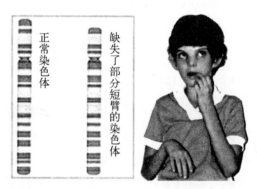

图 4.16 5 号染色体短臂缺失导致的猫叫综合征
(图引自:张新时,2007b)

婴儿期猫叫般哭声是该病患儿最主要的特征,这与其神经系统功能缺陷有关。这一奇特的症状随着患者年龄增长会变得逐渐不明显,直至消失。此外,患者还可能有各种症状和异常体征。最为常见的异常表现为智力发育低下,童年期肌张力过低,到成年期则变为肌张力过高,两眼间距过宽,外眼角向下倾斜等。这些特征也大多是童年期较明显,随着年龄增大可能消失。

2) 21 三体综合征——常染色体数目变异引起的遗传病

21 三体综合征,又称为唐氏综合征,俗称先天愚型,是小儿最为常见的因常染色体畸变导致的出生缺陷类疾病,图 4.17 为 21 三体综合征的染色体核型分析图。我国活产婴儿中 21 三体综合征的发病率为 0.5‰~0.6‰,男女之比为 3∶2,60% 患儿在胎儿早期即夭折流产。患儿在出生时已有明显的特殊面容,常表现为嗜睡和喂养困难。随着年龄增长,患儿智力低下表现逐渐明显,动作发育和性发育延迟。约 30% 患儿伴有先天性心脏病等其他畸形。因免疫功能低下,易感染,这些患儿的白血病发生率也升高 10~30 倍。

21 三体综合征形成的直接原因是卵子在减数分裂时 21 号染色体不分离,形成异常卵子,导致患者的核型为 47,XX(XY),+21。孕妇年龄过高(35 岁以上)或过小(20 岁以下)均是导致 21 三体综合征发生的风险因素,也有报道其病因与父亲的年龄过高有关。目前,21 三体综合征的确切发病机制尚未明了,研究人员在胚胎学和神经病理学方面做了较多的研究,已经取得了一些进展,推测这类畸形可能由三倍体基因决定。

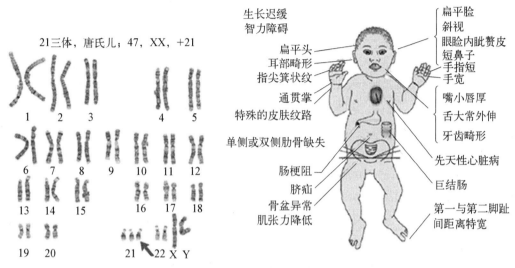

图 4.17　21 三体综合征的染色体核型分析

(图引自：北京协和医院网站,网址为 http://www.pumch.cn/detail/13608.html)

3) 性染色体数目变异产生的遗传病

性染色体异常引起的疾病常使个体的性别发育异常(disorder of sex development,DSD),表现为生殖系统与体征方面的各种异常,影响个体的生殖能力,男性性染色体分别变为 XYY、YO、XXY,女性性染色体分别变为 XXX、XO 等。这些由染色体异常引起的疾病有性腺发育不全、先天性睾丸发育不全或小睾丸症、XYY 综合征、两性畸形等十几种。尽管性别发育异常产生的原因复杂多样,但性染色体数目的变异是产生性别发育异常的主要原因。

常见的性染色体数目变异产生的遗传病有先天性卵巢发育不全,又称为特纳综合征(Turner syndrome)。1938 年,特纳(H. H. Turner)医生记载了 7 例临床表现为翼状颈、肘外翻、女性卵巢发育不全并有原发性无月经的女性病例,后来就以他的名字命名这个综合征。患者的核型为 45 条染色体,X 染色体单体。80% 活产新生儿的 X 染色体单体来自母亲,父系 X 染色体丢失最常见。在自发流产胎儿中特纳综合征的发病率高达 7.5%,在新生儿中其发病率为 1/2 500。

先天性睾丸发育不全是一种性染色体数目变异产生的遗传病,又称为克兰费尔特综合征(Klinefelter syndrome)。此病占总人口的 1/1 000～2.6/1 000,症状一般出现于青春期后。其主要特征是外表为男性,具男性外生殖器,但睾丸较小,无法产生精子,患者的核型为 47,XXY,即多了一条 X 染色体。此外,患者的核型还有 48,XXXY 等。X 染色体越多,症状越重。

4.5　线粒体病

线粒体是真核细胞内的重要细胞器,它是细胞的能量工厂。细胞产生的能量中 95% 来自线粒体中进行的氧化磷酸化。除了红细胞外,人类所有体细胞都含有线粒体,其中多数细胞含有数以万计的线粒体。线粒体病涉及的基因通常表达为供线粒体运作所需的蛋白质。在每个线粒体中,这些蛋白质作为高能分子ATP的装配线而存在。当某个细胞充满病变线粒体后,它不仅无法合成ATP,而且会导致未使用原料分子和氧堆积,往往造成肌肉和神经组织损伤。该病呈细胞质遗传,即通过母亲传递,表现为非孟德尔遗传。现已发现人类100多种疾病与线粒体DNA突变所致的功能缺陷有关。

人类基因有99.8%由父母双方共同提供,但有一小部分基因完全来自母亲,为线粒体基因。线粒体拥有自己的一套DNA。与核基因组相比,线粒体基因组较不稳定,发生随机基因突变的概率要高出1 000倍。每5 000个新生儿中,就有一个患有线粒体病。这种突变会影响大脑和肌肉中消耗能量的细胞。线粒体病的病情严重程度取决于母亲遗传给孩子缺陷线粒体的数量。

根据病变部位不同,线粒体病可分为以下几类。① 线粒体肌病:线粒体病变以侵犯骨骼肌为主。② 线粒体脑肌病:病变同时侵犯骨骼肌和中枢神经系统。③ 线粒体脑病:病变以侵犯中枢神经系统为主。1962年,拉夫特(Luft)首次采用改良高莫瑞三色(Gomori trichrome)染色发现肌纤维中有破碎红纤维(或不整红边纤维),并诊断首例线粒体肌病。

20世纪80年代,人类胚胎学家遇到很多患者,特别是大龄母亲,她们因为糟糕的胚胎发育状况总是不能成功怀孕。尽管科学家尝试了多种方法,但都没能获得成功。科学家最终认为这些患者不能怀孕的原因是她们卵细胞中的线粒体出了问题。线粒体缺陷主要影响需要大量能量的器官,包括心脏、骨骼肌和大脑;另外,糖尿病、癌症、帕金森综合征和阿尔茨海默病也与线粒体缺陷有关。线粒体缺陷主要是由基因突变引起的。为使患有线粒体病的母亲成功怀孕,并从源头上杜绝线粒体缺陷,科学家最终决定采用"线粒体替换"疗法,于是诞生了"三亲婴儿"这一概念,这一辅助生殖技术是减少线粒体病发生的有效途径。

4.6 体细胞遗传病——癌症

体细胞内遗传物质发生突变所引起的一类疾病称为体细胞遗传病。癌症起因于遗传物质的突变,具有克隆性,属于体细胞遗传病。每年全球有数百万人死于癌症。癌症到底是怎么发生的? 癌症会遗传吗? 环境是如何影响癌症发生与发展的? 这些问题催生了大量科学研究,尽管癌症发生的诸多细节还不清楚,但可以确定的是,特定基因功能的异常是癌症产生的主要原因。在一些情况下基因这种不正常功能的产生可能由环境因素引发,如饮食、过度晒太阳、过多接触致癌化学物质等。细胞增殖和凋亡是细胞正常生长和发育所必须的生理过程,受细胞内外因素严格控制,这种调控机制取决于众多调节因子间的精确相互作用。一旦逃避细胞周期的调控,正常细胞将会获得转化能力,克隆化生长进而形成肿瘤。人们已经了解癌症的产生是由基因不正常表达使细胞无序扩增所致。在失去控制的情况下,细胞不断增殖,形成一定体积的细胞团,称为肿瘤或肿块(tumor)。肿瘤细胞脱离原有的组织,侵入其他组织,就是恶性的(malignant,癌症);形成的肿瘤细胞不会侵入其他组织,即为良性的(benign)。无论是恶性的还是良性的,细胞无限增殖都与细胞分裂控制异常相关。

癌细胞具有三大特征：永生化、转化及转移。癌细胞与正常细胞在形态上也不同（见图4.18）。正常细胞细胞质大，单细胞核，单核仁，染色质正常；而癌细胞细胞质小，多细胞核，多核仁，染色质粗糙。

4.6.1 癌症产生于细胞生长和分裂的不规则性

细胞有固定的细胞周期，其中包括DNA的复制、物质的储备及细胞的有丝分裂，按顺序分为DNA合成前期（G1期）、DNA合成期（S期）、DNA合成后期（G2期）和有丝分裂期（M期）。每个时期的开始和结束都由一定的关键检查点（checkpoint）控制，这种控制机制能保证在DNA合成完成及损伤完全恢复后细胞才进入有丝分裂。在这些关键

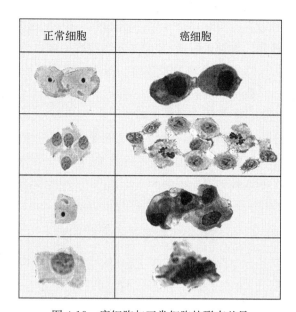

| 正常细胞 | 癌细胞 |

图4.18　癌细胞与正常细胞的形态差异
（图引自：https://www.lisbonlx.con/definition/08/concer-definition-biology.html）

检查点中，有2种蛋白质起关键作用，一种为细胞周期蛋白（cyclin），另一种为细胞周期蛋白依赖性激酶（cyclin-dependent kinase, CDK）。CDK可通过对蛋白质进行磷酸化来激活蛋白质的功能，其与细胞周期蛋白形成复合物，共同控制细胞周期的进程。其中一个重要的关键检查点位于DNA合成前期，称为限制点，可促使细胞进入DNA合成期并最终启动细胞的有丝分裂，限制点由D/CDK4复合物控制。当细胞的能量物质不足或DNA受损伤时，细胞的D/CDK4降解，细胞无法进入下一个周期而停止增殖，最终被免疫系统清除。而在肿瘤细胞中，D/CDK4复合物的量发生了变化，无法阻止受损伤细胞的有丝分裂，细胞不断增殖，最终形成肿瘤。限制点的异常可使细胞的损伤在增殖中不断积累，从而使肿瘤恶化为癌症。

4.6.2 癌症的发展机制

1）癌症的发展机制为细胞程序性死亡过程受损

在个体的生命过程中，细胞需要不断更新、增殖，多余的细胞如果不被清除，无限增殖则形成肿瘤。因此，在动物和人体内存在一种细胞程序性死亡的机制。当正常细胞分裂增殖到一定程度，多余的细胞就会进入程序性死亡，与损伤、老化的细胞一起，最终被免疫系统消化、清除。细胞的这种程序性死亡过程称为凋亡（apoptosis）。人们对细胞凋亡机制的细节还没有完全了解，但据研究发现，胱天蛋白酶（caspase）在其中起重要作用，这种酶可通过酶切各种蛋白质使其失去生物活性。例如，胱天蛋白酶可作用于核纤层蛋白（lamin），这种蛋白质参与构建细胞核膜，并形成细胞的骨架。在胱天蛋白酶的作用下，细胞最终失去结构的完整性，染色体断裂为碎片，并在细胞质的表面产生水泡，细胞发生皱缩，皱缩后的细胞被巨噬细胞吞噬。

一旦细胞这种程序性死亡机制发生变化，本应凋亡的细胞就获得了生存和增殖的机会而发生癌化，这种细胞将不断复制，最终形成肿瘤。当这种肿瘤细胞逃避了免疫系统的监控，离

开原有的组织,随循环系统或组织液流动并侵入其他组织后,细胞不受控制地增殖,并促进形成新的血管系统,为肿瘤内部细胞增殖提供营养,形成癌症。

2)癌症发生的遗传机制源于一些控制细胞周期蛋白基因的突变

既然癌症的发生和发展与一些蛋白质功能的改变有关,其中就必然涉及控制这些蛋白质结构相关基因变异的遗传机制。20世纪80年代,人们开始将分子遗传学技术应用于癌细胞研究。人们发现,细胞的癌化涉及一些特殊基因的缺陷,细胞癌化往往是由几个基因的缺陷产生的。研究人员把这些基因归为两类:一类基因的突变可激活细胞的分裂,促进细胞癌化,这类基因称为癌基因(oncogene);另一类基因的作用是阻止细胞分裂,突变后失去这种阻遏作用而使细胞分裂,这类基因称为抑癌基因(tumor suppressor gene)。

4.6.3 原癌基因与病毒基因密切相关

癌基因的发现源于人们对引起癌症的病毒基因组的研究。1910年,佩顿·劳斯(Peyton Rous)发现了第一个引发癌症的病毒,因其可引发肉瘤,被称为劳斯肉瘤病毒(Rous sarcoma virus)。这种病毒是一种RNA病毒,由RNA和蛋白质外壳组成。病毒入侵动物细胞后利用自身的反转录酶将RNA反转录为DNA,再合成包装病毒所需的蛋白质,最终大量复制。在劳斯肉瘤病毒基因组编码蛋白质的4个基因中,v-src编码的蛋白激酶可使蛋白质磷酸化,该蛋白激酶可激活细胞周期蛋白,促使细胞分裂,进而使细胞癌化,因此该基因被称为癌基因。后来逐渐发现的这类癌基因有20余种,它们编码的蛋白质均调控细胞中重要基因的表达,尤其是涉及细胞生长和分裂的基因,因而促进了细胞的癌化。

后来人们在动物和人的细胞中发现了与病毒中癌基因序列同源的基因,它们所编码的蛋白质与癌基因编码的蛋白质具有相同的功能。例如,在鸡细胞的基因组中发现了一个与v-src序列同源的基因。不同的是,鸡基因组中的这个同源基因含有11个内含子,但却与v-src表现出了进化上的同源性。动物细胞中这种与病毒中癌基因同源的基因被称为原癌基因(proto-oncogene,见表4.6)。鸡基因组中的原癌基因用c-src表示,其所编码的蛋白质与病毒中的蛋白质仅相差7个氨基酸。研究人员用癌基因的序列做探针,陆续在不同生物(包括人类)的细胞中发现其同源基因,说明这些基因所表达的蛋白质在细胞的生命活动过程中发挥着重要的作用。有假说认为,病毒中的癌基因源于动物细胞中的原癌基因,癌基因是病毒进化的结果,其能促进动物细胞的增殖,对病毒的增殖有利。但动物细胞中的原癌基因并不引发细胞癌化,因为原癌基因中含有大量插入序列(内含子),转录表达机制更为复杂,这使蛋白质合成的量适合细胞正常的分裂增殖;相反,病毒的癌基因则没有插入序列,表达更为简单,这大大提高了蛋白质的表达量,促进了细胞的分裂癌化。因此,许多癌症的发生与病毒的感染高度相关。

表4.6 表达反转录病毒的原癌基因

原癌基因	来源的病毒	宿主	基因产物
abl	鼠白血病病毒 (Abelson murine leukemia virus)	小鼠 (mouse)	酪氨酸特异性蛋白激酶 (tyrosine-specific protein kinase)
erbA	禽原始红细胞增多症病毒 (avian erythroblastosis virus)	鸡 (chicken)	甲状腺激素受体类似物 (analog of thyroid hormone receptor)

（续表）

原癌基因	来 源 的 病 毒	宿 主	基 因 产 物
erbB	禽原始红细胞增多症病毒	鸡	截短型表皮生长因子受体 [truncated version of epidermal growth factor(EGF) receptor]
les	ST 猫肉瘤病毒 (Snyder-Theilen feline sarcoma virus)	猫 （cat）	酪氨酸特异性蛋白激酶
lgr	Gardner-Rasheed 猫肉瘤病毒 (Gardner-Rasheed feline sarcoma virus)	猫	酪氨酸特异性蛋白激酶
fms	麦克多诺猫肉瘤病毒 (McDonough feline sarcoma virus)	猫	集落刺激因子受体类似物 [analog of colony stimulating factor (CSF-1) receptor]
fos	FJB 鼠骨肉瘤病毒 [Finkel-Biskis-Jinkins (FJB) osteosarcoma virus]	小鼠	转录激活蛋白 (transcription activating protein)
fps	藤波肉瘤病毒 (Fujinami sarcoma virus)	鸡	酪氨酸特异性蛋白激酶
jun	禽肉瘤病毒 (avian sarcoma virus)	鸡	转录激活蛋白
mil(mht)	MH2 禽类病毒 (MH2 virus)	鸡	丝氨酸/苏氨酸蛋白激酶 (serine/threonine protein kinase)
mos	莫罗尼鼠肉瘤病毒 (Moloney murine sarcoma virus)	小鼠	丝氨酸/苏氨酸蛋白激酶
myb	禽成髓细胞瘤病毒 (avian myeloblastosis virus)	鸡	转录因子 (transcription factor)
myc	禽成髓细胞瘤病毒 (avian myeloblastosis virus)	鸡	转录因子
raf	鼠肉瘤病毒 (3611 murine sarcoma virus)	小鼠	丝氨酸/苏氨酸蛋白激酶
H-*ras*	哈维鼠肉瘤病毒 (Harvey murine sarcoma virus)	大鼠 （rat）	GTP 结合蛋白 (GTP-binding protein)
K-*ras*	柯斯顿鼠肉瘤病毒 (Kirsten murine sarcoma virus)	大鼠	GTP 结合蛋白
rel	禽网状内皮组织增生症病毒 (avian reticuloendotheliosis virus)	火鸡 （turkey）	转录因子
ros	UR2 禽肉瘤病毒 (UR2 avian sarcoma virus)	鸡	酪氨酸特异性蛋白激酶
sis	猴肉瘤病毒 (simian sarcoma virus)	猴 （monkey）	血小板源生长因子类似物 [analog of platelet-derived growth factor(PDGF)]

（续表）

原癌基因	来 源 的 病 毒	宿 主	基 因 产 物
src	劳氏肉瘤病毒 (Rous sarcoma virus)	鸡	酪氨酸特异性蛋白激酶
yes	Y73 禽肉瘤病毒 (Y73 avian sarcoma virus)	鸡	酪氨酸特异性蛋白激酶

（资料引自：Snustad et al，2012）

　　动物细胞中的原癌基因在调节细胞活性方面具有重要的作用,因此这些基因的突变往往能打破细胞功能的平衡,促使细胞癌化,尤其是与调节细胞周期相关的基因的突变。Ras 蛋白是在人原发性膀胱癌中发现的原癌基因 $c\text{-}H\text{-}ras$ 所表达的,该基因与大鼠肉瘤病毒中的癌基因 $v\text{-}ras$ 同源。正常人 RAS 蛋白是调节细胞分裂信号通路上的蛋白质,其正常表达使细胞分裂处于正常水平;但在膀胱癌细胞中该基因发生了 12 个碱基的突变,导致基因功能异常,激活了细胞的分裂增殖而引发了膀胱癌。目前突变的原癌基因 $c\text{-}ras$ 在人类各种发生癌症的器官中均有发现,突变发生的位置也极为相似。原癌基因的这种突变引发的癌症为显性激活式的细胞无控制性生长。

4.6.4　二次突变假说与抗癌基因

　　当原癌基因异常表达时,该基因可能会促进细胞分裂增殖,使细胞癌化,但癌化的细胞不一定会进一步发展为肿瘤,因为在细胞分裂增殖的控制链中存在一些起抑制作用的蛋白质,这些蛋白质能通过调节细胞周期蛋白抑制细胞增殖,只有当这些抑制蛋白质的基因发生突变,其作用失活,癌化的细胞才有可能发展为肿瘤。控制这类蛋白质的基因称为抗癌基因(antioncogene)或抑癌基因。在生物体内抗癌基因与原癌基因的功能相抵抗,共同保持生物体内正负信号相互作用的稳定。目前,科学家们已经发现了 10 种抗癌基因,如 *Rb* 基因、*p53*基因。

　　1971 年,阿弗雷德•克努森(Alfred Knudson)在研究一种罕见的儿童眼睛发生的视网膜母细胞瘤(retinoblastoma)过程中发现,40% 的病例有家族遗传性,60% 的病例并没有家族遗传史,而是由后天的基因突变所致。在分析可能性后阿弗雷德•克努森提出癌症发生的二次突变假说(two-hit hypothesis)。该假说认为无论是家族遗传性的还是散发性的视网膜母细胞瘤的发生均需要经过二次突变。后来的研究证实,在视网膜母细胞瘤中确实存在着这样的致病突变基因 *RB*,其所编码的蛋白质 P^{RB} 是调控细胞周期的相关因子。此后二次突变假说在几种其他癌症中也得到证实,在包括肾母细胞瘤、利-弗劳梅尼综合征、神经纤维瘤、小脑及脊髓血管瘤和乳腺癌中均发现一些相应的抗癌基因,其中最有名的抗癌基因 *p53* 的突变可引发乳腺癌、脑肿瘤、软组织肉瘤、骨肉瘤等多种恶性肿瘤,即为利-弗劳梅尼综合征。

　　以抗癌基因 *p53* 为例,DNA 损伤会激活 *p53*,在细胞周期的不同阶段会引起不同的结果。DNA 损伤发生在 G1 期时,*p53* 阻止细胞周期继续进行,使细胞不能进入 S 期,细胞周期阻滞于 G1 期,以修复损伤的 DNA。如 DNA 损伤不能修复或 *p53* 激活发生在 G2 期则会启动细胞凋亡程序。*p53* 等位基因的缺失或突变均可使细胞生长不受限制。在野生型细胞中，*p53* 的表达可以限制细胞增殖。在突变型细胞中，缺乏 *p53* 基因会导致细胞增殖不受控制；或者 *p53* 基因突变阻碍了四聚体功能，也会使细胞增殖不受限制。*p53* 突变使细胞增殖的刹车机制失灵，细胞突变率增加，极易发生癌变（见图 4.19）。

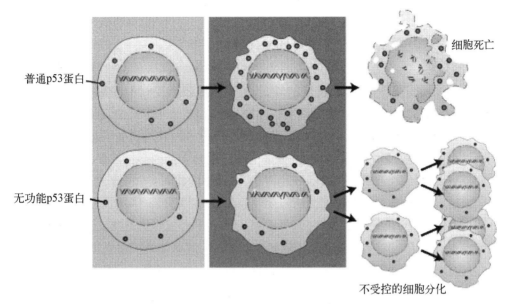

图 4.19 *p53* 对细胞增殖的调控

（图引自：https://drjockers.com/p53 – gene-cancer-development/）

随着新抗癌基因不断被鉴定，科学家们发现在所有的癌症中，只有 1‰ 的癌症是遗传的，其中 20 多种癌症是由抗癌基因的突变引发，而不是由原癌基因的突变所致。这些抗癌基因的功能多样，涉及细胞的分裂、分化、细胞程序性死亡和 DNA 修复等。

思考题

1. 单基因遗传病与多基因遗传病的病因有何不同？
2. 为什么血友病会称作"皇室病"？
3. 针对精神分裂症发病机制的靶向治疗可行吗？
4. 癌症产生的原因是什么？癌症可以遗传吗？可以预防吗？
5. 应如何看待社会上的遗传病患者，如唐氏综合征、唇腭裂患者？

5   遗传学与医药健康

在人体十二指肠旁边,有一个长形的器官,称为胰腺。在胰腺中散布着许许多多的细胞群,称为胰岛。胰岛中的β细胞受到葡萄糖、乳糖、胰高血糖素等的刺激,就会分泌一种蛋白质激素——胰岛素。人的胰腺每天产生1~2 mg胰岛素,一旦不足,就会引起代谢障碍,尤其是葡萄糖不能被有效地吸收,过多的糖随尿排出——这就是多基因病糖尿病的起因。尽管早就被人类发现,但胰岛素由于作用多样且结构复杂,迟迟不能被人类完全了解。直到1955年,英国化学家桑格完成了胰岛素的全部测序工作,并因此获得1958年诺贝尔化学奖。1965年9月,中国人工全合成牛胰岛素。这是世界上第一次人工合成与天然胰岛素分子化学结构相同并具有完整生物活性的蛋白质,标志着人类在探索生命奥秘的征途中迈出了重要的一步。而今,通过生物学方法高效合成的胰岛素更是众多糖尿病患者的福音。那么,遗传学与医药有着怎样的密切关系?如今,热门的基因工程与药物生产又是如何关联起来的呢?

5.1   遗传学应用于医药领域的概况

如何利用生物体内产生的天然物质治疗人类疾病,一直是医学上一个重要的研究领域。然而,具有重要治疗作用的这些天然物质,如激素、淋巴因子、白细胞介素等在生物体内的含量都太低,几乎不可能大量制备。若利用基因工程技术生产,则可完全满足疾病治疗的需要。例如,生长激素释放抑制激素在临床上可治疗肢端肥大症、急性胰腺炎及糖尿病等。过去从50万只羊脑中只能提取5 mg生长激素;现在利用基因工程技术生产,仅需要10 L重组DNA的大肠杆菌发酵液,其成本不到传统方法的万分之一,而且纯度高,不会使受药者产生变态反应,受到医生和患者的欢迎。图5.1为2003—2013年全球重组生长激素的市场规模。

利用转基因动植物作为生物反应器生产药物蛋白质和抗体,是另一个研究热点。目前已培育出的动物有:可在乳腺中高度表达人类组织型纤溶酶原激活物(tissue-type plasminogen activator,tPA)和尿激酶(UK)的小鼠,乳腺能分泌α1抗胰蛋白酶(α1 - antitrypsin,AAT)的转基因绵羊以及1996年夏天诞生的融入人凝血因子(Ⅸ)基因的第一只转基因克隆羊"多莉"等。我国也已获得能在乳腺中高效表达红细胞生成素(erythropoietin,EPO)基因和人凝血因子(Ⅸ)基因的转基因羊。在植物方面,美国已大面积种植用于生产治疗肿瘤的抗体的转基因玉米和含有抗单纯疱疹病毒1型的人抗体的转基因大豆。而且,美国CorpTech公司培育了一种转基因烟草,其叶子中能制造一种用于治疗戈谢病的葡糖脑苷脂酶。今后利用转基因动植物生产的药物、抗体及疫苗的种类将会越来越丰富。

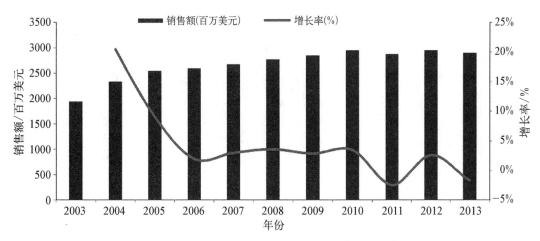

图 5.1　2003—2013 年全球重组生长激素市场规模

（资料引自：各公司年报，招商证券，2014）

5.2　动物模型与医药研究

5.2.1　动物模型与疾病研究

人类疾病动物模型（animal model of human disease，AMHD）泛指为生物医学研究建立的，具有人类疾病模拟性表现的动物和相关材料，既可以全面系统地反映疾病发生、发展的全过程，也可以体现某个系统或局部的特征变化。

研究发现，人类许多基因也存在于小鼠、果蝇等动物中。因为基因具有相似性，科学家将人类疾病基因导入小鼠等动物中，创建了遗传病的动物模型。利用动物模型，科学家可在动物体内再现疾病症状，研究疾病发展过程，并筛选和测试药物。目前，已建立起人类的动脉粥样硬化、镰状细胞贫血、阿尔茨海默病、自身免疫病、淋巴组织增生、皮炎及前列腺癌等遗传病的动物模型。

人类与小鼠的基因数目约为 3 万个，其中只有约 300 个是各自特有的。人类 23 对染色体上的 29 亿个碱基对与小鼠 20 对染色体上的约 25 亿个碱基对相当接近，DNA 链上基因与基因之间的"空白"片段也非常相似。因此，小鼠被广泛用于人类疾病的研究（见图 5.2）。研究"基因敲除（gene knock-out）"小鼠将帮助揭示人类的癌症、糖尿病和高血压等慢性疾病与遗传的关系。

经过 40 多年的开发和研究，科学家们已积累了千余个人类疾病动物模型，其在医学发展史上占有极其重要的地位。2001 年，研究人员对猴卵母细胞进行转基因处理，最终成功地培育出健康活泼的、转基因特征明显的小猴"安迪"。这意味着人类医学研究前进的步伐加快，因为猴比实验鼠跟人的亲缘关系更近，这样人们可以从少量动物身上获得治疗人类疾病的更好答案，同时也会加快分子医学的发展速度。

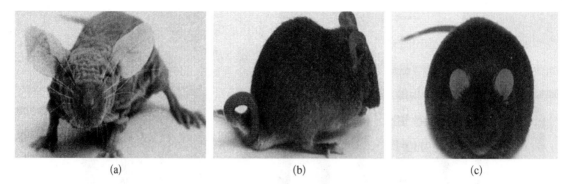

(a) 犀牛样小鼠—研究免疫缺陷;(b) 卷尾鼠—研究神经管缺陷;(c) 肥胖鼠—研究体重。

图5.2 转基因小鼠模型

(图引自：Yashon et al,2009)

5.2.2 动物模型与药物生产

在制药产业中,动物模型也发挥着重要的作用。大肠杆菌和酵母经重组后能产生胰岛素和干扰素,但这些生物与哺乳动物和人相比,毕竟属于低等生物,因此许多哺乳动物或人的基因进入这些低等生物体内后,往往不起作用,即不能表达。即使这些基因能够表达,表达产物也往往没有活性,必须经过糖基化、羧基化等一系列加工修饰后,才能成为有疗效的药物,且加工修饰的过程相当复杂,成本昂贵。因此,利用基因重组微生物制造药物受到很大的限制。

为了克服重组微生物制药的局限性,科学工作者们把人或哺乳动物的有关基因直接导入人工培养的人或哺乳动物的细胞,直接使人或哺乳动物的培养细胞产生药物,这称为细胞基因工程生产药物。实践证明,细胞基因工程生产药物至少解决了重组微生物生产药物中的两个问题：一是重组细胞能直接产生人或哺乳动物的蛋白质;二是重组细胞能直接对所产生的蛋白质进行加工修饰,因此得到的药物就是具有活性的产品。旧的矛盾解决了,新的矛盾又出现。因为培养人或哺乳动物细胞的条件相当苛刻,成本也很高,所以把希望寄托于细胞基因工程也不现实。对于这样的问题,有些科学工作者就提出直接把目的基因导入哺乳动物(如鼠、兔、羊、牛、猪等)体内,让转基因动物直接产生蛋白质类药物。这种想法是从帕米尔特转基因"巨鼠"那里得到的启发。1982年,帕米尔特(R. D. Palmiter)等科学家将金属硫蛋白基因的启动子和大白鼠的生长激素基因拼接成融合基因,再把拼接好的DNA导入小白鼠的受精卵内,然后把携带外源基因的受精卵移植到一只母鼠的子宫内。这个受精卵在母鼠的体内发育,直至分娩。这只代孕母鼠生下的小鼠居然比普通小白鼠大1倍,因此被称为"巨鼠"。"巨鼠"出生的消息在英国权威科学杂志《自然》刊登后,引起全世界轰动,这项研究被称为遗传学研究史上具有里程碑意义的工作。很多人都想如法炮制,如果把生长激素基因导入牛、羊等哺乳动物的受精卵内,那么转基因牛或羊是否会长得特别大,像大象那样大呢？实践结果并不令人满意,因为当生长激素基因转入牛、羊等哺乳动物的受精卵后,这个外源基因没有按照人类所希望的那样在特定部位发挥作用,而是随心所欲地在动物体内表达,结果转基因动物不是产下死胎就是产下巨头、肢端肥大症等畸形后代。这种结果提示人们,如果想让外源基因在转基因动物体内的特定部位表达,必须经过精心设计。许多科学家认为,要使转基因动物生产蛋白质类药物,如果目的基因只在乳腺部位表达,就会得到理想的结果,因为乳腺是一个独立的分泌器官,乳汁不进入体内循环,因此不会影响转基因动物本身的生理反应;如果能够从转基因动物的乳汁中获得目的基因的表达产物,那么就可以用比较简单的分离提纯办法得到有活性的药用蛋白质。动物乳腺就像一座发酵车间,发酵车间生产的是人类所需要的药用蛋白质。因此,哺乳动物的乳腺被称为"动物乳腺生物反应器"。

20 世纪 90 年代末,转基因牛、羊等哺乳动物的"乳腺生物反应器"正式开始生产药用蛋白质。例如,α1 抗胰蛋白酶缺乏就会生病,这种病在北美人群中比较多见,一旦缺乏这种酶,就只能靠注射这种酶来维持生命,现在已经能通过转基因动物生产这种酶。因为成本降低,产量提高,所以许多患者能够依靠这种药物维持宝贵的生命。除此之外,乳铁蛋白(lactoferrin)、人血清白蛋白、人凝血因子Ⅸ、人凝血因子Ⅷ、抗凝血酶Ⅲ、胶原、纤维蛋白原、蛋白质 C、组织型纤溶酶原激活物等蛋白质类药物已经都能由转基因动物的乳腺生物反应器生产。随着转基因动物乳腺生物反应器的不断改进和发展,那些因蛋白质代谢失控而生病的患者将会得到很好的治疗,这也预示着人类的寿命将会因此而延长。

5.3 基因工程与药物生产

众所周知,在药物中有许多蛋白质类药物。例如,胰岛素、生长激素、人血红蛋白等都是来源于人体的蛋白质类药物。要生产这类蛋白质药物常会遇到原料来源困难、易传播疾病等问题,利用其他动物提取蛋白质类药物,如用猪的胰腺提取胰岛素,又会因为猪胰岛素与人胰岛素在分子结构上的差异而引起过敏反应,而且会传播人畜共患病。但是不管是人体内的蛋白质,还是动物体内的蛋白质甚至是微生物细胞内的蛋白质,都应是按照相同的遗传密码转译而成的,微生物不能产生动物或人的蛋白质是因为微生物体内没有人或动物蛋白质的遗传密码,如果能把人或动物蛋白质的遗传密码转移到微生物体内,或许微生物也能产生人体蛋白质。1973 年,科恩(S. Coben)和博耶(H. Boyer)成功地使外源基因在原核细胞内表达。因为这个伟大的成果,科恩和博耶被誉为基因工程的奠基人。在重组 DNA 实验成功不久,博耶和海林(R. Helling)合作,将人脑激素基因与大肠杆菌的质粒进行重组,组装成含有脑激素基因的质粒。这种质粒能进入大肠杆菌。当大肠杆菌接收了重组的质粒后,居然能产生人脑激素。在自然状况下,人脑激素是由人下丘脑产生的。人脑激素是一种蛋白质,其功能是抑制生长激素的释放,因此人脑激素也称为"生长激素释放抑制因子"。人脑激素是治疗巨人症、肢端肥大症及急性胰腺炎的蛋白质类药物。

自此以后,人类陆续利用重组微生物生产出胰岛素、生长激素类蛋白质药物,其中细菌成了生产蛋白质类药物的第一个基因工程系统,遗憾的是细菌不能产生含有糖基的结合蛋白。为了得到含糖基的结合蛋白类药物,科学家们把注意力集中到酵母上,因为酵母能产生含糖基的结合蛋白,由此产生了生产蛋白质类药物的第二个基因工程系统,该系统所生产的药物比第一个基因工程系统更安全。因为酵母产生的蛋白质药物不含有难以去除的大肠杆菌内毒素。然而,不管是第一个还是第二个基因工程系统,其共同的问题都是不能产生结构较为复杂的蛋白质类药物,如含糖基侧链的蛋白质药物(如人红细胞生成素、组织型纤溶酶原激活物等)。于是,就需要寻找生产蛋白质类药物的第三个基因工程系统,科学家们经过不懈努力,终于找到了这个系统,它就是转基因动物,如转基因羊、转基因猪、转基因牛等。

不管由哪一个基因工程系统生产的药物,都必须在药物名称的前面加上"重组"两字,如"重组人胰岛素""重组人生长激素"等,而商品名就各取所需了。

据不完全统计,经过 20 多年的努力,基因工程系统生产的蛋白质类药物已成为制药业的重要支柱,全球医药市场的重组药物已不下 100 种,正在研制的在千种以上。由此可见,基因工程制药业将是欣欣向荣的高科技产业。

5.3.1 胰岛素的生产

胰岛素是人、牛、猪等高等动物胰腺中的胰岛细胞产生的激素,这种激素与胰高血糖素共同控制着血液中的葡萄糖含量。一旦胰岛素分泌不足,而胰高血糖素正常分泌,那么血液中的葡萄糖含量就会超过正常值,有些葡萄糖会随尿液排出体外,此时在医学上就诊断为糖尿病。胰岛素是治疗糖尿病的重要药物。

长期以来,治疗糖尿病的胰岛素是从猪、牛等大家畜的胰腺中提取的,一头猪的胰腺能提取约 300 单位猪胰岛素,猪胰岛素还不能直接用于治疗糖尿病,必需经过改造,否则会引起患者死亡。糖尿病患者每天的用药量约为 40 单位胰岛素,因而其每年的用药量约需从40 头牛或 50 头猪的胰腺中提取,由此可知胰岛素的价格是相当高的,普通百姓有病也无钱治。另外,用牛和猪来提取胰岛素,制药原料也会十分紧张,从牛、猪等大牲畜中提取的胰岛素难免会带有能使人、畜共同致病的病原体,稍有不慎,常会出现旧病未治愈新病又产生的尴尬局面。

胰岛素中氨基酸的种类和排列顺序全部研究清楚后,科学工作者根据遗传学的原理人工合成了胰岛素的基因,之后又不失时机地把这个人工合成的基因与大肠杆菌的质粒进行组装,得到了重组 DNA。重组 DNA 的质粒将人工合成的胰岛素基因运到大肠杆菌体内后,大肠杆菌居然会产生人胰岛素。最早得到这个结果的是美国人依塔库拉领导的科研组,他们的研究成果引起了制药业界的兴趣。不久,利用大肠杆菌生产人胰岛素的医药企业在美国、澳大利亚等国正式注册,由大肠杆菌生产的人胰岛素开始上市销售。现在治疗糖尿病的胰岛素 90% 以上都是由转基因的大肠杆菌生产的。图 5.3 所示为 2006—2015 年全球胰岛素市场状况。

5.3.2 干扰素的生产

干扰素是人或动物受到某种病毒感染后,其体内产生的一种干扰病毒繁殖的物质。这种物质是在病毒入侵后诱导产生的一类蛋白质,具有抗病毒和抗其他致病微生物的功能,同时也有抗细胞增生和增强免疫调节等功能。

长期以来,干扰素是从人血中提取的,8 000 mL 人血能提取出 1 mg 干扰素。如果要得到一磅(453 g)干扰素,其成本就高达 200 亿美元。由此可见,即使想用干扰素治疗疾病,患者也

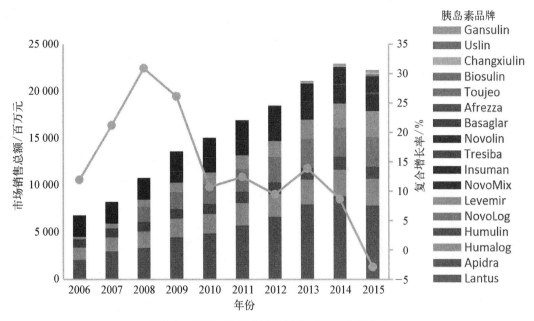

图 5.3　2006—2015 年全球胰岛素市场销售收入

（图引自：https://www.sohu.com/a/124470395_484279）

付不起昂贵的药费。另外，从人血中提取的干扰素可能混有病毒等其他致病因子，因而用血液提取干扰素存在安全隐患。

不同人群会产生不同类型的干扰素，白种人和黄种人产生的干扰素有差异。中华民族的群体产生的干扰素称为 α1b 干扰素，决定 α1b 结构的是 *α1b* 基因。将 *α1b* 基因从人基因组中切割下来，并将其与大肠杆菌的质粒进行重新组装，组装以后的质粒带着 *α1b* 基因进入大肠杆菌，得到 *α1b* 基因的大肠杆菌在人工培养条件下繁殖后代，这些后代不仅都带有 *α1b* 基因，而且每个都会产生 α1b 干扰素。但是大肠杆菌产生的 α1b 干扰素与人细胞产生的干扰素不仅在分子结构上各有不同，而且在蛋白质转运上也存在差异，即人细胞将 α1b 干扰素直接排放到细胞外，而大肠杆菌产生的干扰素却不能排放到细胞外，只能沉积在大肠杆菌细胞内，并且那些沉积在大肠杆菌体内的干扰素还没有活性。只有把沉积在大肠杆菌体内的干扰素提取出来并使其恢复活性以后，它才能成为药物。提取、纯化和激活不仅增加了工序和药物的成本，而且也增加了控制药物质量的难度。为了克服利用大肠杆菌生产干扰素的种种缺陷，复旦大学生命科学学院的科研人员自 1987 年起，在国家"863"计划项目的资助下，经过多年努力，终于构建成功能生产 α2a 干扰素和生产 α2b 干扰素的基因工程酵母菌，这 2 种基因工程酵母菌能在人工控制的条件下高效稳定地生产干扰素。

酵母菌与人一样都是真核生物，而大肠杆菌是原核生物。因此，基因工程酵母菌生产干扰素的过程与人细胞生产干扰素的过程极为相似，产生的干扰素不但在结构和活性上相似，而且也能直接分泌到菌体外。因此，利用酵母菌生产干扰素不仅比利用大肠杆菌生产干扰素成本低，而且质量也较容易控制。复旦大学生命科学学院的这项研究成果现在已由上海万兴生物制药有限公司开发并按国家 GMP 标准生产出干扰素产品——万复因、万复洛。万复因和万复洛的面市,标志着我国也已成为拥有酵母菌生产干扰素的国家。临床试验结果表明,酵母菌生产干扰素的疗效不低于国外生产的名优干扰素产品,但价格却明显低于国外生产的同类产品,这对患者来说无疑是一件大好事。图 5.4 所示为 2006—2016 年全球重组干扰素市场规模。

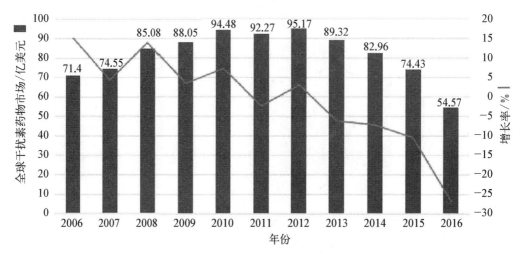

图 5.4　2006—2016 年全球重组干扰素市场规模

(图引自:https://www.sohu.com/a/205961808_377310)

5.4　基因治疗

随着分子生物学技术在医学中广泛应用,人们对人类遗传病的研究取得了许多重要的进展,特别是 DNA 重组技术的应用为遗传病的治疗开辟了广阔的前景。遗传病的治疗由传统的方法转向基因治疗(gene therapy)。

基因治疗是指运用 DNA 重组技术,将正常基因及其表达所需的序列导入病变细胞或体细胞中,以替代或补偿缺陷基因的功能,或抑制缺陷基因的过度表达,从而达到治疗遗传病的目的。基因治疗是现代医学和分子生物学相结合而诞生的新技术。1990 年,美国医学家安德森(F. Anderson)等对一位因腺苷脱氨酶(adenosine deaminase,ADA)缺乏(ADA 缺乏症)而患先天性免疫缺陷病的美国女孩德谢尔瓦(A. Desilva)进行了基因治疗,这是世界上第一个基因治疗成功的范例。此后,全世界被批准的基因治疗临床试验的数量逐渐增多(见图 5.5)。迄今为止,全世界有超过 1 800 种已经完成、正在进行或已经被批准的基因治疗临床试验。中国在基因治疗研究中的成绩尤为突出。世界上第一个获准上市的基因治疗药物"重组人 *p53* 腺病毒注射液"在 2004 年由原国家食品药品监督管理局批准上市,该药物经过约 9 年的临床试验和应用,治疗了约 1 万例肿瘤患者。

从基因治疗临床试验的地理分布中可以看出,美国占比最大,为 63.7%;其次为英国,为 11%;其他国家均低于 5%[见图 5.6(a)]。到目前为止,基因治疗临床试验的适应证最主要的还是癌症,占 64.4%;之后依次为单基因病、心血管病、传染病,各约占 8%[见图 5.6(b)]。

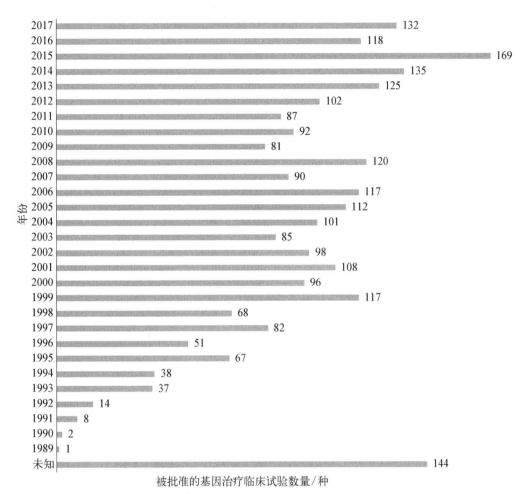

图 5.5　1989—2017 年全世界被批准的基因治疗临床试验的数量

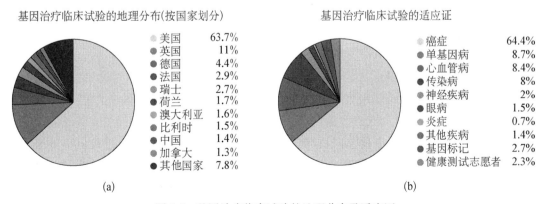

图 5.6　基因治疗临床试验的地理分布及适应证

（图引自：Ginn et al,2013）

5.4.1 基因治疗的策略

根据宿主病变的不同,基因治疗的策略也有不同,主要概括为以下几种。

(1) 基因修正:是指通过特定方法,如同源重组或靶向突变,将突变的 DNA 原位修复,修正致病基因的突变碱基序列。虽然该法无疑是基因治疗最理想的策略,但目前在技术上还无法做到。

(2) 基因替代:是指清除整个突变基因,以有功能的正常基因取代,以永久地更正致病的基因。与基因修正类似,该法目前在技术上还无法做到。

(3) 基因增强:是指将目的基因导入病变细胞或其他细胞。目的基因的表达产物可以补偿缺陷细胞的功能或使细胞原有的功能增强,基因增强是目前较为成熟的方法。

(4) 基因抑制或失活:是指导入外源基因以干扰或抑制有害基因的表达。该技术已经被广泛用于肿瘤和病毒性疾病等的基因治疗研究中。

(5) "自杀基因"的应用:在某些病毒或细菌中的某基因可产生一种酶,可将原本无细胞毒性或低细胞毒性的药物前体转化为细胞毒性物质,将细胞本身杀死,此种基因称为"自杀基因"。将自杀基因导入靶细胞中,可导致携带该基因的受体细胞被杀死,以达到治疗目的。

(6) 免疫基因治疗:是指把产生抗病毒或肿瘤免疫力的相应的抗原决定簇基因导入机体细胞,以达到治疗的目的。

(7) 耐药基因治疗:是指在进行肿瘤治疗时,为提高机体耐受化疗药物的能力,把产生抗药物毒性的基因导入人体细胞,以使机体耐受更大剂量的化疗。

5.4.2 基因治疗的类型

基因治疗根据靶细胞的类型不同可以分为生殖细胞基因治疗和体细胞基因治疗两大类。

1) 生殖细胞基因治疗

生殖细胞基因治疗是指将正常的基因转移到患者的生殖细胞(包括精子、卵细胞)或早期胚胎内使其发育成正常个体。理论上,这种治疗方法既可以治疗患者,又可以使其后代不再患这种遗传病,它是一种使遗传病得到根治的方法。实际上,当前该治疗方法所运用的技术方法还不够成熟,技术难度较大,而且该治疗方法会引发一系列道德、伦理等问题。因而就人类而言,目前不考虑生殖细胞的基因治疗。

2) 体细胞基因治疗

体细胞基因治疗是指将正常的基因转移到体细胞内,使之表达基因产物,以达到治疗目的。体细胞基因治疗只涉及体细胞的遗传转变,不影响下一代,在伦理道德上是可行的,同时该治疗技术易于施行,因此现已作为遗传病的治疗方法之一被人们广泛接受。体细胞基因治疗不必纠正所有的体细胞。有些基因只在一种类型的体细胞中表达,因此治疗只需要集中到这类细胞上。此外,某些疾病只需要少量基因产物即可改善症状,不需要全部有关体细胞都充分表达该基因。当前,对恶性肿瘤、心血管疾病、自身免疫病、内分泌疾病、中枢神经系统疾病等多基因疾病及传染疾病的基因治疗研究都采用这一技术。采用该技术的缺点是仅能治愈患者本人,不能改变患者基因缺陷的遗传背景,致病基因仍会传给后代。

体细胞基因治疗的技术方法主要有两种(见图 5.7)。① 体内基因治疗法(*in vivo* gene

therapy)。该法是指将目的基因克隆到特定的真核表达载体上,然后将其直接注射到患者体内。该方法的优点是简便、快捷,有利于产业化。但是该法必须保证治疗基因及载体的安全性,在导入后能进入靶细胞并有效表达,因而在技术上要求很高。大部分注入体内的裸 DNA 被降解与清除。因此,研制高效与长效的重组 DNA 是该方法的一个重要奋斗目标。② 体外基因治疗法(*ex vivo* gene therapy)。该法是指将外源基因克隆至一个合适的载体,并将其首先导入体外培养的自体或异体(有特定条件)的细胞,然后经筛选将能够表达外源基因的受体细胞输回受试者体内。该方法比较经典、安全,且效果较易控制,但是步骤多、技术复杂、难度大,不易推广。

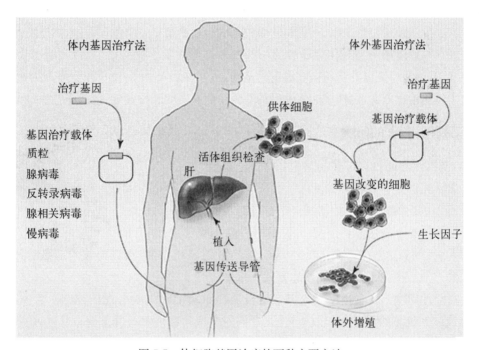

图 5.7　体细胞基因治疗的两种主要方法

(图引自: Kaji *et al*, 2001)

5.4.3　肿瘤的基因治疗

肿瘤基因治疗应遵循以下基本原则,这些原则也是大多数遗传病基因治疗的基本原则,具体如下:① 治疗的疾病应是目前治疗方法难以阻止其发展的严重疾病;② 能治疗疾病的正常基因已经被克隆,并能表达有功能的产物;③ 基因治疗用的基因在体内表达无须精确调控,其表达产物过多不会产生危害;④ 导入的基因不会引起其下游基因异常激活并激发细胞失控性生长,从而导致其他恶性肿瘤发生;⑤ 外源基因转入后应能够持续、稳定地表达,从而产生良好的效果;⑥ 导入体内的带有外源基因的治疗细胞,应能自然消减去除;⑦ 必须有动物实验基础。

在过去的几十年里,肿瘤的基因治疗取得了快速发展,但是基因治疗并不如当初人们想象的那样完美。其中,基因治疗的靶向性是值得重点关注的问题之一。靶向性是指在治疗过程中,把治疗作用或药物效应限定在特定的靶细胞、组织或器官内,而不影响其他正常的细胞、组织或器官的功能,其目的基因的表达应能区别正常组织与恶性组织,但同时对恶性肿瘤包括所转移的位置无特殊选择性。这对于基因治疗非常重要,决定了基因治疗尤其是其对肿瘤治疗的应用价值。达到靶向性和调控目的基因表达目的的主要手段有四种:一是将目的基因特异性地导入靶细胞,即基因转移的靶向性;二是调控已导入靶细胞的目的基因,使之在特定的组织器官中表达,即基因表达的靶向性;三是控制目的基表达的时间和水平,即基因表达的时相性;四是用野生的、正常的基因原位修复功能缺陷或突变的基因,即突变基因的原位修复。

目前,对肿瘤的基因治疗主要集中在以下几个方面:① 增强机体对肿瘤细胞的免疫能力(外界抗原、白细胞介素);② 植入"敏感"或"自杀"基因到肿瘤细胞;③ 阻断癌基因表达;④ 应用肿瘤抑制基因($p53$);⑤ 诱导正常组织产生抗肿瘤药物(干扰素);⑥ 保护正常组织免受化疗的影响;⑦ 抑制肿瘤血管生成。当然,肿瘤的基因治疗不是单一的治疗手段,如重组人 $p53$ 腺病毒注射液在临床应用中与放化疗联合应用的效果显著优于单独的基因治疗、放疗或者化疗。因此,成功的基因治疗应以安全、有效、稳定为基础,从多方面入手,促使几种治疗方法相辅相成,或者建立个体化治疗方案,这样才能使肿瘤的基因治疗获得突破性进展,造福于肿瘤患者。

5.4.4 基因治疗存在的问题

目前,基因治疗还存在许多问题。

(1) 难以提供更多可利用的基因。目前,有治疗价值的基因太少。只有对疾病的发病机制和相应基因的结构、功能了解清楚,才有可能成功利用。

(2) 相关技术不理想。目前导入基因的手段不够理想,现有的技术均低效和无导向性。同时,导入基因的表达效率不高。另外,导入基因缺乏可调控性,理想的技术应该能够根据病变的性质和严重程度,调控基因的表达方式和水平。

(3) 安全性问题。安全性问题是基因治疗临床试验前首先要考虑的问题。首先,目前使用的病毒载体系统虽然经过人工改造,但是它的安全性问题仍旧需要重视。其次,目前基因治疗尚未发展到定点整合阶段,插入突变是需要考虑的问题。最后,在实施基因治疗的进程中,靶细胞类型的选择与细胞移植技术、获得性疾病和遗传病的基因治疗与建立有效的动物模型以及基因转移中的副作用与抗体形成等也是需要重视的问题。

5.4.5 与基因治疗相关的社会问题

基因治疗技术可以纠正遗传缺陷,治愈威胁生命的疾病。但是,如果轻率地使用基因治疗技术,也可能产生巨大的危害。以对生殖细胞的基因治疗为例。基因治疗存在改变人类细胞或精子遗传结构的可能性,增殖的细胞会将基因遗传给下一代。生殖细胞基因治疗会永久地改变某个个体后代的遗传结构。因此,人类基因库将会受到永久的影响。虽然这样的改变也许是好的,但一旦发生技术上或判断上的错误将会导致大范围的影响。

此外,还有关于提高人类潜能的问题。例如,通过基因技术干涉并改善记忆力和智力,可提高遗传性。科学家担心这样的操作会成为富人和有权者的奢侈享受,也有人担心广泛使用该项技术将导致对"正常"概念的重新定义,或者滥用优生概念,从而产生新的人种论和种族歧视。

目前,基因治疗技术的应用应限于:① 遗传病,尤其是严重的、现阶段难以治愈的遗传病,以及其他难治性疾病,如恶性肿瘤和艾滋病等;② 具有成熟的基因治疗技术、引入基因表达调控有效且经动物实验证明能有效治疗的疾病;③ 导入基因不会激活有害基因和抑制正常基因的功能。同时,目前基因治疗应坚持只针对疾病,而不应该用于优生,包括未经充分界定的"优化""改良"或含义不清的"遗传素质的提高";不应该用于政治或军事目的及通过改造遗传结构达到控制某一个个体、群体乃至民族的目的;不应该用于发展基因战争等方面。

5.5　干细胞技术

2007 年 11 月 20 日,两本国际权威期刊《科学》和《细胞》同时刊出一项研究报告,报道了来自美国和日本的两个研究团队有关干细胞研究的重大技术突破。这两个研究团队利用相同的技术通过基因重新编排,使皮肤细胞具备胚胎干细胞的功能,这种被改造的细胞称为诱导性多能干细胞(induced pluripotent stem cell, iPS)。这项发现一方面解决了利用胚胎进行干细胞研究的道德争议,另一方面也使得干细胞研究的来源更不受限制。该项研究成果一经发表,就引起全球轰动,被誉为生命科学研究的里程碑。美国《时代》杂志将其列为 2007 年十大科学发现之首。

干细胞是人体及各种组织细胞的最初来源,因具有高度自我复制、增殖和多向分化的潜能而成为国际生物及医学领域关注的焦点。由于在医学和农业上有巨大的应用潜力,干细胞在 1999 年被《科学》杂志列为世界十大科技进展之首,2000 年再度入选世界十大科技进展。2012 年,英国科学家约翰·格登(John B. Gurdon)和日本科学家山中伸弥(Shinya Yamanaka)因在细胞核重新编程研究领域做出革命性贡献而获得诺贝尔生理学或医学奖(见图 5.8)。两位科学家分别用基因改造的技术,将人类体细胞改造成类胚胎干细胞,类胚胎干细胞在功能上几乎可以与胚胎干细胞相媲美。这一研究明确地证实了分化的细胞可以通过少数几个因子的外源导入,被重编程成为具有多能性状态的细胞。

干细胞是指人或动物在发育过程中产生的具有多向分化能力的一类细胞。人或动物从受精卵到成体发育的整个过程中,在胚胎和成熟组织中均存在一些具有高度更新能力但尚未分化的细胞。根据在发育过程中存在位置的不同,干细胞可分为胚胎干细胞(embryonic stem cell, ESC)和成体干细胞(adult stem cell, ASC)(见图 5.9)。胚胎干细胞取自囊胚里的内细胞团,分化能力最强,可以不断地自我更新并分化为任何类型的组织细胞;而成体干细胞则来自各种组织。在成体组织里,间叶干细胞与前体细胞担任身体的修复系统,补充成体组织。在胚胎发展阶段,干细胞能分化为任何特化细胞,但仍会维持再生组织(如血液、皮肤或肠组织)的正常更替。

干细胞作为一类具有强大再生能力和多向分化潜能的细胞已经被广泛认知。科学家们一直致力于对其进行研究,以期能将之应用于医学领域,包括对肿瘤、糖尿病、心脏病、神经系统及造血系统疾病等众多疾病的治疗及再生医学领域。具体包括:利用干细胞探索生命过程中遗传基因的时空表达与调控,研究生命发展的基因机制;研究干细胞自我更新、分化和组织器官形成的机制与方法,为干细胞用于疾病的治疗奠定了基础;以干细胞为种子,在体外构建组织或器官,用于替代治疗各种组织或器官的损伤和缺损;利用干细胞模型筛选抗衰老、抗肿瘤等的新型药物;从干细胞的角度探讨疾病发生的机制和诊断、治疗的方法;进行干细胞生物工程技术产品的研制开发,包括各种干细胞诱导因子、活化因子及培养制剂等。

2012年度诺贝尔生理学或医学奖

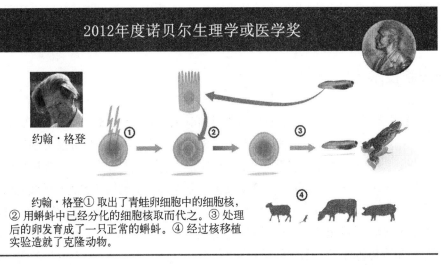

约翰·格登

约翰·格登① 取出了青蛙卵细胞中的细胞核，② 用蝌蚪中已经分化的细胞核取而代之。③ 处理后的卵发育成了一只正常的蝌蚪。④ 经过核移植实验造就了克隆动物。

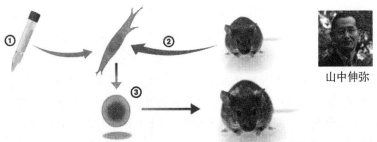

山中伸弥

山中伸弥研究了干细胞发挥功能的重要基因，当他把4个这样的基因① 转移到小鼠皮肤细胞里时，② 这些细胞被重新编程为多能干细胞，③ 可以再发育为成年小鼠的所有细胞类型。他将这些细胞命名为诱导性多能干细胞(iPS)。

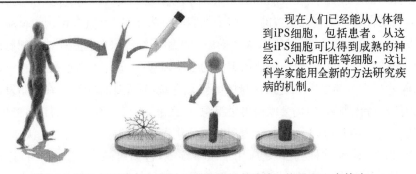

现在人们已经能从人体得到iPS细胞，包括患者。从这些iPS细胞可以得到成熟的神经、心脏和肝脏等细胞，这让科学家能用全新的方法研究疾病的机制。

图 5.8　2012 年诺贝尔生理学或医学奖得主约翰·格登和山中伸弥

(图引自：http://www.nobelprize.org/nobel_prizes/medicine/laureates/2012/med_image_press_eng.pdf)

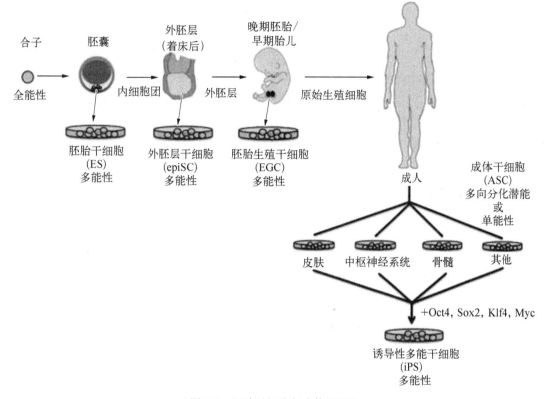

图 5.9　胚胎干细胞与成体干细胞

(图引自：Watt et al，2010)

　　干细胞技术，又称为再生医疗技术，是指通过对干细胞进行分离、体外培养、定向诱导甚至基因修饰等，在体外繁育出全新的、正常的甚至更年轻的细胞、组织或器官，并最终通过细胞、组织或器官的移植实现对临床疾病的治疗，如白血病、阿尔茨海默病、帕金森病、糖尿病、脑卒中和脊柱损伤等一系列目前用传统医学方法尚不能治愈的疾病。从理论上说，应用干细胞技术能治疗各种疾病，且具有很多传统治疗方法无可比拟的优点：安全（低毒性或无毒性）；不需要完全了解疾病发病的确切机制；还可能应用自身干细胞移植，避免产生器官移植的免疫排斥反应。

　　胚胎干细胞是从早期胚胎（原肠胚期之前）或原始性腺中分离出来的一类细胞，它具有体外培养无限增殖、自我更新和多向分化的特性。无论在体外还是在体内环境中，胚胎干细胞都具有形成人体各种组织的全能性。因此，在理论上其用途最广，具体如下。① 进行基因功能研究。利用基因打靶技术，可以实现基因组内指定基因的失活。借助于胚胎干细胞体系，可以破译人体中重要基因的功能。② 揭示人及动物发育过程中的决定基因。③ 可作为评价新药及化学产品的毒性及效能的检测系统。④ 它有可能成为今后细胞替代疗法的主角。理论上胚胎干细胞可以无限地提供所有特异性的细胞类型，置换疾病组织和放化疗损伤后的造血系统，这为遗传病、肿瘤和衰老等疾病的治疗提供了新的思路。但由于胚胎干细胞来源缺乏、其自发性增殖潜能有可能造成移植到体内发生肿瘤、可能产生异体免疫排斥、存在定向组织分化的技术障碍以及干细胞应用时所出现的社会伦理学问题等因素，直接从胚胎干细胞着手治疗疾病尚需时日。

　　成体干细胞是成体组织内具有自我更新能力并能分化产生一种或一种以上子代组织细胞的未成熟细胞。造血干细胞属于成体干细胞的一种。自 20 世纪 60 年代发现造血干细胞以来,它是研究最多并最先用于治疗的干细胞。造血干细胞是来源于血液、骨髓或脐带血的一群原始造血细胞,能自我更新、能分化成一些具有组织特化的细胞、能从骨髓中游离进入血液循环、能发生程序性死亡的细胞。人体主要有 3 个部位生产/存储造血干细胞,造血干细胞大部分在骨髓里,即骨髓造血干细胞;在外周血中,也就是在血管里面有少量的造血干细胞;在脐带里有丰富的造血干细胞。成体干细胞的跨系统分化潜能打开了干细胞研究领域的新天地,具有重要的理论意义和临床应用价值,具体如下。① 可以直接采用干细胞移植技术治疗疾病。干细胞移植是一个具有重要意义的治疗方法。例如,通过中心静脉输入造血干细胞,可以使完全丧失造血功能的患者骨髓恢复造血功能。神经干细胞的研究也为神经系统疾病的治疗开创了广阔的应用前景。② 用干细胞携带治疗基因,干细胞经过诱导分化为成体细胞,可用于治疗遗传病。③ 利用干细胞的跨系统分化潜能,将其用于自体组织和器官的修复,可以避免同种异体移植的免疫排斥反应。④ 将干细胞作为种子细胞,与可降解支架材料联合培养,可在体外构建有生命的种植体,以修复组织缺损或再生组织和器官。⑤ 建立干细胞库,可用于将来自体病损或衰老组织器官的修复,也可经配型后用于同种异体组织或器官的修复。

　　干细胞技术推动了生物医学的发展。这一技术将给移植治疗、药物发现及筛选、细胞及基因治疗和生物发育的基础研究等带来深远的影响,打开在体外生产所有类型可供移植治疗的人体细胞、组织乃至器官的大门。也就是说,当发现病变或者坏死的人体组织或器官时,医生只要像换汽车零件一样以旧换新即可挽救患者的生命,人们的生命健康水平将获得极大的提高。例如,组织器官的损坏是人类健康的大敌,尤其是一些再生能力很低的神经组织一旦损坏几乎不会再生,向患者的病灶部位移植具有分化功能的干细胞是治疗这类疾病的有效方法。目前,在全球临床试验中所使用的干细胞种类和疾病应用种类(见图 5.10)中,脐带干细胞占65%,成体干细胞占 13%,人胚胎干细胞占 12%,胎儿干细胞占 10%;自身免疫病占 17%、基因疾病和骨及软骨修复分别占 16%,实体瘤和心血管疾病分别占 13%,中枢神经系统疾病占9%,糖尿病和其他疾病分别占 8%。

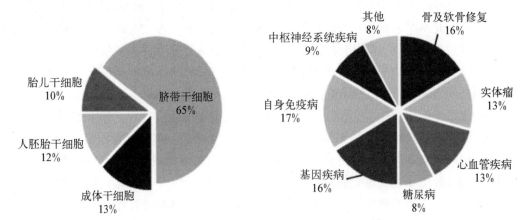

图 5.10　全球临床试验中所使用的干细胞种类和疾病应用种类

(图引自:米内网,海通证券研究所)

2006 年 6 月 29 日,斯里瓦斯塔瓦(D. Srivastava)等在《自然》杂志上撰文指出,利用干细胞治疗心脏病研究取得新进展:① 弄清了利用胚胎干细胞再生心脏中的发育过程;② 获得了控制多功能的心脏干细胞的线索;③ 循环祖细胞能够产生足够引发受损心脏细胞存活或进行修复反应所需的因子。斯里瓦斯塔瓦还指出,利用干细胞为受损心肌、瓣膜、血管和传导细胞生成替代细胞潜力巨大。虽然,目前还有许多障碍需要克服,但是用干细胞治疗心脏疾病无疑具有重要的意义和广阔的前景。

干细胞技术不仅在疾病治疗方面有极其诱人的前景,而且其对克隆动物、转基因动物生产、发育生物学、新药物的开发与药效、毒性评估等领域也将产生极其重要的影响。自克隆羊"多莉"问世至今,体细胞克隆动物已有较多成功的报道。但体细胞克隆动物有成功率低和容易早衰等弊端。而用长期传代(30 代以上)的小鼠胚胎干细胞克隆出的 31 只小鼠中,14 只存活,存活率大大提高,这表明胚胎干细胞克隆动物具有光明的前景。转基因动物是以受精卵或胚胎干细胞作为载体,通过注射目的基因,获得带有目的基因的动物。转基因胚胎干细胞系将为大量同系转基因动物的生产奠定基础。干细胞技术作为生物技术中的前沿技术已成为自然科学中最为引人注目的领域,被医学界认为是人类生命科学研究的重要里程碑,预示着生命科学研究将进入快速发展的时期,是未来高技术更新换代和新兴产业发展的重要基础。

在国家 863 计划支持下,我国干细胞和组织工程研究取得了重大的进展。多种干细胞分离纯化、大规模扩增、定向诱导技术取得了明显突破,已有相关产品通过检验认证。在干细胞的基础研究方面,治疗性干细胞组织克隆技术,胚胎干细胞和成体干细胞生物学特性和分化条件的比较研究,成体干细胞的跨系统分化条件、调控因子、识别和分离技术等应是主攻方向。建设能满足我国人民健康需求的干细胞库是干细胞临床应用的重要环节,应在国外干细胞库建设的经验基础上开拓创新,重点发展干细胞实物库,积极推广自体干细胞库,配合发展干细胞资料库,逐步形成一个完整的具有中国特色的干细胞库体系。在临床应用方面,应拓展成体干细胞的应用范围,在完善和发展干细胞移植治疗血液病和免疫性疾病技术的基础上,逐步开展干细胞移植治疗心、脑、周围血管疾病,神经系统疾病以及其他系统疾病的研究。

5.6　人造器官

随着科技的日益发展,生活中的人造器官正在影响和改变着人们的生活。人造心脏可给予患者第二次生命,人造耳蜗可使失聪者重获听力,人造肢体可使瘫痪者重新站起来……人造器官逐渐走进人们的生活。

半个世纪前,小鼠骨髓细胞具有自我更新能力的特性被加拿大多伦多大学的两位教授发现。此后,以恢复器官功能为主要目的的再生医学,进入干细胞研究的时代。其中,胚胎干细胞因具有无限的可复制性及可转换为其他细胞的明显优势,最受业界关注。亚历山大·塞法利恩(Alexander Seifalian)教授带领的英国伦敦大学纳米科技与再生医学部则选择绕开胚胎干细胞,将研究的注意力投向利用患者自身的体细胞及纳米材料培育人工合成器官。他们认为,等待器官或进行复杂的器官重建需要很长时间,但利用患者自身细胞培育人造器官,不仅

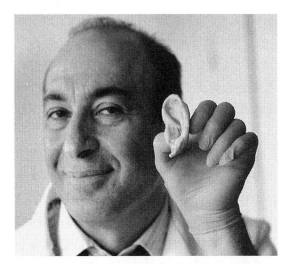

图 5.11 亚历山大·塞法利恩教授与人造器官
（图引自：圆石，2012）

可以迅速进行移植手术，而且理论上术后排异等问题也迎刃而解。塞法利恩教授及其团队已在实验室中制造出心脏瓣膜、动脉、气管、耳朵及鼻子等人体组织或器官（见图 5.11）。

人造器官（artificial organ）是指用来代替人体某一器官功能的人工装置。人造器官在生物材料医学上是指能植入人体或能与生物组织或生物流体相接触的、具有天然器官组织功能或天然器官部分功能的材料。进入 20 世纪 80 年代，由于新材料、化学工程、电子技术及自动控制技术的发展和进步，人造器官犹如雨后春笋般地涌现出来。目前，除了脑和肠外，几乎所有的人体器官都可用人造器官来替代。可以乐观地预言，未来的人体器官将像汽车零配件一样，磨损了就可以送去修理，损坏了则可以到"修理厂"去更换新件。人体中大部分"零件"都有备件，可供随时更换。也许将来医院就能像工厂生产零部件一样，根据患者的器官缺失情况，有针对性地培养患者所需器官，这些利用生物学方法生产的人造器官将更适合人体；而且，还可以结合先进的电脑技术，为每一位患者提供与其原器官相似的人造器官。简单地说，个性化人造器官就是利用患者自身的局部组织或细胞，结合一些高分子材料，在患者身体的相关部位培养出最"贴己"的器官。

制造人造器官时，生物学家首先会绘制构建某种组织或器官的设计图。其次按照图纸的要求制备一种特殊的骨架。这种骨架具有降解特性，降解后对人体无害，并能提供细胞生长的场所。然后生物学家将患者残余器官的少量正常细胞作为"种子细胞"，"种"在人造骨架上，并提供合适的生长因子，让细胞分泌建造组织或器官所需的细胞间质。制作骨架的生物材料在细胞培育过程中，逐渐降解消失。整个器官在完全无菌的生物反应器里培养。最后，整个器官在体外"长"好之后，移植到患者体内。由于移植的器官是患者自身细胞"长"成的器官，因此不会产生排斥反应。1997 年，美国南加州一家名为 ATS（Advanced Tissue Science）的公司，首次使用包皮细胞培育出人造皮肤。目前，人造皮肤（见图 5.12）已经成为个性化人造器官中最成熟的一个品种。

图 5.12 人造皮肤
（图引自：张新时，2007a）

人造器官主要有 3 种：机械性人造器官、半机械性半生物性人造器官和生物性人造器官。机械性人造器官是用完全没有生物活性的高分子材料仿造的一个器官，以电池作为器官的动力来源。目前,日本科学家已利用纳米技术研制出人造皮肤和人造血管。半机械性半生物性人造器官是将电子技术与生物技术相结合,制造出既具有机械性能又具有生物活性的器官。在德国,已经有8位肝功能衰竭的患者接受了人造肝脏的移植。这种人造肝脏将人体活组织、人造组织、芯片和微型电动机奇妙地组合在一起。预计在今后10年内,这种人造器官将得到广泛的应用。生物性人造器官则是利用动物身上的细胞或组织,"制造"出一些具有生物活性的器官或组织。生物性人造器官又分为异体人造器官和自体人造器官。异体人造器官是指在猪、小鼠、犬等其他动物身上培育的人造器官,很多试验已经获得成功;自体人造器官是利用患者自身的细胞或组织培育人体器官。

用前两种人造器官和异体人造器官进行人体器官移植后,患者可能会产生排斥反应。因此,科学家最终的目标是患者都能用上自体人造器官。诺贝尔奖获得者吉尔伯特认为:"用不了50年,人类将能用生物工程的方法培育出人体的所有器官"。科学家乐观地预料:不久以后,医生只要根据患者的需要,将患者自身的细胞植入预先由电脑设计的结构支架,随着细胞的分裂和生长,培育成功的器官或组织就可以植入患者的体内。

细胞生物学和塑料制造技术的进展,使得研究者能够构建出外观和功能都与天然组织相似的人造组织。遗传工程将创造出通用的供体细胞来制造这些工程化的组织。这些细胞不会激发免疫系统的排斥反应。在这类创造普及以前,"造桥"技术将作为中间过渡步骤。例如,动物来源的器官移植也许有助于缓解器官短缺的问题。目前,正在研究的几个方案包括培育组织能被人体免疫系统接受的动物,或者研制出药物使这些组织能被人体所接受。再者,微电子技术也有助于弥补新技术与老技术之间的缝隙。这些成果都将给危急患者的治疗带来巨大的变化。

"组织工程"是近年来兴起的制造人体组织和器官的一种高新技术。"组织工程"的出现,给人造器官带来了新的希望。所谓"组织工程"就是利用自身的组织或类似于人体的材料通过工程技术,形成与人体组织相同或相似的器官,将其移植于人体并使其"就地生长",这样不会出现排异反应,成功率高,其寿命几乎与天然器官一样。美国等一些国家的科学家,用"组织工程"技术,开发研制出可移植于人体的人造皮肤。他们从皮肤中取出一些细胞,在实验中培育这些细胞,然后将成活的细胞放在支持材料上继续繁殖。随着细胞繁殖增多成型,支持材料慢慢消失,最后细胞长成与支持材料大小相同的人造皮肤。近20年来,随着组织工程学的兴起,人工皮肤的研究取得了长足进展。目前,世界上主要有两类人工皮肤:一类是以胶原等天然材料为支架的人工皮肤,但是它不具备抗感染能力,培养面积小,产量低,移植成功率低;另一类是以合成材料为支架的人工皮肤,虽易于工业化生产,但易感染,移植成功率低,没有表皮层,不利于细胞生长。"组织工程"是运用现代生物工程的高技术,有广阔的发展前途。在不久的将来,科学家将能用这种技术制造各种组织和器官,如皮肤、软骨、关节、血管、膀胱、阴茎、乳房、耳及鼻,甚至心脏、肝脏和肺脏。

要使人造器官成为一项巨大而成熟的产业,目前还需要解决以下问题:首先,由于科学家对再生过程中的基础生物学理解不够充分,因此还不能生产特别理想的人造器官;其次,如何获得可靠的组织细胞来源,并使它们能够在体外大量快速繁殖增长;最后,目前还缺乏理想的仿生材料用以制造人造器官支架,这些材料要求可被人体吸收或降解,对人体无害且在组织和器官损伤修复后不留任何后遗症。

思考题

1. 举例说明基因工程在医药科学研究中的应用。

2. 转基因植物在生物医药中的作用是什么？

3. 转基因动物在生物医药中的作用是什么？

4. 转基因生物作为生物反应器的优势有哪些？

5. 谈一谈你对基因治疗的看法。

6 遗传学与优生

2017 年 3 月 29 日人民网湖北频道报道了一则《基因技术帮大忙 携带遗传病基因夫妇生下健康婴儿》的新闻,事情经过如下。2011 年 4 月,湖北一对身体健康的夫妇欢天喜地地迎来了他们的第一个儿子。但他们发现,儿子刚出生就跟别的孩子有点不一样——胳膊特别纤细。起初他们以为这只是由孕期营养不好造成,但是孩子到了 1 岁还不能自主抬头、翻身。2012 年底,经诊断,孩子患上一种罕见病——脊髓性肌萎缩(spinal muscular atrophy, SMA)。这是一种令人绝望的可怕疾病,是临床上第二大致死性常染色体隐性遗传病,新生儿患病率为 1/10 000~1/6 000。患儿的身体会逐渐失去运动能力,且随着年龄的增长,状况越来越糟糕。至今尚无特异性治疗方法,大多数患者于儿童期因呼吸衰竭而死亡;极少数活到成年者,也是终身瘫痪。虽然该病的发病率较低,但人群中该病致病基因的携带率却非常高——平均每 50 个人中就有一个人携带该基因。随后从该夫妻的基因检测结果得知,他们俩恰巧都是这 1/50,都是该病致病基因的携带者。2016 年初夏,这位已经 36 岁的妈妈发现自己意外怀孕了。这个孩子能不能要? 万一又生出一个不健康的孩子,岂不是毁了孩子一生? 夫妻俩纠结不已。最终,夫妻俩求助于医院,到"优生咨询与安全分娩"门诊就诊。羊水的遗传病分子诊断结果显示胎儿是该病致病基因的携带者。2017 年 2 月,该夫妇喜迎健康的女儿。

从这则新闻中可以看出,健康的遗传病基因携带者,通过孕前遗传学咨询和诊断,可避免生育缺陷婴儿的风险,顺利产下健康婴儿,实现优生。遗传学的知识贯串在整个事件之中。那么遗传学与人类的优质生育到底有什么关系呢?

6.1 生命的延续

人类个体始于 1 个细胞——受精卵,即雌性的卵子和雄性的精子相结合而产生。生殖细胞即卵子和精子,在相互结合而发育成一个新的个体之前,称为配子。按照性别不同,配子发生分为卵子发生和精子发生,其实质是含生殖质的细胞转变成高度特化的性细胞的过程。通常配子发生分成 4 个主要时期:① 生殖细胞起源及迁徙至性腺;② 性腺中生殖细胞通过有丝分裂过程增殖;③ 通过减数分裂将染色体数目减少一半;④ 配子成熟,分化成精子或卵子的最终阶段。其中减数分裂是最具特征性的时期。

6.1.1 男性生殖系统

男性生殖系统包括内生殖器和外生殖器两个部分。内生殖器包括睾丸、附睾、输精管、精

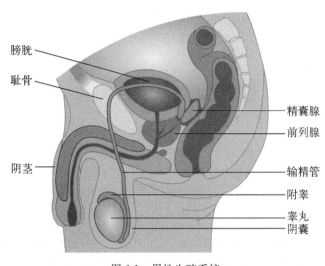

图 6.1　男性生殖系统

(图引自：http://fi.wikipedia.org/wiki/Tiedosto)

膀胱
耻骨
阴茎
精囊腺
前列腺
输精管
附睾
睾丸
阴囊

囊腺和前列腺等,这些内生殖器各自发挥着作用(见图 6.1)。外生殖器包括阴囊和阴茎。

睾丸位于阴囊内,左右各一个,是产生精子和分泌雄性激素的器官,又称为性腺。雄性激素激发和维持男子第二性征即喉结突起、生胡须、肌肉比较发达,并能维持性功能。激素通过血液循环作用于全身。睾丸的结构和功能与年龄有密切的关系。

附睾位于睾丸的后外侧,呈扁平状。附睾是睾丸和输精管中间的一段通路。睾丸产生的精子被输送到附睾里储存,附睾分泌的附睾液为精子提供营养,促进精子进一步成熟。附睾具有吸收和分泌多种物质的功能,可促使精子成熟并提供精子适宜的环境。此外,附睾还具有免疫屏障作用,以防止精子抗原进入血液循环,引起自身免疫反应。

输精管是一条细长的管子,一端与附睾相连,另一端开口于尿道口,左右两侧各一条,每条长约 50 cm,其管壁肌层发达,管腔细小。在性冲动达到高潮射精或遗精时,精液通过输精管、尿道排出体外。

精囊腺和前列腺是生殖器官的附属腺体,分泌一种碱性液体,呈乳白色,可帮助精子活动,这是精液的主要成分。精囊腺分泌物占射出精液的 60%～70%,前列腺分泌物占精液的 30%,射精的最后部分主要是精囊腺的分泌物,主要包含果糖、前列腺素、磷酸胆碱,还有少量葡萄糖、山梨醇、核糖和岩藻糖以及凝固因子、去能因子等。这些物质都与生育有密切关系。

6.1.2　精子的形成

精子为男性生殖细胞,形如蝌蚪,具有一个头和一条尾巴。精子头部呈椭圆形,细胞核位于头部,头的顶部具有一个帽状结构,称为顶体。顶体内有各种酶,参与精子的受精过程。精子的尾巴是精子的运动器官,尾巴异常会导致精子的不正常运动,从而会影响精子的受精能力。头部与尾巴之间的部分通常称为体部。精子体部有丰富的线粒体,为精子运动提供能量。头部与体部之间的一小段通常称为颈部,里面存在中心粒,参与受精卵的分裂。对一个能正常受精的精子来说,头、颈、体、尾都必须正常。精子形态正常与否、顶体的大小都与精子能否正常受精有密切关系。

从精原细胞发育成为精子的过程称为精子发生。精子发生是一个极其复杂的细胞分化过程,由精原干细胞的增殖分化、精母细胞的减数分裂和精子形成 3 个阶段组成。增殖分化是精原干细胞通过有丝分裂形成大量的生精细胞;减数分裂包括染色体配对和遗传重组,通过减数分裂精母细胞形成单倍体的细胞;精子形成是球形精子细胞通过独特的形态学转化过程变成一个种属及形态特异的精子。在睾丸中,每克睾丸组织每秒钟产生精子 300～600 个。精子发生于睾丸的精曲小管内,其形成过程如下：精原细胞→初级精母细胞→次级精母细胞→精子细胞→精子

（见图6.2）。在精曲小管管壁中，处于不同发育阶段的细胞顺序排列。从精原细胞发育成精子需要60余天。精子的生成需要适宜的温度，阴囊内温度比体温低2～3℃，适于精子的生成。

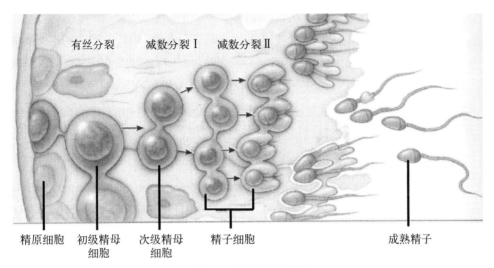

图6.2 精子发生过程

（图引自：Yashon et al，2009）

精子发生主要由内分泌激素调控，涉及多个内分泌器官。精子发生是一个非常活跃的细胞增殖、发育过程，容易受营养状况、有毒药物及放射线等因素的影响。此外，温度也是一个影响因素。如果睾丸长期处于较高温度状态下，其精子发生将受到损害，并可导致不育。

6.1.3 女性生殖系统

女性生殖系统包括内生殖器和外生殖器。内生殖器包括卵巢、输卵管、子宫及阴道。这些内生殖器各自发挥着作用（见图6.3）。外生殖器由阴阜、大小阴唇、阴蒂、阴道前庭组成。

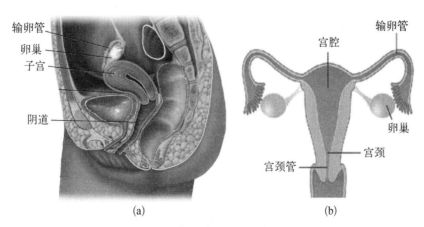

（a）侧面图；（b）正面图。

图6.3 女性内生殖器

［图（a）引自：http://en.wikipedia.org/wiki/File；图（b）引自：http://health.sohu.com］

卵巢是女性重要的性腺,主要有两个功能:一是产卵功能,这是女性生殖功能的基础;二是内分泌功能,即卵巢可分泌多种激素,其中主要有雌激素、孕激素和少量雄激素等。卵巢位于子宫的两旁、输卵管的后下方(见图6.3),左右两侧各一个,呈卵圆形,借助韧带固定在盆腔内。卵巢的大小和形状会因年龄的增长而发生变化。

输卵管是一对连接子宫角与卵巢的中空管道,位于子宫两侧,为卵子与精子相遇的场所,受精后受精卵由输卵管向子宫腔运送。输卵管的黏膜为卵细胞提供营养,并为精子的移行创造适宜的环境,以促进精卵结合。输卵管的黏膜对受精也有重要的影响,受精通常发生在输卵管的近卵巢端。卵子与精子在输卵管壶腹部相遇并结合成为受精卵。此后,受精卵一边不断分裂、发育,一边向子宫方向运行,然后进入子宫腔内着床。如果卵子未能受精,进入子宫腔后自行消亡。在受精卵进入并着床于子宫前,需要在输卵管中移行4～5天。因此,输卵管对受精卵的生存至关重要。

子宫是精子到达输卵管的通道,也是胚胎着床、发育、成长的部位。它位于盆腔内,呈倒置梨形,周围的韧带将其固定在盆腔内。子宫分为子宫体、子宫底和子宫颈3部分。子宫内膜在月经初潮前处于功能静止期;至青春中期,子宫内膜受到体内卵巢分泌的性激素的影响而发生增殖、脱落的周期性变化,出现月经;青春晚期,子宫内膜出现增殖期及分娩期的周期性变化,形成有规律的排卵性月经周期。子宫在每个月的一定时间内可接受受精卵的着床,如果这个月卵子未能受精或者胚胎未能着床,子宫内膜就会脱落,月经就会到来;如果胚胎着床成功,则表示怀孕。当胎儿成熟时,子宫收缩,胎儿及其附属物从子宫娩出。

6.1.4 卵子的形成

卵子是女性的生殖细胞。卵子是一个细胞,但是它比较特殊,体积比其他细胞大上百倍,是体内最大的细胞。一个成熟卵子的直径大约为 $150~\mu m$。卵子呈球形,周围由营养细胞包

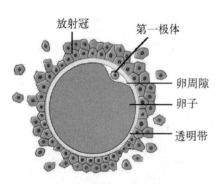

图 6.4 卵子的形态构造

(图引自:http://www.anatomic.us/atlas/egg/)

围。卵子成熟后,就不需要这些营养细胞了。这些细胞在受精前后逐渐脱落,卵子成为一个裸卵。裸卵的外面有一层透明的膜,称为透明带,其对卵子的正常受精和胚胎的早期发育有保护作用。在卵子和透明带之间有一个空隙,称为卵周隙。在卵周隙内有一个小的细胞,称为第一极体,它是卵母细胞释放的,含有另一半核物质。第一极体的出现表明卵子已经成熟(见图6.4)。

卵子的发生是在卵巢中进行的,是卵原细胞经过增殖、生长、成熟阶段最终形成卵子的过程。在此过程中,卵原细胞周围的卵泡细胞也相应地增殖,包围卵原细胞,最终形成卵泡。卵巢的基本生殖单位为原始卵泡。卵泡自胚胎形成后即进入自主发育和闭锁的轨道。胚胎20周时原始卵泡数量约为700万个,以后卵泡发生退化闭锁,新生儿出生时卵泡数量约为200万个,经历儿童期至青春期,卵泡数量下降到30～50万个。女性一生中一般只有400～500个卵泡发育成熟并排卵。从卵泡发育至排卵的整个过程可以划分为3个阶段。① 初级卵泡:女性胎儿7个月时,原始卵泡中的卵

原细胞增大为初级卵母细胞,初级卵母细胞停留在减数分裂的双线期。② 次级卵泡:女性青春期性成熟时,在促性腺激素的刺激下,部分初级卵泡继续生长,发育为次级卵泡。卵泡体积逐渐增大。③ 成熟卵泡:是卵泡发育的最后阶段,卵泡体积增大,在一群发育的卵泡中有一个优势卵泡发育成熟并排出。在即将排卵之前,初级卵母细胞完成减数第一次分裂,释放出次级卵母细胞和第一极体。卵母细胞及包围它的卵丘颗粒细胞一起排出的过程称为排卵。

卵子形成的过程如下:卵原细胞→初级卵母细胞→次级卵母细胞→卵子(见图 6.5)。卵子形成过程及染色体变化与精子发生过程相似,但没有变形过程。在卵子形成过程中卵原细胞的细胞质在分离中呈不均衡分布。减数第一次分裂后形成 2 个细胞。一个细胞含有大量的细胞质,称为次级卵母细胞;另一个细胞只含有极少量的细胞质,称为第一极体。第一极体通常不能进入减数第二次分裂而自行退化。在减数第二次分裂期间,细胞质再次发生分配不均衡现象,一个细胞保留大量的细胞质,称为卵细胞;另一个细胞只有极少量细胞质,称为第二极体。1 个卵原细胞经过两次分裂最终可产生 1 个有活性的卵子,且在受精时才完成第二次分裂。从卵巢排出的卵子处于第二次成熟分裂的中期,若未受精,则于排卵后 12～24 h 退化。

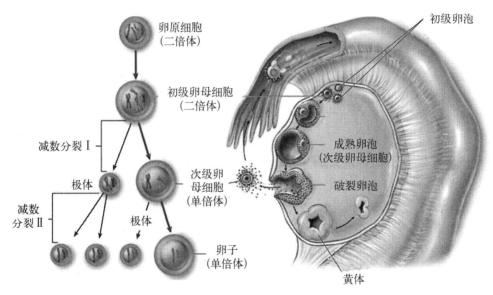

图 6.5 卵子形成过程

(图引自:http://biolo1100.nicerweb.com)

卵泡、卵细胞发育成熟及排卵是一个非常复杂的过程。卵子发生过程受激素调控,有明显的周期性。卵巢每隔 28 天左右有一个卵泡发育成熟并排卵。通常左右卵巢交替排卵。随着生殖内分泌和分子生物学的发展,卵巢内微环境局部自分泌和旁分泌调节因子直接调节卵泡及卵细胞发育的作用日益受到关注。

6.2 不孕不育现象

据调查,婚后夫妇同居,不采取任何避孕措施,女性在 1 个月内怀孕的概率约为 30%,在

3个月内怀孕的概率约为 50%,在 6 个月内怀孕的概率达 65%,在 1 年内怀孕的概率达 85%。

世界卫生组织(WHO)将不孕症定义为育龄夫妇无避孕措施且有规律的性生活,共同生活 1 年以上而未能怀孕者;由男方因素造成女方不孕者,称为男性不育。

早在 20 世纪 50 年代,美国人蒂策(Tietze)就曾利用人口统计学的资料进行估计,认为 20~40 岁妇女的不孕症患病率为 15%。20 世纪 70 年代末到 80 年代初,各国学者开始重视不孕症的问题,陆续开展不孕症患病率和病因学的研究工作,通过各种统计资料估算不孕症的患病率。世界卫生组织于 20 世纪 80 年代末在 25 个国家进行了标准化诊断的不孕症夫妇调查。结果表明,发达国家有 5%~8%的夫妇受不孕症影响,发展中国家一些地区不孕症的患病率可达 30%。全世界的不孕症患者人数为 0.8 亿~1.1 亿。来自世界卫生组织人类生殖特别规划署的一份报告显示,目前世界范围内不孕不育率高达 15%,不孕不育成为继癌症和心脑血管疾病之后,严重影响人类健康的第三大疾病。

受孕是一个复杂的生理过程,必须具备以下条件:① 女方卵巢排出正常的卵子;② 精液正常并含有正常的精子;③ 精子和卵子能够在输卵管内相遇并结合成为受精卵,受精卵能顺利地运送入子宫腔;④ 子宫内膜适合受精卵着床。其中任何一个环节不正常都会妨碍受孕,导致不孕症的发生。在不孕夫妇中,男方因素引起的不孕占 30%,女方因素引起的占 30%,夫妇双方共同引起的占 30%,男女双方均未查出病因的占 10%。

6.2.1 女性不孕的可能原因

女性不孕症的病因有以下 10 个方面。

(1)阴道疾病:阴道闭锁或阴道中隔等先天因素可引起性交障碍或困难,从而影响精子进入女性生殖道;此外,霉菌、滴虫、淋球菌及支原体等感染造成的阴道炎症改变了阴道生化环境,降低了精子的活力和生存能力,也可影响受孕。

(2)精子通过:宫颈黏液中存在抗精子抗体,不利于精子穿透宫颈管或完全使精子失去活动能力。

(3)子宫因素:先天性无子宫、幼稚子宫和无宫腔的实性子宫等子宫发育不良或畸形都会影响女性的生育能力;子宫肌瘤、子宫内膜异位症、子宫内膜炎及宫腔粘连都是造成不孕的原因。

(4)输卵管因素:输卵管过长或管腔狭窄,输卵管炎症引起管腔闭塞、积水或粘连,均会妨碍精子、卵子或受精卵的运行。输卵管疾病导致的不孕可占女性不孕的 25%,输卵管疾病是不孕的重要原因。

(5)卵巢因素:卵巢发育不全、黄体功能不全、卵巢早衰、多囊卵巢综合征及卵巢肿瘤等影响卵泡发育或卵子排出的因素都会造成不孕。

(6)内分泌因素:下丘脑-垂体-卵巢轴的调节功能不完善,表现为无排卵月经、闭经或黄体功能失调,这些都是不孕症的可能原因;甲状腺功能亢进或低下、肾上腺皮质功能亢进或低下也能影响卵巢功能并阻碍排卵。

(7)先天性因素:严重的先天性生殖系统发育不全,这类患者常伴有原发性闭经;性染色体异常,如特纳综合征、真假两性畸形等;染色体异常造成的习惯性流产等。

(8)全身性因素:营养障碍、代谢性疾病、慢性消耗性疾病、单纯性肥胖等;服用生棉籽油、接触有毒化学试剂以及放射线照射、微波辐射等因素。

（9）精神神经因素：自主神经功能失调、精神病、环境性闭经、神经性厌食及假孕等。

（10）其他因素：免疫性不孕、血型不合（如 Rh 血型或 ABO 血型不合造成的习惯性流产或死胎）等。

随着女性年龄增加，其卵子数量与质量均呈下降趋势。在受精和胚胎形成过程中，存在较高的发生遗传缺陷的风险，可导致众多卵子染色体异常而增加流产或胎儿畸形的概率。因此，女性的最佳生育年龄在 35 岁之前。

6.2.2　男性不育的可能原因

男性不育的常见原因有下列 10 个方面。

（1）睾丸异常：包括如下 3 种情况。① 隐睾，不仅导致不孕，还可诱发恶变；② 胎儿期因不利的环境因素损伤了胚原基；③ 早期睾丸损伤，可能由分娩过程中的产伤引起。

（2）染色体异常：如两性畸形、生殖器官发育异常等。

（3）睾丸后天损伤：如疝修补术、鞘膜积液手术、睾丸固定术等损伤了睾丸血管，阻碍供血而使睾丸萎缩。

（4）鞘膜积液：鞘膜积液影响睾丸血液循环，可导致睾丸感染或萎缩。青春期后该病的发病率为 $16\% \sim 19\%$。

（5）重力影响：过度负重可以使男性睾丸生精减少进而导致不育。

（6）精神因素：过度紧张者多因勃起衰退而引起不育。

（7）供血障碍：动脉硬化患者和糖尿病患者常伴有睾丸小动脉疾病，这使其生精能力衰退而引起不育。

（8）毒品和药物影响：阿片类物质（鸦片）等摄入过量，均可影响精子生成。抗癫痫药对生精有直接的影响。

（9）环境影响：矿工、锅炉工等的工作环境过热、内衣过紧、缺氧等均可影响生育能力。

（10）生殖器官感染：细菌、病毒、原虫等感染，可以直接损害睾丸，严重影响生精能力及降低精子活性而导致不育。另外，青春发育前期患腮腺炎人群中有 20% 并发睾丸炎，并由此造成不育。

不同原因引起的男性不育，其临床表现也往往不同，较为常见的症状有生殖器发育畸形、阳痿、不射精、精液过少、血精、射精疼痛及男性尿液中混夹精液等。

6.3　辅助生殖技术

6.3.1　辅助生殖技术概述

辅助生殖技术（assisted reproductive technology，ART）是人类辅助生殖技术的简称，是指采用医疗辅助手段使不育夫妇妊娠的技术，包括人工授精（artificial insemination，AI）和体外受精胚胎移植术（*in vitro* fertilization and embryo transfer，IVF - ET）及其衍生技术两大类。试管婴儿就是使用该技术中的体外受精胚胎移植术方法生育的婴儿。世界首例试管婴儿的诞生被誉为继心脏移植成功后 20 世纪医学界的又一奇迹,激发了全球许多国家研究这一高新技术的热潮。

世界试管婴儿诞生记录

1978 年 7 月 25 日	英国	女	世界第一个试管婴儿;
1978 年 10 月 3 日	印度	女	印度第一个试管婴儿;
1979 年 1 月 14 日	英国	男	第一个男性试管婴儿;
1979 年 6 月 23 日	澳大利亚	女	澳大利亚第一个试管婴儿;
1980 年 6 月 6 日	澳大利亚	一男一女	首例双胞胎试管婴儿;
1981 年 10 月 19 日	英国	女	第一个黑种人和白种人混血的试管婴儿;
1981 年 12 月 28 日	美国	女	美国第一个试管婴儿;
1982 年 1 月 20 日	希腊	女	希腊第一个试管婴儿;
1982 年 2 月 24 日	法国	女	法国第一个试管婴儿;
1982 年 6 月 25 日	英国	女	全国第一个试管婴儿的母亲再度生出试管婴儿;
1982 年 9 月 22 日	以色列	女	以色列第一个试管婴儿;
1982 年 9 月 27 日	瑞典	女	瑞典第一个试管婴儿;
1983 年 5 月 20 日	新加坡	男	东南亚第一个试管婴儿;
1983 年 6 月 8 日	澳大利亚	二女一男	世界首例三胞胎试管婴儿;
1984 年 1 月 16 日	澳大利亚	四男	世界首例四胞胎试管婴儿;
1985 年 4 月 16 日	中国台湾	男	中国台湾地区首例试管婴儿;
1988 年 3 月 10 日	中国	女	中国内地第一个试管婴儿

······

6.3.2　辅助生殖技术的主要方法

1) 人工授精

人工授精是以非性交方式将精子置入女性生殖道内,使精子与卵子自然结合,实现受孕的方法。这是目前最有效的助孕技术。根据精液来源不同,人工授精分为夫精人工授精(artificial insemination by husband,AIH)和供精(非配偶)人工授精(artificial insemination by doner,AID)。两者适应证不同。夫精人工授精治疗的适应证为:① 性交障碍;② 精子在女性生殖道内运行障碍;③ 少精弱精症。供精(非配偶)人工授精治疗的适应证为:① 无精症;② 男方有遗传疾病;③ 夫妻间特殊性血型或免疫不相容。

人工授精历史悠久。1790 年,约翰·亨特(John Hunter)为严重尿道下裂患者实行夫精人工授精取得成功;1844 年,威廉·潘科斯特(William Pancoast)实施第 1 例供精人工授精获得成功;1954 年,邦奇(R. G. Bunge)实施首例冷冻精子人工授精成功;1983 年,我国首例冷冻精子人工授精获得成功;1984 年,我国首例夫精人工授精获得成功。

实施供精(非配偶)人工授精治疗时,供精者须选择身体健康、智力发育好、无遗传病家族史的青壮年。此外,还须排除染色体变异、乙肝、丙肝、淋病、梅毒,尤其是艾滋病(获得性免疫缺陷综合征，AIDS)。而且，供精者的血型要与受精者丈夫的血型相同。供精精子应冷冻6个月，复查人类免疫缺陷病毒(human immunodeficiency virus，HIV)阴性方可使用。因为HIV 的感染有 6 个月左右的潜伏期，实时诊断不易确定，所以供精精子一般应从精子库获取。

不论实施夫精人工授精还是供精(非配偶)人工授精治疗，受精前精子都须进行优选诱导获能处理，这对宫腔内授精或体外授精(卵质内单精子注射除外)，更是一项重要的常规技术。其作用是去除含有抑制与影响受精成分的精浆，激活诱导精子获能。自然受精中，精子是在穿过宫颈黏液及在输卵管内停留等候卵子的过程中实现上述变化的。授精时间应根据术前对女方的排卵监测情况，选择在排卵前 48 h 至排卵后 12 h 内进行。授精部位目前常用的是将精子注入宫颈，或在严格无菌条件下注入宫腔。

2) 体外受精胚胎移植术

体外受精胚胎移植术是指将从母体取出的卵子置于培养皿内，加入经优选诱导获能处理的精子，使精子、卵子在体外受精，并等受精卵发育成前期胚胎后移植回母体子宫内，经妊娠后分娩婴儿。由于胚胎最初 2 天是在试管内发育的，该技术又称为试管婴儿技术。该技术的适应证为：① 输卵管堵塞；② 子宫内膜异位伴盆腔粘连或输卵管异常，导致精子在盆腔内被巨噬细胞吞噬；③ 男性轻度少精弱精症；④ 免疫性不育、抗精子抗体阳性；⑤ 原因不明的不育。

1945 年，美籍华人科学家张明觉开始在美国做兔子的体外授精实验，历经 5 年未获成功。但当他把从兔子子宫内回收的受精卵移植至其他兔子的子宫内时，却能借腹怀胎生下幼兔。经过深入研究，张明觉推测，在体内受精的精子，一定是在输卵管内等候卵子的过程中，完成了激活自身的某种生理变化，所以能使卵子受精。他的推测得到实验的证实。同年，澳大利亚学者奥斯汀(C. R. Austis)也在实验中发现了相同的现象，并将此现象称为精子获能(sperm capacitation)。国际生物学界将两人的研究成果命名为"张·奥斯汀"原理。张明觉认真研究了使精子在体外活化获能的方法后，于 1959 年与科学家平卡斯(G. Pincus)合作研究，成功地实现了兔子体外受精和胚胎移植，为人类体外受精胚胎移植术的建立奠定了基础。

1970 年，英国胚胎学家爱德华兹(Edwards)与妇产科医师斯特普托(Steptoe)合作，开始了人类的体外受精与胚胎移植研究。1977 年，他们取出因输卵管阻塞而不育的患者莱斯利(Lesley)的卵子与其丈夫的精子进行体外授精后，将发育的胚胎移植回莱斯利的子宫内。1978 年 7 月 25 日，莱斯利终于分娩了世界上第 1 例试管婴儿路易丝·布朗(Louise Brown)。至此，人类体外受精胚胎移植术方法正式建立。当今国际上采用的辅助生殖新技术大多是从体外受精胚胎移植术衍生的。

3) 卵质内单精子注射

在显微镜下将一个精子直接注射到卵细胞胞质内使之受精，称为卵质内单精子注射(intracytoplasmic sperm injection，ICSI)。

该技术又称为第二代试管婴儿技术，其操作方法如下：不用经过精子诱导获能处理，只需选择一个形态正常、缓慢运动的精子先予以制动。注射针挤压精子尾部，轻微擦破细胞膜，诱导精子产生并释放卵细胞激活因子，卵细胞的激活对卵质内单精子注射的正常授精至关重要，接着按尾先头后的顺序将精子吸入注射针内，再通过显微操作，将精子注入卵细胞的胞质内，即完成授精。其他技术环节与常规体外受精胚胎移植术相同。对精道不通的患者可实施附睾穿刺术,如吸出物中无精子,则从睾丸中取活组织并分离精子,或取精细胞激活后使用。

理论上,卵质内单精子注射技术只需有 1 条形态正常的活精子即可完成授精,这使得那些严重少精弱精症、先天性双侧输精管缺陷、无法进行手术治疗的梗阻性无精子症以及输精管再通术失败的患者有了生育的可能。操作前,需要女方先超促排卵,在排卵期于 B 超引导下取得卵子后,男方再取精,最后由经验丰富的技术员人工选择最好的 1 条精子进行穿刺授精。

由于是人工选择精子,而不是精子间优胜劣汰的自然选择,因此选择的精子可能存在一定缺陷。对于那些具有基因缺陷的患者,如精曲小管发育不全患者,睾丸穿刺取精进行卵质内单精子注射,可能会将基因缺陷带给下一代,因此需要在胚胎移植前先做遗传诊断。

4) 胚胎植入前遗传学诊断

胚胎植入前遗传学诊断(preimplantation genetic diagnosis,PGD)又称为第三代试管婴儿技术,是先应用上述两种试管婴儿技术,在体外授精形成多个胚胎后,选择其中一个胚胎的 1~2 个细胞做染色体或基因缺陷检验,再将确认没有缺陷的胚胎植入女方宫腔内,其他过程与常规试管婴儿相同。

6.3.3 辅助生殖技术展望——"三亲婴儿"

人类基因有 99.8% 由父母双方共同提供,但有一小部分基因完全来自母亲,为线粒体基因。有缺陷的线粒体通过母亲传给婴儿,它使得人体细胞缺乏能量,会导致肌肉乏力、失明、心脏病、残疾等各类疾病甚至死亡。平均每 6 500 个婴儿中,就有一个患有严重的线粒体病。

"三亲育子"技术是利用与人工受孕类似的手段,将来自父母的基因与另一位妇女捐赠者的健康线粒体结合在一起,以弥补婴儿母亲的 DNA 缺陷,应用该技术出生的"三亲婴儿"将拥有父母双方的细胞核 DNA 以及第三方卵子的线粒体 DNA,将有效地避免由遗传缺陷引起的线粒体疾病(见图 6.6)。线粒体基因组的大小不到核基因组的 0.1%。因此,"三亲婴儿"99%以上的遗传基因来自自己的父母亲。"三亲婴儿"拥有真正血缘上的两母一父。美国科学家已

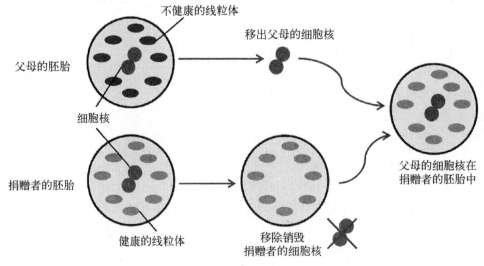

图 6.6 "三亲婴儿"产生过程

在 4 只猴子身上成功地完成了这项实验(引自 2009 年 8 月 27 日的《星期日泰晤士报》)。2015年 2 月 3 日,英国议会下院投票通过了一项历史性的法案,同意以医学方法创造携带三人DNA 的婴儿。利用这项医学技术,医师会用另一名妇女的 DNA 弥补婴儿母亲的 DNA 缺陷,以阻止线粒体疾病从母亲传给婴儿。在投票中,382 名议员投票支持,128 名议员反对。这项法案还需要得到英国议会上院通过。2016 年 12 月 15 日,英国人类受精和胚胎学管理局(Human Fertilization and Embryology Authority,HFEA)宣布在通过对其技术安全性的审核后,英国相关诊所可获得允许为患有线粒体疾病的家庭实施这项技术。

但是这一技术的提出也引起了极大的争议,很多人认为"三亲婴儿"的诞生存在一个冲击家庭伦理的问题。"三亲婴儿"虽然与婚内父母有血缘关系,但同时还与婚外女性有生物学联系,这将对传统的亲子关系、家庭伦理提出挑战。同时还有人认为"三亲婴儿"存在潜在的技术风险。尽管目前线粒体 DNA 片段普遍被认为并不参与基因重组,是一种不会影响婴儿正常发育的遗传物质,但人类对自身基因的了解尚处于较低水平,对线粒体 DNA 片段的了解仍存在局限性,从技术层面来看,还有部分问题没有得到很好的解决。其一,目前还不清楚来自不同个体的细胞核和细胞质在核移植胚胎中相互作用的规律。额外的线粒体 DNA 一旦在"三亲婴儿"体内发生作用,将可能使"三亲婴儿"的生理特征异于常人。其二,目前还不能完全避免把供体有缺陷的线粒体带入受体卵子的细胞质中。由此可见,额外线粒体 DNA 片段的植入对"三亲婴儿"仍具有一定风险。一些批评者还认为,这项技术的本质就是人造胚胎,相当于"设计"新生儿。依赖这种技术,研究人员可以对胚胎实施基因改造,以干预新生儿的发色和成人后的身高。这是首次母体遗传 DNA"种系"发生改变,是试管婴儿伦理道德的转折点。

科技的进步不可抑制,新技术的出现难免冲击传统伦理。尽管"三亲育子"技术引起了不少争议,但是它仍然具有自己独特的优势,这项技术的探索并非"乱伦",而是科学严肃的基因修饰尝试。英国卫生部首席医务官达姆·萨利·戴维斯认为,基因替换没有涉及决定个体构成如外貌和眼睛颜色的基础基因,新技术只是替换了细胞里缺陷的"电池组",这样等于除去了婴儿患危重疾病的可能。从这个意义上讲,这项新技术对那些自身有遗传缺陷但又想生育后代的人群来说,无疑是个福音——他们有了更多的选择权利,可以如常人般拥有属于自己的孩子,并借助第三方修复自身受损的基因,避免将疾病遗传给下一代。在人类文明和道德伦理框架的所有内涵和外延中,究竟是古老的法则更重要,还是个体的自由选择权更重要?要回答这个问题,不仅需要在操作层面对新技术进行必要的规范,也需要人们重新审视和讨论那些富有哲学色彩的终极命题。

6.3.4　辅助生殖技术的临床意义

据世界卫生组织评估,每 7 对夫妇中约有 1 对夫妇存在生殖障碍。我国近期调查结果显示,国内不孕症患者占已婚夫妇总数的 10%,比 1984 年调查的 4.8% 增加 1 倍多,发病率呈上升趋势。我国受传宗接代观念的影响,多数家庭盼子心切,这使不育夫妇承受极大的心理压力,甚至引发离异、婚外恋等家庭乃至社会问题。辅助生殖技术的直接效应是使不育夫妇实现妊娠生子的愿望,由不育引发的相关问题也自然会随之得到解决。

辅助生殖技术能帮助做过绝育手术的夫妇恢复生育能力,具有生殖保险作用。辅助生殖技术的生殖保险作用也适用于参战士兵、从事高危职业者、长期接触放射线或有毒物质的男性及需要进行睾丸、附睾手术或放疗、化疗的患者,可事先将他们的精子冷冻存储,以备发生意外或生精功能受损且需生殖时使用。

国家的生育政策要求优生,以保证国家人口素质的提高。目前,已发现人类遗传病约4 000种,人群中约1/3的人存在这样或那样的遗传缺陷。我国先天残疾人口高达几千万,每年还有新生遗传缺陷人口20多万,实行优生势在必行。而辅助生殖技术在临床中正好能遏止遗传病的传递,是实现优生的重要手段。有遗传缺陷的育龄夫妇,不论是否患有不育,都可采用辅助生殖技术的供精、供卵、供胚或胚胎植入前遗传学诊断等方法,切断导致遗传病发生的有缺陷基因或异常染色体向后代传递,以保证生育健康的婴儿。

另外,辅助生殖技术还是人类生殖过程、遗传机制、干细胞定向分化等研究课题的基础。辅助生殖技术的临床应用,为这些课题的深入研究积累经验,创造条件,推动医学及生命科学的不断发展和进步。

6.3.5　与辅助生殖技术相关的法律、道德问题

1) 如何确定亲子关系

采用供精人工授精及供卵或供胚体外受精胚胎移植术所生的子女,都会有遗传学父亲和母亲、抚养父亲和母亲乃至孕育母亲等几种亲属并存,谁是孩子真正的父母? 对此一定要冲破传统血缘亲属的思想束缚,遵循抚养为重的原则,确认抚养父母是孩子的真正父母。这是因为生殖只是个生物学的短暂过程,而抚养不仅需要长期满足孩子的物质需求,还要培养孩子的道德品质、心理素质、生活能力及文化修养等。权利与义务是统一的,抚养父母既然尽到了抚养、教育和保护孩子的义务,而这些又是遗传学父母未曾做到的,抚养父母自然就拥有做父母的权利。这种伦理观的确立是辅助生殖技术存在和发展的社会前提。

在国家尚未对此立法之前,应以《继承法》中关于领养子女及赡养人权利义务的有关条文作为法律依据,保障抚养父母与供精、供卵、供胚所生子女之间的亲子关系的确定,以保障这种伦理观念的确立。

2) 严防背离优生要求的负面效应发生

辅助生殖技术的临床应用,对优生的要求虽能发挥积极作用,但如果管理及技术不规范,也可能会有背离要求的负面效应发生。因此,一定要趋其利避其害,切实做到: ① 对供精、供卵人必须严格按规定条件筛选,防止因选择不严造成性疾病传播、遗传病扩散,影响国家人口素质的提高。② 对精子库的管理,必须坚持一个供精者的精子最多只允许提供给5个不同地区患者妊娠的规则。因为在保密、互盲的情况下,一个供精者的精子如果多次使用,会人为地增大非亲属间的近亲婚配概率。据世界卫生组织统计,近亲婚配所生后代患有先天性疾病的概率,比正常对照组高150倍。对此一定要警惕,务必防患于未然。

3) 尊重患者的隐私权和知情权

在利用辅助生殖技术治疗过程中及之后,都要尊重患者的隐私权,对供者、患者及其所生子女间要严格执行保密、互盲的纪律,以维护各方的权益,维护家庭和社会稳定。在确定治疗方案时,要尊重患者的知情权,应向患者提供咨询,告知其治疗过程、成功率、局限性、可能出现

的医疗风险及医疗费用等,在患者完全知情的基础上签订有法律效应的书面协议后方可施治。

4) 认真贯彻卫生部的"两个办法"

2001年2月,我国卫生部(现为国家卫生健康委员会)颁布了《人类辅助生殖技术管理办法》和《人类精子库管理办法》,对辅助生殖技术的各方面工作进行了规范,使辅助生殖技术的实施有法可依,有章可循。这就从政策法令的高度保证了辅助生殖技术的健康发展。所有辅助生殖技术的从业人员,一定要以"两个办法"作为工作的准绳,把贯彻"两个办法"的工作落到实处。

6.4　优生的影响因素

人类个体在发生和发展的过程中受遗传因素和环境因素的影响,任何一个性状都不能独立于遗传因素和环境因素之外而出现。由于优生又是有理性的人为过程,因此它同时还受到社会因素的影响和制约。

据统计,我国目前出生缺陷的发生率在4％以上,处于较高水平。出生缺陷的原因复杂,其中遗传因素引起者占20％～30％,母体疾病及宫内感染引起者约占5％,由环境有害因素或药物引起者约占1％,其余60％～70％原因不明,可能是遗传因素和环境因素共同作用的结果。

6.4.1　遗传因素对优生的影响

遗传因素是决定所有生物一切遗传性状的物质基础。根据遗传规律,具有优秀遗传物质的亲代,其后代遗传性状也较优良,即亲代的遗传因素可以通过生殖过程传给子代,使子代在遗传性状上与亲代相似。子女在很多方面与其父母具有相似性,如脸型、身材、体重以及个性、智力程度等。因此,父母的遗传物质对子女的影响是显而易见的,良好的遗传物质是优生的首要条件。为了使人类的整体素质不断提高,从而达到优生的目的,必须保持和巩固优良的遗传物质在人群中的分布,限制和减少低劣的遗传物质在人群中的扩散。人工授精和体外受精的推广属于前者,限制和禁止有严重遗传倾向疾病的人结婚、生育则属于后者。

遗传物质对后代的影响并非是绝对的和一成不变的。遗传物质在传递过程中有可能受到各种因素影响而发生变化,如基因突变。基因突变可能产生3种不同的效应:一是中性突变,对人体不产生明显的效应;二是有利突变,突变的结果对人体有利;三是有害突变,其突变对人体产生有害的影响。可见,有利突变有利于优生,而有害突变不利于优生。

6.4.2　环境因素对优生的影响

优良的环境为优生提供了保证,而恶劣的环境则可能导致不良生育。对生活在母体内的胚胎和胎儿来说,宫内环境的质量对胚胎或胎儿的发育具有直接影响,而宫内环境则取决于外界环境及母体的状态。

许多遗传病和出生缺陷都与环境有关。环境既包括胎儿出生前的子宫内环境,也包括机体外界的自然环境。环境优生学主要研究外界的自然环境及胎儿发育所处的子宫内环境对生殖细胞和胚胎发育的影响。影响优生的环境因素主要包括以下3个方面:子宫内环境、外界环境和母体状态。

1) 子宫内环境

研究表明,母体内环境对胎儿会产生一定程度的影响。例如,患糖尿病的母亲孕育的胎儿受母亲影响而体重过重,较大者出生时体重可高达 7 kg,这种巨大胎儿易发生呼吸窘迫综合征。此外,如果母亲患有糖尿病,那么胎儿受其内环境的影响而患先天性心脏病或为无脑儿的概率高达 2.9%。

2) 外界环境

在生活和工作中,人们会接触物理因素(如射线、紫外线、微波及电磁辐射等)、化学因素(如甲醛、偶氮染料、多环芳香烃、乙醇及重金属等)和生物因素(如细菌、真菌、病毒等)。在这些物理因素、化学因素和生物因素中,许多可能对人类的生长发育尤其是胎儿的发育造成严重危害,可导致胎儿畸形。

3) 母体环境

(1) 营养状况。母体是胎儿生长发育所需热量和营养素的唯一供给途径。因此,母亲良好的营养状况,为提高受精卵着床率、保证胚胎的健康发育提供了优越的条件。例如,胎儿大脑细胞的生长增殖是一次性完成的,需要很多营养,如果营养不够,增殖就很难达到一定的数目,胎儿出生后智力水平就会偏低。

(2) 年龄。母亲年龄对胎儿是一种非特异性影响。一般来说,25～29 岁为最佳生育年龄。据研究报道,如果母亲年龄在 35 岁以上,则子女染色体畸变和基因突变的概率增大,难产率和胎儿死亡率增高;如果父亲在 40 岁以上,则子女畸形的概率为对照组的 3 倍。

(3) 母亲的精神状况和情绪。环境因素不仅可以是物质的,也可以是精神性的。孕妇出现紧张、惊吓、恐惧、忧伤及怀疑等情绪的波动,会造成其内分泌失调,从而透过胎盘影响胎儿的生长发育。

(4) 孕妇的不良嗜好。如果孕妇有吸烟嗜好,则尼古丁的毒性刺激可导致胎儿身长、体重发育不良。另外,烟中的一氧化碳和其他有害物质可通过母亲血液进入胎儿体内,造成胎儿发育迟缓、体重减轻、畸形、流产、早产或死亡。如果孕妇喝酒过多,则可引起"胎儿酒精综合征"。酗酒妇女所生婴儿发生畸形的可能性比不饮酒妇女高 2 倍。

(5) 母体患病。胎儿在生长发育过程中是通过胎盘的血液循环与母体进行物质交换的,因此母亲血液中的病毒可通过胎盘传染给胎儿,如乙型肝炎病毒、风疹病毒及流感病毒等。另外,一些母体疾病也会对胎儿不利。例如,心脏病会使孕妇负担加重,容易引起心力衰竭,导致产妇缺氧、胎儿出生困难等。

6.4.3 社会因素对优生的影响

人的社会行为,必须在特定的环境中实现。优生是一种社会文化现象,是维护人类健康生育的社会行为。因此,优生不可避免地要受到许多社会因素(如政治、经济、思想意识和文化道德观念等)的制约和支配。

不同人群所处的社会环境和文化历史背景不同,在人与自然关系的认识上也有差异,并由此形成了适合于本地区、本民族的宗教信仰、伦理道德标准、风俗习惯等,这些复杂的因素对优生产生了不可忽视的影响。

社会经济的发展对优生所起的作用和影响十分重要。高度发达的社会经济有利于优生工作的开展和普及。某些发达国家和地区,在充分保护和肯定个人权利的同时,也制定了相应的法律,限制遗传病的发生。随着我国经济的发展和人们物质生活水平的提高,有关婚姻、家庭、生育的道德观念不断发生变化,妇女儿童的保健工作和产前保健、优生优育等政策也逐渐深入人心,出生缺陷率、婴儿死亡率等逐渐下降。

不同的文化素质是影响优生工作的又一重要社会因素。文化素质的高低,不仅体现在对优生意义的认识差异上,还体现在卫生、营养、保健、社会伦理观念等方面的差异上。文化水平越低,多生、早生和近亲结婚的现象越严重。

6.5 优生的措施

优生是一项涉及人类兴衰的科学性很强的复杂工作,根据采取方式的不同主要分为两大类:一类是预防性优生,如遗传咨询、婚前检查、人工流产等;另一类则属于积极性优生,如人工授精和体外受精等辅助生殖技术。相对而言,前一类优生措施出现较早且较易实行,后一类则属于高科技领域,近年来发展较快。

1) 禁止近亲结婚

近亲(或称为亲缘关系)是指三代或三代以内有共同的血缘关系。有亲缘关系的 2 个个体结婚称为近亲结婚。近亲结婚的夫妇有可能从他们共同祖先那里获得较多的相同基因,并将之传递给子女。近亲婚配增加了某些常染色体隐性遗传病的发生风险,如白化病、黑内障性痴呆及色盲等。另外,研究发现近亲结婚会增加高血压、精神分裂症、先天性心脏病、无脑儿及癫痫等多基因遗传病的发病率。

《中华人民共和国民法典》(以下简称《民法典》)第一千零四十八条明确规定:"直系血亲或者三代以内的旁系血亲禁止结婚"。世界上其他国家对不同程度血缘关系近亲结婚有着不同的规定。禁止近亲结婚的目的是为了优生。

2) 选择适龄生育

适龄生育是指已婚妇女在最合适的生育年龄生育。这是以生理学、心理学、生理产科学、围产医学及社会学等多学科理论为科学基础而确定的。我国《民法典》第一千零四十七条规定:"结婚年龄,男不得早于二十二周岁,女不得早于二十周岁"。《民法典》规定的结婚年龄是为了兼顾我国多民族习俗而制定的法定结婚应具备的最低年龄条件,并不是结婚最佳年龄,更不是最佳的生育年龄。

人的生长发育过程较长,从出生到 25 岁左右都属于生长发育期。过早生育不仅影响本人的身体健康和生长发育,也会影响胎儿的生长。如果双亲年龄过大,染色体畸变和基因突变的概率增加,患儿出生率也会同步增高。综合分析上述问题,兼顾生理学、产科学、优生学等多方面因素,男性最适合的生育年龄为 25～35 岁,女性最适合的生育年龄为 23～29 岁。该时期的人生殖力旺盛,精子和卵子质量好,染色体畸变概率低,计划受孕容易成功,难产概率相对较低,受孕阶段和妊娠过程中受不良因素的干扰相对较小,既有利于青年男女双方的身体健康,又利于优生优育。

3)开展婚前检查

婚前检查是对准备结婚的男女双方进行全面、系统的健康检查,并由专业医师提供关于优生优育指导、性保健、性健康的科学性教育等系列服务。婚前检查是为了保障男女双方的身体健康;婚前检查是为了科学地选择生活伴侣,以保障婚姻美满、家庭幸福;婚前检查是为了防止遗传病延续;婚前检查是实现后代优生的重要前提,也是实行优生监督的第一关。

婚前检查的内容较多,除了必要的全身各系统、器官的基本检查和有关的生化指标检测外,主要还有健康状况询问、家族史调查(是否近亲结婚、亲属身体健康状况、是否有遗传病等)以及性卫生知识介绍、生育指导等。

4)实施产前诊断

产前诊断,又称为宫内诊断,是对胚胎或胎儿是否患有某种遗传病或先天畸形做出准确的判断,为能否继续妊娠提供科学依据。通过不同的产前诊断方法,对胎儿的发育状况、染色体和基因进行分析诊断,是预防遗传病患儿出生的有效手段,可为遗传病风险家庭提供可靠的信息,也是出生缺陷干预工程的重要手段之一,对提高人口素质具有积极的意义。

产前诊断的适应证主要有以下几种:① 有遗传病家族史;② 夫妇中有染色体畸变,或曾生育过病患儿的夫妇;③ 35 岁以上的高龄孕妇;④ 夫妇之一有先天性缺陷;⑤ 有不明原因的习惯性流产史的孕妇;⑥ 羊水过多的孕妇;⑦ 夫妇之一有致畸因素接触史的孕妇。

产前诊断需要孕妇和胎儿提供一些相应体液、组织作为检测材料。目前所使用的检测标本包括羊水上清液、羊水细胞、绒毛、脐带血、孕妇外周血中胎儿细胞、孕妇血清和尿液、受精卵和胚胎组织等。这些标本主要采取下列技术采集:羊膜腔穿刺术(amniocentesis,见图 6.7)、绒毛活检术(chorionic villus sampling,CVS)、脐带穿刺术(cordocentesis)、孕妇外周血分离胎儿细胞。其中,羊膜腔穿刺术、绒毛活检术和脐带穿刺术一般在妊娠的特定时期取样,取样最好在 B 超监测下进行,这些技术属于有创性技术,它们对母体和胎儿有一定的伤害,有一定的流产风险。因此,必须达到产前诊断适应证的标准才能开展这些技术。而孕妇外周血分离胎儿细胞法属于无创性方法,对胎儿没有影响,易被孕妇接受。随着技术的完善,孕妇外周血分离胎儿细胞法必将成为今后发展的方向。

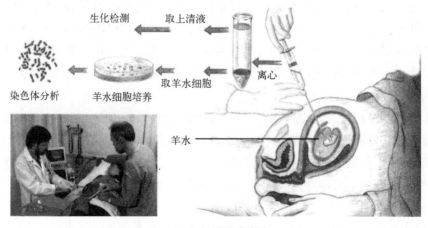

图 6.7　羊膜腔穿刺术

(图引自:张新时,2007b)

5）开展遗传咨询

遗传咨询是指咨询医师和咨询者就其家庭中遗传病的病因、遗传方式、诊断、治疗、预防、复发风险等所面临的全部问题进行讨论和商谈，最后提供恰当的对策和选择，并在咨询医师的帮助下付诸实施，以达到最佳预防效果的过程。咨询医师在为咨询者解答问题的同时，还可以通过双方会谈使咨询者收获相关知识，从而有利于降低遗传病患儿的出生率，促进家庭幸福、社会安宁，提高民族素质。开展遗传咨询是做好优生工作、预防遗传病、提高人口素质的主要手段之一。

（1）遗传咨询的内容包括婚前咨询、孕前咨询、孕期咨询、产前咨询等，还包括父母年龄、近亲结婚、习惯性流产、婚后多年不孕、某种先天性畸形是否遗传、已确诊的遗传病的治疗方法等。

① 婚前咨询：根据婚配双方的生理条件、健康状况，对能否结婚、结婚时机、婚后所生子女的健康估测及疾病预防等进行咨询。

② 孕前咨询：以优生为目的，对夫妇双方的身体发育情况、健康状况、疾病史、家族史等进行检查和咨询，以便发现、排除有关出生缺陷的高危因素，及时治疗某些急、慢性疾病，安排理想的受孕时间，保证孕期母子健康。

③ 孕期咨询：从孕早期就开始接受优生指导和保健，有利于孕期母婴健康。尤其对曾有异常孕产史、本次孕期患病以及有不良接触史的孕妇，从孕早期开始咨询可以及时发现异常，及时终止妊娠，预防严重的妊娠并发症。

④ 产前咨询：主要涉及夫妻双方中的任何一方或其亲属患有某种遗传病，胎儿发生同样疾病的可能性大小；或夫妻双方正常，却已生育了一胎先天性异常患儿，若再次妊娠是否有发生同样异常的可能性，应如何预防和治疗；母亲在妊娠期间服用了某种药物或接触了某些化学物质、放射线等不良因素是否会影响胎儿健康发育；等等。

（2）遗传咨询的步骤：

① 对所询问的疾病做出正确的诊断，这是基本的、重要的第一步。以家系调查和系谱分析为中心，同时结合临床特征、染色体检查、生化分析以及基因诊断等结果，最终做出某遗传病的正确诊断。而且，应进一步分析致病基因是新突变还是由双亲遗传下来的，这对预测疾病风险具有重要的意义。

② 分析疾病的遗传方式，并在此基础上估算出子女再发病的概率，即以后出生的孩子中再出现同样疾病的概率，以便帮助咨询者对婚姻和生育做出正确的决策。

③ 向咨询者及其家属提出可供选择的对策和建议。例如，停止生育、终止妊娠或进行产前诊断后再决定是否终止妊娠或治疗。

（3）我国遗传咨询面临的问题及建议：

① 我国遗传咨询面临的主要问题包括遗传咨询政策缺失，专业机构缺乏；没有专业的遗传咨询师，技术人员不足；遗传咨询开展水平不一，地域分布不均；群众认知不足，科普教育薄弱。

② 解决我国遗传咨询现实难题的建议包括加强对遗传咨询的专业性教育；规范遗传咨询服务；成立专门的遗传咨询中心；加强科普教育，提高公众对遗传咨询的认识；国家部门和遗传学会协作，推动遗传咨询的措施落实。

6）推广生殖工程

生殖工程是在人工操纵下的一种生殖方式，也是一门正在迅速发展的新生科学，它是以细胞生物学、分子生物学与胚胎学和现代医学为基础综合发展起来的一门学科。生殖工程包含有计划、有目的地消除有害因素、增加有利因素,生育优秀后代的多项技术措施,如辅助生殖技术。人类生殖工程是指不经过两性性生活而借助于人工方法促进精子和卵子结合,产生新一代个体的生殖技术。该技术原来主要用于解决不孕不育夫妇的生育问题,现阶段人类生殖工程主要包括人工授精、试管婴儿及其衍生技术。现阶段的人工授精和体外胚胎移植技术结合遗传诊断,为控制遗传病提供了一条有效途径。

7) 其他措施

胎教对优生的作用,尤其是对智力、行为和心理发育的重要作用,目前已得到人们的肯定,且已被越来越多的人所接受。因此,在一定程度上,适时适宜的胎教对胎儿的发育无异于精神上的营养素。在孕期进行胎教,通过科学方法调整孕妇身体的内外环境,为胎儿提供良好的、有益的信息,可避免不良因素对胎儿的影响,从而对胎儿进行早期教育和训练,使胎儿的身心健康得到发展,智力、能力得到充分的发挥。胎教应该早期进行,循序渐进,持之以恒。只有这样,才能真正发挥胎教在优生优育中的作用。

适宜的体育运动能够维持心、肺和其他器官的较高功能水平,更好地适应由妊娠导致的身体变化,减少妊娠反应,增强食欲,以摄取更多、更全的营养素供自身及胎儿的需要。每天适时进行室外的体育活动,能经常呼吸新鲜空气,接受阳光照射,有助于胎儿的骨骼发育,同时可以使母亲保持心情愉快,情绪稳定,既利于胎儿发育,又利于胎教。然而,应当注意的是,怀孕早期和晚期不宜进行运动量较大的体育活动,前者易引起胎儿的流产,后者则易引起早产,两者均不利于优生。孕期运动锻炼有必要在专业人士的指导下科学地进行,在孕期的不同阶段,根据孕期各阶段的特点分别选择适宜的运动项目和运动强度,避免做过于剧烈的运动。

胎儿在母体内生长发育,需要有足够的热量和营养素供给,其供给的唯一途径是来自母体。因此,母亲孕期营养素的摄入非常重要,它不仅是维持孕妇自身营养的需要,而且也是保证胎儿生长、发育以及母体乳房、子宫和胎盘等发育的需要,还可以为分娩和产后哺乳做好营养储备。在孕期的最初3个月内,母体的营养影响着胎儿细胞的分化和骨骼的生长;在其后6个月的孕期内,母体能量和营养素的供给则决定着新生儿的大小。妊娠期间应为母体提供平衡膳食,既要含有足够的热量和蛋白质,又要富含各种维生素及无机盐,同时还应保证各营养素之间的比例恰当。

思考题

1. 精子与卵子形成过程中的异同点有哪些?

2. 男性不育的主要影响因素有哪些?

3. 女性不孕的主要影响因素有哪些?

4. 如何看待人类对胎儿进行性别筛查?

5. 如何进行不孕不育的治疗?

6. 孕前进行遗传咨询和检查的意义是什么?

7. 如果你准备怀孕,你愿意进行相关遗传病的检测吗?为什么?

7 遗传学与法律伦理

2020年2月23日,一则来自南京警方不到200字的案情通报迅速引发舆论关注。28年前轰动一时的南京医学院(现为南京医科大学)女生被害案宣告侦破,杀人凶手麻继钢于家中落网。破案细节被披露:案件侦破的关键竟是麻继钢一位男性近亲10年前在江苏沛县某派出所留下的血样。这个陈年旧案被侦破依赖的是一个神秘的基因数据库——Y库家系工匠系统(以下简称Y库)。Y染色体来自父系,一个家族中爷爷、父亲、叔叔、儿子等男性家庭成员的Y染色体基本是一致的。利用Y染色体的遗传信息建立数据库,是目前用于排查犯罪嫌疑人行之有效的方法。

在这个事件中,DNA检测技术作为调查、举证的重要手段,在我们的法制体系中发挥了重要的作用。那么,什么是DNA检测? DNA检测有哪些主要技术? DNA检测在个体识别方面有哪些作用? 作为DNA检测重要支撑的DNA数据库是什么? DNA鉴定结论用作法庭证据会有风险吗?

7.1 DNA与法医学历史简介

1985年,英国莱斯特大学的人类遗传学家杰弗里斯(A. J. Jeffreys)教授发现并建立了DNA指纹(DNA fingerprint)图谱的检验方法,并于当年成功地鉴定了一宗英国移民纠纷案件。从那以后,法医DNA分析技术飞速发展,在刑事犯罪侦查和侵权纠纷问题等方面得到广泛运用。大量的DNA证据被提交到刑事法庭上。

英国是世界上第一个将DNA鉴定技术应用于法庭取证的国家。该国大多以单行法的形式对DNA证据的法庭运用予以规范,关注程序公正,并维持控辩双方在庭审中平等的诉讼地位。英国于1984年颁布《警察与刑事证据法》,以规定在刑事案件中从嫌疑人身上强制取样等事项。随后,多部法律对该规定进行了细化和完善。

1987年,在佛罗里达州发生的安德鲁强奸案中首次应用DNA证据,这开启了美国在刑事案件中应用DNA证据的先河。美国第一部DNA鉴定的专门法案于1989年在弗吉尼亚州议会上获得通过。该法案规定,在刑事案件的侦查中,侦查机关可以使用DNA鉴定技术,并规定DNA鉴定意见具有可采性。从1989年至1998年,美国其余49个州也通过了各自的DNA鉴定法。1994年,美国国会通过了《联邦DNA鉴定法》。该法案授权警察可以使用DNA鉴定技术侦办案件,并允许将DNA鉴定意见作为证据在法庭上出示,赋予DNA证据进入刑事法庭的合法"身份"。同时,该法案还对实施DNA鉴定的目的、鉴定实验室和鉴定人员、DNA

鉴定信息的适用范围、建立 DNA 数据库等做了规定。

自 1986 年英国在刑事司法中首次运用 DNA 证据后,德国科学界即展开讨论,并于 1988 年举办了有关 DNA 证据应用问题的听证会。其争议的焦点在于德国《刑事诉讼法》第 81 条 a 项的规定,即能否以实施 DNA 鉴定为目的抽血,能否对血液样本进行 DNA 鉴定。质疑者认为,第 81 条 a 项的规定不能包括为了进行 DNA 鉴定而抽血的行为,且此条无法为做 DNA 鉴定提供法律依据。德国海尔布隆市区法院 1990 年 1 月判决的一起强奸案,成为德国第 1 例运用 DNA 证据认定被告人有罪的案件。该案中的 DNA 证据表明,从被害人体内提取的精斑 DNA 分型与被告人的分型一致。基于此项证据,区法院做出被告人有罪的判决。法院指出,《刑事诉讼法》第 81 条 a 项已在法律上保障了"为进行 DNA 鉴定而采集血液"的合法性,并且由抽血检查所获知的事实属于第 81 条 a 项中"允许用以确认刑事程序相关联的事实"的范畴。而就被告人人权是否遭到侵犯而言,法院做出回应:DNA 鉴定并非针对人类的蛋白质或蛋白质合成物的基因位点,而是对 DNA 非编码区中细微片段的不同长度进行检测,这比传统的血型检查所涉及的隐私信息还要少,因此不存在侵犯人权的问题。同年 8 月,德国最高法院在判决的一起杀人案件中指出,《刑事诉讼法》第 81 条 a 项未限制检查的方法和目的,因此基于 DNA 鉴定进行的采集血液行为符合本条法律的规定。同时,德国最高法院也肯定了先前区法院的意见,认为鉴定的对象为 DNA 非编码区,没有侵犯人权的核心领域,因此原则上是允许的。

我国法医 DNA 检验技术的研究基本与国际同步。自 1985 年国际上首次报道 DNA 指纹技术应用于法医鉴定以来,公安部物证鉴定中心等国内相关单位便开始了此项研究。1989 年,DNA 指纹技术在实际案件中展开应用,开启了我国法医 DNA 检验的新时代。"八五"期间,我国紧跟国外发展趋势,建立了检测 DNA 扩增片段长度多态性和测定人类线粒体 DNA 序列多态性的方法;"九五"期间,DNA 检测技术快速发展,商品化 DNA 检验试剂盒和自动测序仪面世,一次检验分析即可完成 16 个短串联重复序列(short tandem repeat,STR)多态性位点的检验,大大提高了个体识别率,达到了同一认定的水平。与此同时,我国开始研制国产 DNA 检验试剂盒。"十五"期间,公安部物证鉴定中心成功研制了国产 DNA 荧光试剂盒,推动了 STR 技术在公安一线的普及应用;"十一五"期间,公安部物证鉴定中心和公安部第一研究所分别开展了疑难检材检验研究、提取技术与试剂研究、法医 DNA 专用检测设备研究、DNA 分析软件研究和检测消耗品的研究。这些研究大大推进了我国法医 DNA 检测技术的发展,使我国的法医 DNA 检测技术跨入了世界先进行列。

7.2 DNA 检测与 DNA 指纹

7.2.1 DNA 检测

DNA 检测一般是指通过对组织中 DNA 序列的检测,确定某个基因存在与否或者是否发生异常的一种技术。随着分子生物学的发展,人们对生物体基因结构和功能的认识不断深化,各种先进的实验方法与技术不断被开发,这些都推动了 DNA 检测的发展。目前,各种 DNA 检测技术已经广泛应用于人类生活的各个方面,如食品安全、DNA 指纹图谱的构建、身份确认、动植物的遗传改良、人类疾病的诊断及司法鉴定等。

　　DNA检测技术自从问世以来获得了迅速发展,但是在应用过程中仍需要注意以下问题:首先,从技术层面讲,需要避免被检样本本身及鉴定过程中的污染,确保PCR反应的准确性,注意可能的突变问题及保证实验室鉴定质量等;其次,就法律层面讲,需要注意DNA鉴定结果的证据能力与证明力、有效性与信赖性等。

7.2.2　DNA指纹

　　指纹(fingerprint)应用于鉴定起源于19世纪末20世纪初的犯罪学和法医学。人的指纹由于生物学原因存在个体差异,其特点为指纹具有唯一性,并且不随时间、环境的变化而改变。因此,指纹被应用于罪犯的甄别、个人身份的确认等方面。

　　不同生物种群由其特定的DNA组成,同一种的个体之间也存在差异,这种差异在本质上表现为DNA序列中碱基对的差异。利用这些差异,能够区分个体。但是生物体至少有数百万个碱基对,人们通过这些序列区分不同的个体似乎不可思议。遗传标记是用来区分不同群体和个体,同时又能稳定遗传的一类物质。随着20世纪70年代末限制性内切酶和重组DNA技术的出现及分子生物学的飞速发展,分析遗传物质DNA在不同生物个体内的差异性技术被提出与应用,遗传标记的研究开始转向DNA分子。1980年,限制性片段长度多态性(restriction fragment length polymorphism, RFLP)分子标记的产生使得遗传标记的发展和应用实现了飞跃。

　　1985年,英国莱斯特大学的人类遗传学家杰弗里斯等利用肌红蛋白基因第一内含子中的串联重复序列作为探针,与人体核DNA的酶切片段杂交,获得了由多个位点上的等位基因组成的长度不等的杂交带图纹,这种图纹极少有两个人完全相同,因此称为DNA指纹,又称为遗传指纹(genetic fingerprint)。其含义是它同人的指纹一样是每个人所特有的。它的图像在X光片上呈一系列条纹,很像商品上的条形码。产生DNA指纹图谱的过程就称为DNA指纹分析(DNA fingerprinting)。

　　DNA指纹的主要特点如下。① 特异性。研究表明,人类2个随机个体具有相同DNA指纹图谱的概率仅为3×10^{-11},除非是同卵双生子女,否则几乎不可能有2个人的DNA指纹图谱完全相同。② 遗传性。杰弗里斯等通过家系研究发现,DNA指纹图谱中几乎每一条带纹都能在其双亲之一的图谱中找到,产生新带的概率仅为0.001~0.004。③ 稳定性。同一个体无病变的不同组织产生的DNA指纹图谱完全一致。但组织细胞的病变或组织特异性碱基甲基化可导致个别图带的不同。④ 多位点性。高分辨率的DNA指纹图谱通常由15~30条带组成。DNA指纹区中的谱带绝大多数来源于随机分布于基因组上的高变异位点,许多研究表明,个体DNA指纹图谱中的带很少成对连锁遗传,基本是独立遗传的。一般来说,一个DNA指纹探针能同时检测基因组中数十个位点的变异性。

　　DNA指纹又称为DNA分子标记,能够提供DNA指纹的分子生物学技术称为DNA指纹技术,DNA指纹大多以电泳谱带的形式表现。从广义上讲,DNA指纹技术包括所有能够进行个体识别的DNA分析技术。根据DNA指纹的检测手段及技术不同可将DNA指纹技术分为5类:以DNA印迹法为基础的DNA指纹技术、以PCR技术为基础的DNA指纹技术、以重复序列为基础的 DNA 指纹技术、以 mRNA 为基础的 DNA 指纹技术和以单核苷酸多态性为基础的 DNA 指纹技术。但是其中也存在交叉。例如,以重复序列为基础的 DNA 指纹技术中的 STR 技术也可以归于以 PCR 技术为基础的 DNA 指纹技术中。

DNA 指纹技术的第一次应用是杰弗里斯等于 1985 年对一起移民纠纷中的母子关系做出了肯定的鉴定。在这个实例中,为了对安德鲁进行身份鉴定,杰弗里斯等采用了相关人员的血液 DNA 样本进行检测。样本来自安德鲁、其母亲克里斯蒂娜、安德鲁的 1 个兄弟和 2 个姐妹,另外还加上 1 个与他们没有任何关系的个体,样本名称依次为 X、M、B、S1、S2 和 U。利用 2 个串联重复序列作为探针进行 DNA 印迹法实验,2 个标记均表现出样本的变异性(见图 7.1)。通过分析,证明了安德鲁与其母亲克里斯蒂娜的亲子关系。

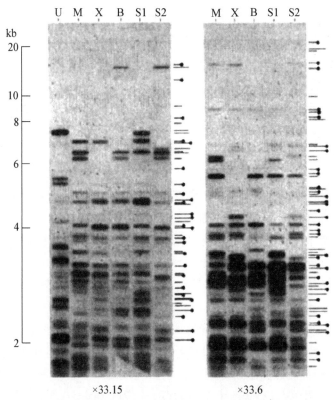

图 7.1　杰弗里斯利用 DNA 指纹技术鉴定安德鲁家庭关系的指纹图谱

33.15 和 33.6 为 2 个探针。

(图引自:Jeffreys et al,1985)

美国首次在案件中使用 DNA 证据是在 1992 年。当时在亚利桑那州发生了一起谋杀案,警方在犯罪嫌疑人的皮卡上发现了一些蓝花假紫荆的豆荚。研究人员利用随机扩增多态性 DNA(RAPD)技术分析了命案现场附近的 12 棵和远离现场的 18 棵同种植物,最终确定其中一棵树的 DNA 与皮卡上的豆荚完全匹配,从而确定了命案现场。

1989 年,李伯龄等用 α-珠蛋白-3′高变区(hypervariable region,HVR)探针得到了 DNA 指纹图谱,并将其运用在实际案件中,为强奸案和亲子鉴定案件提供了证据。同年,李伯龄等发表

DNA 指纹检测相关文章并在实际案件中进行了应用,这标志着我国法医遗传学技术的开端。

DNA 指纹技术已经广泛应用于生物基因组研究、进化分类、遗传育种和法医学等方面,成为分子遗传学和分子生物学研究与应用的主流之一,并取得了惊人的成绩,显示了广阔的应用前景。

7.3 亲子关系的遗传检测

7.3.1 亲子鉴定

亲子鉴定是指通过对人类遗传标记的检测,根据遗传规律分析,判断有争议的父、母与子女之间血缘关系的鉴定。DNA 亲子鉴定的理论依据为个体细胞来源于受精卵,而受精卵染色体由精子和卵子各携带单套染色体组成。因此,子代的基因型为父亲基因型半型与母亲基因型半型所组成。因此,通过鉴定 DNA 的多型性即可准确判定亲子关系。

传统意义上的亲子鉴定主要指两类常见的问题。① 父权鉴定:在已知母亲的情况下,判断被检测男子是否是孩子的生物学父亲(反之,对母亲发生争议时,也属此类)。② 反向亲子鉴定:在已知父母的情况下,判断被检测孩子是否为他们的亲生子。另外,对于父母确定、移民案件等需要通过亲缘关系认定确认个体之间关系的情况,也需要通过亲子鉴定方法进行分析(见图 7.2)。

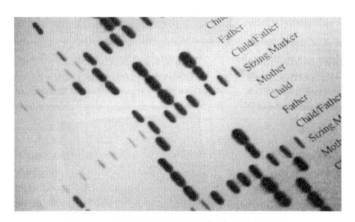

图 7.2 鉴定孩子是否是父亲的生物学儿子

(图引自: Yashon et al, 2009)

7.3.2 亲子鉴定的主要方法

随着新的遗传标记的发展,亲子鉴定的方法也在不断发展。亲子鉴定的方法从早期的 DNA 印迹法逐步过渡到聚合酶链反应(PCR)、单核苷酸多态性(SNP)等新型标记鉴定方法。目前,法医生物学在亲子鉴定中主要通过检测一定数量的遗传标记来完成,标准化的方法是使用一组常染色体遗传标记,如 STR 技术。线粒体序列多态性和 Y 染色体 STR 等,因其遗传方式具有特殊性,仅作为标准化方法的补充。

1) STR 技术

STR 基因座于 20 世纪 90 年代初首次作为重要的遗传标记在人类亲子鉴定中使用。

STR 是由 2~6 bp 重复单位构成一个核心序列、广泛分布于人类基因组中的 DNA 片段,主要由核心序列拷贝数的变化产生长度多态性。通过检测这种多态性可以进行个体鉴定。该方法因具有独特的优越性,已成为目前较常用的鉴定方法。常染色体 STR 遗传标记在法医学个体识别和亲子鉴定中起着举足轻重的作用,是目前法医物证鉴定最主要的技术手段。

但是需要注意的是:由于 DNA 具有突变的可能性,在亲子鉴定中需要特别注意由 STR 基因座发生突变带来的风险,因此在结果的解释和结论的判断上必须持慎重和科学的态度。在亲子鉴定中,发现不符合遗传规律的基因座,需要考虑可能存在突变,应增加检测 STR 基因座。在任何情况下,不能仅依据一个 STR 基因座不符合遗传规律就排除亲子关系。

目前,主要的几个商业生产厂家可提供数十种不同的 STR 试剂盒。这些试剂盒包括 29 个常染色体 STR 基因座、性别分型标记 Amelogenin 及 Y-STR 标记 DYS391(见图 7.3)。

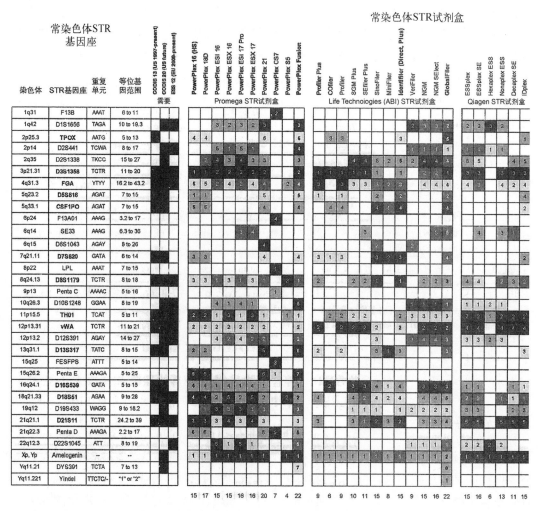

图 7.3　在售商品化 STR 试剂盒中 STR 基因座的特点

(图引自:布尔特尔,2018)

2) 单核苷酸多态性

单核苷酸多态性(SNP)是指由单个核苷酸的变异所引起的碱基序列的多态性,一般认为

SNP 与点突变的区别在于 SNP 的出现频率大于 1%。SNP 主要表现为单碱基的转换、颠换、插入及缺失。SNP 的主要特点有：遗传稳定性高；广泛分布，且数量丰富；富有代表性；二态性和等位基因性；检测快速，易实现自动化分析。

SNP 为法医学研究领域 DNA 分析提供了可能，可比原有的遗传标记和分析方法更好地应用于日常工作和案件中。作为法医学遗传标记，SNP 标记相对于 STR 标记具有以下几个优势：首先，SNP 标记蕴含的信息量比 STR 标记大，在整个基因组中数量巨大，分布频密；其次，SNP 标记比 STR 标记更稳定可靠，由于选择压力等因素，绝大多数 SNP 位于非编码区，十分稳定，而 STR 基因的突变率明显高于人类基因的平均突变率；最后，STR 存在复杂的多态性，这增加了 STR 准确分型的难度，而 SNP 检测不存在此类问题。SNP 标记将在具有挑战性的法医学样本分析中发挥重要的作用，如分析过度降解的检材，提高对身份不明者和走失者亲缘关系鉴定的能力或在某些案件中提供嫌疑人线索等。

7.3.3 亲子鉴定的应用

1) 为刑事、民事案件的侦查与审判提供科学证据

具体包括以下方面。① 为强奸案定罪、量刑提供证据。通过胚胎组织、引产胎儿与犯罪嫌疑人之间的亲子鉴定确认罪犯。② 为离婚案件的审判提供证据。③ 为抚养案件的审判提供证据。④ 为侵犯监护权提供证据。⑤ 为侵犯名誉权案件的审理提供证据。

2) 亲子鉴定证据在重大灾害性事件的调查中起作用

在矿难、坠机、海啸事件中，对无名尸、碎尸的尸源认定时，常规要进行亲子鉴定，寻找尸源，从而确认身份。

3) 亲子鉴定可以帮助寻找失踪的亲人

借助 DNA 查找失踪、被拐人员主要通过采集指尖血。另外，从人体的毛发、皮屑、唾液中都可提取 DNA。截至 2017 年，全国公安机关已有 530 余个 DNA 实验室联网运行。其中，两类父母、三类儿童被警方列入必检之列。两类父母是已确认的被拐卖儿童的亲生父母、自己要求采集数据的失踪儿童的亲生父母。三类儿童是解救的被拐卖儿童、疑似被拐卖的来历不明的儿童以及来历不明的流浪及乞讨儿童。通过构建的 DNA 数据库，进行 DNA 检测比对，可以确认身份。

目前，我国已经建立了一个疑似被拐和走失孩子以及失踪孩子父母的 DNA 数据库，有专业人员进行相关的 DNA 比对。目前，我国的 DNA 检测技术已与国际接轨。我国的 DNA 检测技术，包括机器、方法等都得到国际认可。但是在实际应用中还存在一些问题：首先，很多丢失孩子的父母不知向数据库提交 DNA 血样；其次，很多被拐或走失孩子的 DNA 血样没有入库。因此，呼吁每个公民发现疑似被拐儿童应尽快带其去采集血样；同时提醒父母，若孩子失踪应尽快到派出所提交 DNA 血样。

7.4 个体识别的遗传检测

个体识别即通过对生物学材料的遗传标记检验，判断前后两次或多次出现的生物学检材是否属于同一个个体的认识过程。DNA 包含一个人的所有遗传信息，与生俱来并终身保持不变(癌变除

外)。这种遗传信息蕴含在骨骼、毛发、血液及唾液等人体组织或器官中。除同卵双胎外,每个生物个体的 DNA 信息是不同的。因此,通过前面涉及的各项检测技术,比对 2 份材料的分型结果,如果 2 份样品的分型结果不同,则可以排除它们的同一性;反之,则不能排除它们来自同一个个体。

7.4.1　个体识别的基本原理

与亲子鉴定的技术与方法相类似,个体识别的主要技术方法包括 RFLP 标记、STR 标记、SNP 标记等,但是两者在分析结果时有所区别。近年来,随着测序技术的发展,SNP 技术在身份识别上的应用越来越广。

在法医学中个体身份识别的基本原理如下:采集的检材与嫌疑人样本的遗传标记分型一致,即检材与样本"匹配"。匹配是指被检测到的每一个遗传标记分型均一致,而不是部分遗传标记表现相同或相似。表 7.1 所示为现场检材与嫌疑人 1 的遗传标记分型匹配,与嫌疑人 2 和 3 的遗传标记分型不匹配。图 7.4 所示为犯罪现场血迹与嫌疑人样本的 DNA 指纹图谱比对。图中现场检材与嫌疑人 3 的 DNA 指纹匹配,与其他嫌疑人的 DNA 指纹不匹配。

表 7.1　现场检材与嫌疑人样本遗传标记分型的匹配程度

遗传标记	现场检材	嫌疑人 1	嫌疑人 2	嫌疑人 3
D8S1179	12,13	12,13	12,14	12,13
D21S11	29,32.2	29,32.2	29,30	30,33
D7S820	8,11	8,11	8,12	8,12
CSF1PO	9,12	9,12	9,12	9,12
D3S1358	16	16	16,18	16

(表引自:常林,2008)

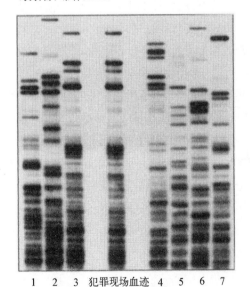

图 7.4　嫌疑人与现场检材的遗传标记匹配图

(图引自:Yashon et al, 2009)

当现场检材与嫌疑人样本的遗传标记分型不匹配时,检材不是嫌疑人所留;当现场检材与嫌疑人样本的遗传标记分型匹配时,不能排除检材是嫌疑人所留。匹配有两种可能原因:① 检材与样本来自同一人,即提供样本的嫌疑人;② 检材与样本来自不同的人,检材为罪犯所留,而这个嫌疑人只是人群中的随机个体,仅因为偶然因素其被检测的遗传标记分型与现场检材一致。在具体鉴定中,对"匹配"现象进行评价时,需要引入随机匹配概率和似然比率的概念,对这一证据是否支持检材为嫌疑人所留进行评估。随机匹配概率越小,似然比率越大,越支持检材为嫌疑人所留。

7.4.2　其他遗传标记在个体识别中的应用

1) Y 染色体遗传标记

全球人类基因数据资源可为法医 Y 染色体数据

库和法医实践服务。由于 Y 染色体遗传标记仅为男性所有，并以单倍型在父系家族中遗传，因此可被用于个人身份的识别。除非发生基因突变，每个父亲都忠实地将 Y 染色体遗传标记遗传给儿子。同一家系中的男性都带有相同的遗传标记。但是因为 Y 染色体不像常染色体那样具有个体独特性或唯一性，所以 Y 染色体遗传标记不能作为个体识别的证据，即使用 Y 染色体遗传标记匹配的证据不能指向一个个体，而是指向了具有特定 Y 染色体单倍型的家系。

Y 染色体遗传标记的应用主要有以下几个方面

（1）可以从男女混合材料中得到男性 DNA 信息。当采用常染色体 STR 遗传标记分析时，可能因为混合分型而无法判定，而使用 Y-STR 分析时，女性不显示谱带，则可以单独分析男性成分而不受女性成分的干扰。

（2）鉴定混合的多个男性样本。多数 Y-STR 是单拷贝的基因座，只有一个等位基因。当多个男性 DNA 样本混合时，可以通过等位基因谱带的数目分析检材 DNA 的参与人数，这对轮奸案的定性和个体识别具有特殊的意义。

（3）应用 Y-STR 进行家系排查。此法适用于男性犯罪并在现场可能遗留生物物证的案件。家系排查法多用于农村，特别是以家族式群居的自然村落。因为该类人群遗传关系相对稳定。

2）线粒体 DNA

线粒体 DNA 呈现母系遗传的特征。线粒体 DNA 检测主要用于一些陈旧、降解检材或缺乏核 DNA 的检材，如毛发、指甲及骨组织等。对现场检材与嫌疑人样本线粒体 DNA 检验后的序列进行比对，可能出现 3 种结果：一是排除，两者之间有三个或三个以上碱基不同，可以排除他们来自同一个个体或同一母系；二是不确定，如果只有一个或两个碱基不同，可能为异质性或突变引起；三是不排除，如果检材与嫌疑人样本 DNA 序列在对比区域内每个碱基都相同，则不能排除两者来自同一个个体或母系。

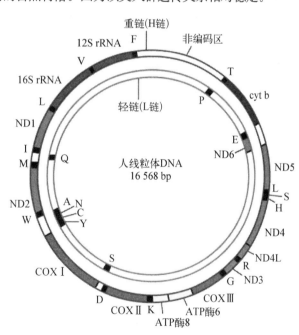

图 7.5　人线粒体 DNA

（图引自：Spelbrink，2010）

线粒体 DNA（见图 7.5）的个体识别能力取决于群体数据的积累。由于线粒体 DNA 数据库的局限性，线粒体 DNA 的个体识别能力远不如常染色体 STR 遗传标记。

7.4.3　身份鉴定的应用

1）身份鉴定在刑事案件中的应用

只要是犯罪就离不开人的参与，只要是人到之处就有可能留下人的生物学痕迹。犯罪现场遗留的血液或精斑等痕迹都是罪犯留下的无声的证据。它是不能被遗忘的证据,它不会错、不会消失、不能作伪证,只有在人们疏于对它的发现、研究和理解时才会降低它的价值。

在各种刑事案件中,现场的多种痕迹可以为侦查工作提供诸多重要信息。通过这些信息,一是可以明确死者身份;二是可以发现不属于被害人的生物物证,从而提供可能的犯罪嫌疑人的个体识别特征;三是可以通过现场检材与嫌疑人的样本比对,建立两者的关系,进而指认犯罪嫌疑人;四是可以跟踪、识别犯罪嫌疑人。在追捕过程中,生物学证据可以用于判定嫌疑人踪迹,对于潜逃多年或整容后的犯罪分子可以通过身份鉴定或亲子鉴定加以识别。

2)身份鉴定在民事案件中的应用

对原告、被告提出的生物物证进行检验,核实证据,澄清案件事实。例如,在医疗纠纷中,患者对病理切片或组织样本是否被调错或调换存疑,经常要求对涉案的样本和患者进行同一认定。在离婚案件的审理过程中,有时当事人要求对床单、卫生纸上的可疑斑迹进行检验。

3)身份鉴定在重大灾害性事件调查中的应用

在重大灾害如矿难、坠机和海啸事件中,可通过个体识别对无名尸、碎尸进行尸源认定,还可以通过不同受害人及其组织块的分布状况,重现灾难发生的现场状况。

进入21世纪以来,有预谋的恐怖袭击和爆炸事件,海啸、飓风及地震等自然灾害,已使全球社会遭受了多次重大的灾难性事件。2001年9月11日,共造成3 126人死亡的"9·11"事件,成为美国迄今为止最为严重的一起恐怖袭击案件;2004年12月26日,印度洋9.1级强烈地震引发了20年内全球最为惨重的海啸灾难。由于此类特大灾难性事件的破坏力大,遇害人数多,灾难现场杂乱不堪,尸横遍野,多数遇难者或严重腐败或支离破碎。因此,快速准确地识别个体及鉴定尸源成为特大灾难性事件处置和善后的一项重要任务。

在"9·11"事件中,DNA身份鉴定技术发挥了重大的作用。法医从遇难者亲属提供的血液样本和遇难者的生活用品中提取DNA样本,再将其与尸块中提取的DNA样本进行分析比较,以确认遇难者的身份。但是该工作漫长而艰巨。部分原因在于人体残骸DNA因腐败、污染等而降解或无法被鉴定。此外,技术也是一个重要的原因。在事件发生的3年里,法医学专家相继鉴定了1 600余名遇难者的身份,但仍有近半数遇难者的身份未能得到确认。为此,美国纽约法医办公室承诺对尚未鉴定出身份的尸块妥善冷冻保存,等待科学技术允许时继续鉴定。

7.5 DNA数据库

DNA数据库是将法医DNA多态性分析技术与计算机网络传输技术和大型数据库管理技术相结合而建立的,是将各类案件现场法医物证检材和违法犯罪人员样本的DNA分型数据及相关的案件信息或人员信息存储于计算机中并实现远程快速比对和查询的数据共享信息系统。截至2015年,我国DNA数据库的数据总量已达到4 400万条,数据总量稳居世界第1位。DNA数据库已成为公安机关在动态化、信息化条件下适应现代警务新要求,精确高效打击犯罪,维护司法公正,化解社会矛盾的重要科技支撑。

7.5.1 DNA 数据库的分类

广义的 DNA 数据库包括生物学各个研究领域所获得的 DNA 数据,侧重于基因及其相关 DNA 序列的信息处理。狭义的 DNA 数据库特指法庭科学 DNA 数据库(本节讨论的 DNA 数据库),现阶段也称为公安机关 DNA 数据库。

我国 DNA 数据库主要分为基础 DNA 数据库、现场库、前科库和失踪人员库。基础 DNA 数据库是指主要存储各基因座的染色体定位、有关群体的基因频率和基因型资料、有关法医学应用参数等的 DNA 数据库。其样本为以统计分析为目的的无关个体 DNA 样本。现场库是指存储刑事案件现场检材的 DNA 分型数据及案件信息的 DNA 数据库,其样本主要是现场的生物物证 DNA 样本。前科库是指存储违法犯罪人员 DNA 分型数据及信息代码的 DNA 数据库,其样本主要是有违法犯罪前科人员的 DNA 样本。失踪人员库是指存储失踪人员的父母或配偶和子女,被怀疑为失踪人员的 DNA 分型数据及相关信息的 DNA 数据库,其样本主要是失踪人员和失踪人员的父母或配偶及子女的 DNA 样本。

我国公安机关 DNA 数据库采用国家库、省级库和市级库的三级模式。市级库建于各地市级公安机关,主要负责本地 DNA 数据(包括现场物证、前科人员及失踪人员等的 DNA 分型数据及相关信息)的录入、存储、比对及上报至省级库,并可以实现全国 DNA 数据的快速比对功能。省级库建于各省级公安机关,主要负责本级 DNA 实验室数据的录入、存储与比对,并定期将接收到的本省所辖市级库的 DNA 数据及本实验室数据上报至国家库。国家库建于公安部,现在由公安部第二研究所(物证鉴定中心)负责管理,其主要功能是接受各省级库上报的数据并完成比对。

7.5.2 DNA 数据库的作用

1) 为侦查破案提供科学证据

(1) 直接查实案件。直接查实案件是指从犯罪现场提取到的生物物证经过 DNA 实验室检验以后,将其获得的 STR 分型录入 DNA 数据库,直接与数据库前科库中的数据比中认定同一的情况,或者前科人员生物样本经过 DNA 实验室检验后将其 STR 分型录入数据库与现场库中的数据比中认定同一的情况。直接查实案件是 DNA 数据库中应用最广泛的功能。

(2) 串并查实案件。串并案件是指从犯罪现场提取到的生物物证经过 DNA 实验室检验以后,将其获得的 STR 分型录入 DNA 数据库,直接与数据库现场库中的其他物证 STR 信息比中的情况。这种情况虽然没有直接明确犯罪嫌疑人的身份,但是该种串并案件可靠度高,可以将串并的不同案件的信息进行共享,增加侦查破案的突破口,串并查实案件是打击系列性案件,尤其是系列团伙性、侵财性犯罪的重要手段。

(3) 查实身源,明确案件性质。当发现未知名尸体或者未知名尸块的时候,需要提取其 DNA,并录入全国公安机关 DNA 数据库,用于比对以明确其身源。当数据库有未知名尸体比中时,需要围绕身源做进一步的侦查,以明确案件性质或者明确犯罪嫌疑人。

2) 为错案纠正提供依据

DNA 数据库的错案纠正功能主要体现在使犯罪嫌疑人的犯罪嫌疑及时得到排除以及使

部分已经被判决有罪者获得平反的机会。对犯罪嫌疑人的 STR 分型与数据库中的现场物证 STR 分型进行比对,如果不能匹配,基本可以排除该犯罪嫌疑人的嫌疑。DNA 检验技术大规模应用于刑事案件的侦破也是最近 10 多年的新变化。随着对 DNA 证据的应用理解不断变化与加深,许多原本已经判决生效的案件被证实可能是错误的案件。

3)为犯罪预防提供支持

公安机关 DNA 数据库还具有预防犯罪的功能,主要体现在以下两个方面。一方面,表现为减少了罪犯再犯罪的可能性,从而有助于刑罚特殊预防目的的实现。刑罚个别威慑功能的发挥,不仅取决于刑罚的严厉程度,而且还取决于犯罪分子主观上对实施犯罪后被追究刑事责任可能性高低的评估。而通过将罪犯的 DNA 分型结果录入前科库,增加了其再次犯罪被抓获的可能性,使得这部分可能去实施再次犯罪的人在再次犯罪之前会三思而行,并最终放弃犯罪,从而达到预防犯罪的目的。另一方面,通过 DNA 数据库比对,比中案件的犯罪嫌疑人后可对其及时抓捕。对于一些会长期重复作案的犯罪嫌疑人或者职业性罪犯,及时将犯罪现场的物证进行 DNA 检验并入库比对,快速侦破案件,可使得这些犯罪嫌疑人在实施下一次犯罪之前就被抓获,从而预防案件再次发生。

4)为公民服务提供保障

DNA 数据库具有同一认定及亲缘认定的功能,除用于刑事案件侦破外,还能服务于公民,主要体现在两个方面:一是利用公安机关 DNA 数据库查询未知名尸体身源;二是为收养儿童家庭提供儿童 DNA 样本检验证明。为了查找未知名尸体身源,避免遗漏潜在的刑事案件,公安机关会对未知名尸体进行检验,提取未知名尸体生物样本进行 DNA 检验,并录入 DNA 数据库,与失踪人员亲属及违法犯罪前科人员等子库比对,以明确该尸体身源。同时,为了查找失踪人员下落,避免遗漏失踪人员被侵害等恶性刑事案件的发现,公安机关会对申报有亲属失踪的公民按照"父-母-子"的关系提取相关亲属生物样本进行 DNA 检验并入库,或者从该失踪人员物品中提取 DNA 并检验、入库。当未知名尸体与失踪人员亲属样本或者前科人员样本比中时,公安机关在排除刑事案件的可能性之后会及时通知死者家属,为公民提供服务。

7.5.3　英美国家 DNA 数据库的建设

世界上第一个 DNA 数据库是由英国法庭科学服务部(Forensic Science Service,FSS)建立的。1992 年,根据英国警察协会的要求,在英国警察服务所的配合与支持下,法庭科学研究中心同意对建立国家 DNA 数据库进行研究。此次研究在德比郡进行,研究人员通过咀嚼唾液收集器收集了 2 000 个志愿者的样本,这样既没有违反法律规定,又能对样本做进一步研究。此次研究的结果表明,现有的 STR 技术及相关信息技术已经可以支持建立国家 DNA 数据库。1992 年,英国警察和犯罪证据委员会向皇家审判委员会递交了从案件相关嫌疑人身上采集样本进行 DNA 分型的法案申请。1993 年 10 月 6 日,当时的内务大臣迈克·霍华德(Michael Howard)宣布该法案通过了议会审议。1994 年 9 月,英国内政部颁布了《样本提取条例》。1994 年 11 月 3 日该条例被批准成为一项正式的议会立法。1995 年 4 月,该条例正式成为英国法律,这标志着 DNA 数据库建设的开始。英国首次成功地建立了 35 万人的 DNA 数据库。

美国早在 1991 年就开始着手筹建 DNA 数据库,包括国会通过立法、制定各项标准、国家制定经费预算和划拨专项资金等一系列事务。1994 年,美国国会正式通过了关于建立 DNA 数据库的立法,批准采集被判刑和逮捕人员的 DNA 样本,并指定美国联邦调查局(FBI)建设国家 DNA 数据库、制定 DNA 数据库和实验室建设的国家标准。这标志着真正意义上的美国国家 DNA 数据库正式建立。美国国家 DNA 数据库的管理软件为美国联合 DNA 索引系统(Combined DNA Index System,CODIS),它是目前世界上 DNA 数据库领域内最著名的应用软件。在美国共有超过 183 个 DNA 实验室安装使用该软件,真正实现了全国联网。CODIS 系统庞大,分为国家、州和地方三级。数据在这三级之间进行交换及比对。在这点上,我国与其类似。FBI 国家 DNA 数据库管理中心有 8 名技术管理专家,主要负责美国全国 DNA 数据库建设与应用的政策制定、规划设计、质量控制、数据比对系统维护等事务,并管理、监督和指导美国全国所有联网的 DNA 实验室。

7.5.4 我国 DNA 数据库的现状

我国公安机关 DNA 数据库经过近 10 年的发展,容量迅速增大,破案效益不断提升,在刑事侦查、打击犯罪、保护人民生命财产安全等方面起了巨大的作用。但是,随着法制的不断完善、公民权利意识的不断增强,我国公安机关 DNA 数据库存在的一些问题及隐患不断显现,如相关法律缺失、隐私权保护问题、技术研发与需求不相适应等。

1) 公安机关 DNA 数据库的建设、管理与应用相对滞后

我国公安机关内部的发展不平衡,包括受经济发展水平影响的地域之间的不平衡和公安机关级别上发展的不平衡。公安基层工作环境复杂,案件较多,经费紧张,专业力量相对薄弱。由于 DNA 实验室的检测分析设备多为进口产品,试剂成本较高,需要大量的资金投入,经费投入严重不足直接阻碍了基层 DNA 实验室的建设。目前,我国法庭科学 DNA 数据库分为 3 级,即国家库、省级库和市级库,并没有将县级 DNA 数据库建设列入未来规划中。地级市的公安机关普遍拥有一个 DNA 实验室,但是其要负责检验县级公安机关移送的案件 DNA 检材,并将分型结果输入相应的数据库储存,由于工作量大,这在一定程度上影响了数据库录入、二次核对数据工作的进程。由于大部分公安院校没有开设 DNA 相关课程并缺乏相应的教学资源,基层公安机关极少招录 DNA 检测专业人员,且一直以来缺乏相应的留得住"人才"的硬件条件等因素造成基层专业力量严重不足。

一方面,近年来数据库中的数据增长迅猛,出现了数据库软件运行的硬件环境与快速增长的数据之间的矛盾。例如,信息录入不畅通、比对排队现象严重,甚至出现漏比情况;比中通报下发不畅;数据上报模式有问题导致上报过程中数据丢失。DNA 数据库最早的设计模式及比对模式均是按照 100 万条数据量来考虑的。但是,近年来,全国公安机关 DNA 数据库的数据量剧增,截至 2015 年已经超过 4 400 万条,软件系统的设计容量与目前数据库容量的矛盾十分突出。另一方面,目前的 DNA 数据库除了比对功能外,还有许多其他功能,因此随着数据增加,对运行环境的要求更高。而目前,国家库还没有一个能实时满足需要的硬件系统,以支撑全国数据的运行,经常发生由于硬件条件不佳而导致的运行障碍。在个别省、市也有不能按公安部要求配置硬件或无人管理等情况的发生。只有对数据库的软件、硬件不断地进行升级

改造,才能充分发挥 DNA 数据库的功能。

另外一个影响 DNA 数据库充分发挥功能的问题是对于 DNA 数据库比中信息的公布模式没有全国统一的标准。DNA 数据库的相关信息项不统一(如编号、人员信息、案件信息),或有或无,导致 DNA 信息比中后无法实时得到相应信息,需要工作人员进行人工核实等,增加了其工作量,影响其工作积极性,导致其放弃很多比对信息的处理,直接影响 DNA 数据库的应用效能。同时,缺少一个全国统一的强制性技术标准及程序规定来规范全国各省的建库工作,也导致 DNA 数据库在实际运用过程中问题多多。先前的 DNA 数据库管理模式已经不能满足如今精细化的管理要求,不能及时地为公安决策部门提供 DNA 数据溯源、数据统计等有效的信息。

2) 打击犯罪与保护公民隐私权的冲突

DNA 数据库尤其刑事 DNA 数据库,在打击犯罪、预防犯罪、及时侦破案件等方面具有不可比拟的作用。但由于 DNA 鉴定技术处于运用初期,操作不规范、法律不健全、擅自扩大收集人群、无罪公民 DNA 信息仍被保留等侵害公民隐私权的行为层出不穷。在基因科技迅速发展的"后基因组时代",DNA 样本被窃取、基因信息被泄露与不当使用等侵犯隐私权的行为在现实中已有发生。在进一步推进 DNA 数据库建设的同时,如何保障隐私权等公民的基本人权,是我国 DNA 数据库基因隐私权保护亟待解决的一个问题。

隐私权是自然人享有的一项基本人身权利。隐私权及隐私保护的意识已经深入人心。然而,在当今的大数据时代,隐私权更为突出地表现为公民对个人数据的保护和控制权利。DNA 检测可揭示被采样者的大量基因信息,如外貌特征、遗传特征和生理缺陷等个人隐私的深层次内容和核心部分。这些特征还可能会导致择业、保险、择偶等方面的限制甚至歧视。基因隐私权具有与传统隐私权不同的特性,一旦被侵害其涉及面更广。

对公民 DNA 信息进行收集和鉴定分析的过程就是对公民隐私窥探的过程,DNA 数据库样本的入库范围、采集程序与标准、信息保护与管理监督等方面都存在一定的缺陷。由于各国法律规定、人权要求以及经费限制等,DNA 数据库的入库对象目前主要以违法犯罪者为主。尽管如此,各地 DNA 样本提取的标准与程序仍差异较大。在我国,由于各省经济实力不同,大多数省份按照公安部规定的范围进行入库人员血样采集,但是各省入库人员的范围差异较大。在全球化和信息化的今天,如果对 DNA 信息使用不当,就会造成对隐私权的侵犯或潜在侵犯。从实际情况看,各地对 DNA 样本保留时间没有明确的规定,造成一些人被法院判决不需要承担刑事责任但其 DNA 样本仍被保留在数据库中。这不仅是资源的极大浪费,更是对人权的潜在践踏。DNA 样本在数据库中保留的时间越长,被侵害的潜在可能性就越大。

美国新自然法学派代表人物罗尔斯在《正义论》中指出:"正义是社会制度的首要价值"。在刑事 DNA 数据库中,个人 DNA 数据信息的采集与运用是为了打击犯罪。如果侦查机关滥用权力将 DNA 数据库中的信息用于其他目的,则构成侵权。相应地,对隐私权的保护具有相对性,当对个人隐私权的保护与社会公共利益出现冲突与对立的时候,应当遵循比例原则,即行政机关追求的公共利益应当有凌驾于私人利益的优越性,但是行政权对公民的侵犯必须符合目的性,并采取最小侵害的办法。

3) 我国公安机关 DNA 数据库外部监督的缺失

权力的过分集中,会导致监督困难。为了避免 DNA 数据库掌握及使用权力的过分集中,避免侵害公民的权利,尤其是公民的隐私权,一些发达国家在数据库构建和 DNA 信息管理上均体现了对数据库的监督,其中比较有代表性的便是加拿大。但是我国自 DNA 数据库建立以来,检验、数据录入、检索比对、形成报告、分型结果的应用等环节都缺乏完整的监督机制。

我国公安机关 DNA 数据库的构建,缺乏一个有效性的监督机制。我国公安机关 DNA 数据库采用国家库、省级库和市级库的三级模式。这三级 DNA 数据库都设置在公安机关内部,由公安机关建设和管理。这样外界对这些数据库进行有效监督的可能性就不存在。

我国公安机关 DNA 数据库同时记录被采样者的身份信息与 STR 信息,以便在比中的情况下及时获取嫌疑人的身份信息,有利于更好地发挥数据库的破案功能。这种情况便于公安机关掌握被采样者的身份信息,但不利于被采样者隐私权的保护,公民的隐私权得不到充分的保障。

4) 立法规范不健全

近年来,我国 DNA 数据库建设虽然发展较快,但 DNA 数据库的立法尚不健全。目前,我国公安机关 DNA 数据库建设的依据主要是《法庭科学 DNA 数据库建设规范》等技术标准与《公安机关 2009—2013 年 DNA 数据库建设规范》等文件。许多地方公安机关在这些文件的基础上,制定了地方 DNA 数据库建设实施方案。但这些文件大多属于从技术规范的层面制定的行业规范或内部管理规定,呈现行政化管理的特征,与司法程序公正之特质存在差距。相比而言,英美等国家在推广 DNA 数据库的同时,也注重 DNA 数据库的立法和规范化运作。我国在这方面的立法还不够完善。由于缺乏全国性的统一规范,各地在 DNA 数据库的样本提取程序、入库范围、信息销毁期限、管理方式等方面存在做法不一的现象,不利于 DNA 数据库的规范化运作。

随着 DNA 数据库信息的飞速增长和人们公民权利意识的增强,数据库在建设过程中涉及犯罪嫌疑人和普通公民权利被侵犯的问题逐渐突出。这是世界各国在法庭科学 DNA 技术发展中普遍关注并注重解决的问题。我国关于隐私权保护的法律法规相较于美国或其他西方国家是滞后的。自建立 DNA 数据库以来的 10 余年中,我国并没有开展专门保护公民 DNA 隐私的相关立法工作。虽然我国陆续发布了法庭科学 DNA 领域的行业标准和管理指导性文件,但是还没有在法律层面对 DNA 数据库在执法、司法领域以外的使用做出限制,而且在防止 DNA 数据库信息被外界获取、被不法利用等方面的配套制度还不够健全。这些与 DNA 隐私权息息相关的内容的缺失,让我国在防止公民 DNA 信息被滥用的问题上处于被动地位,不能与国际规定接轨。并且,我国缺乏严厉的责任追究制度,这导致执法人员对数据库信息保密的义务难以落实到位,缺乏处罚公安、司法机关责任人员的相关法律依据。另外,我国缺乏 DNA 被泄露的救济机制,让隐私权被侵犯的对象没有渠道求助。这些问题都表明,我国在建立 DNA 数据库打击犯罪的立法、执法观念上,忽视了公民隐私权的保护。

7.6 DNA 检测应用于法庭的风险及审查认定

7.6.1 DNA 鉴定证据的风险

DNA 证据是指精通 DNA 鉴定技术的专业人员依照一定的方法、技术和程序,准确解读物质 DNA 样本蕴含的遗传信息,并最终以图谱和数据形式形成的一份鉴定人员的结论性意见,属于鉴定意见。它不是对案件事实的陈述或者记录,而是鉴定人员运用自身的专业知识,依托各种科学技术,通过对鉴定对象的观察、检验、分析形成的一种意见性结论。DNA 证据是以生物科学为基础的科学证据,不仅涉及分子生物学、遗传学、统计学、概率学等知识,而且鉴定意见的得出必须依靠相关鉴定人员的相关专业知识和相关的实验室、设备、器材等。DNA 证据是对案件事实的一部分反映,反映事实的某一个细节,不是对整个案件或主要案件事实的反映,属于间接证据。

在司法实践中,DNA 证据的应用体现了它独特的优越性。然而,某些由 DNA 证据错误采信造成的错案也偶见报道。任何一种证据都有内在或外在的错误概率,DNA 证据也不例外,技术原理、外界环境、技术应用或人为因素都可能影响 DNA 证据的真实性,我们必须客观、审慎地看待 DNA 证据的特有风险。

1) DNA 鉴定证据的主观性风险

DNA 鉴定意见依赖于法医的实验操作。检材的提取需要现场勘验并采集,由于个人操作水平与注意力集中程度不同,会产生一定的偏差。例如,不同专业技术水平的现场勘验人员所提取的检材的精确度是不同的,技术水平较高且操作规范程度高的勘验人员所提取的检材受污染的概率相对较小。DNA 鉴定证据最终以鉴定人鉴定文书的形式出具,鉴定意见的完成有赖于鉴定实验的结果。鉴定实验的结果与检材精确度、实验室环境、法医操作流程都有密切的联系,并且意见的出具依赖于法医的理论知识与实践积累,这会导致不同的法医对 DNA 鉴定的意见可能会不同,使 DNA 鉴定意见的出具有一定的主观性。因此,DNA 鉴定证据存在主观性,这使得 DNA 信息的唯一性具有一定的局限性。

2) DNA 鉴定证据的科学误差风险

DNA 鉴定意见是通过概率统计数据表述的,个体识别可能出现 3 种结果:分型不同、检测结果不能肯定是否具有相似分型、分型相似。第一种情况表示样本分别来源于不同的个体,这种排除的结论是绝对的,无须做进一步的分析;第二种情况则是样本降解、污染等因素使鉴定所得的图谱不够清楚,无法判读,其鉴定意见并无多大意义;第三种情况表明样本可能来源于同一个个体。

在分型相似的鉴定结论中,由于 DNA 鉴定只是检测人类基因组相对较少的部分,因此分型相似(匹配、一致或相同)表示样本经过鉴定分析没有观察到明显的分型差异,即只是通过目前的检测技术和方法没有检测出样本间的明显差异,并非表明样本绝对匹配,进一步分析可能会发现样本是存在差异的,从而得出样本分别来源于不同个体的结论。由此可见,分型具有相似性的意义具有不同的可能性:一是实际样本的确来自同一个个体;二是由于鉴定技术和方法的局限性,这种相似性仅是一种重合,比对样本并非来自物证样本所属的个体,即 DNA 鉴定在客观上存在科学误差。

因此,在评价 DNA 证据的证明价值时,应当关注 DNA 证据客观存在的误差,客观看待 DNA 证据的证据能力和证明力,否则可能会神化 DNA 证据,并导致错案的发生。

3) DNA 鉴定证据的环境污染风险

DNA 证据具有易受环境因素影响的特征,因此,DNA 样本的污染会干扰 DNA 证据的识别和鉴定。从污染源来看,主要有 3 种因素可导致 DNA 样本的污染。一是样本本身的性状在外界环境的作用下发生破坏,主要表现为用于鉴定的生物样本并不总是在理想状态下采集而来。在实践中,犯罪现场遗留的 DNA 样本往往处于恶劣的环境中,并经过长时间日晒、风吹、虫咬、细菌或化学物质等的破坏。因此,DNA 样本可能在弃置的环境中因温度、湿度、光线等因素的影响,发生降解、裂解及变性等,这将直接影响鉴定结果的准确性。二是样本与其他 DNA 成分的混合污染,主要表现在取样时,他人的血液或其他生物样本混合在一起,从而干扰 DNA 分型鉴定。三是污染发生在样本采集、保管、运输、送检、鉴定的任一阶段,由于 DNA 检测具有极高的灵敏度,微小的污染就可能直接影响 DNA 分型的鉴定结果,甚至污染物可能取代原本的目的样本,最终导致鉴定结果错误。在鉴定实验室中,最常见的 DNA 样本污染是样本之间的交叉污染。

4) DNA 鉴定证据的提取与保管环节风险

生物物证检材的正确提取、保存和送检是 DNA 分析的第一步。DNA 样本采集及保管的合法性是进行科学鉴定、保证 DNA 证据真实性的前提。从样本的采集、保管、运输、送检,到鉴定的实施,无一不需要人的参与,因此,在上述任意一个环节中发生故意或过失的操作,都会使 DNA 证据的可靠性受到质疑。由此可见,鉴定前对样本的处理是否符合规定,直接关系到提交法庭的 DNA 证据是否具有证据能力以及其证明力的大小。

在样本采集环节,诸多因素影响着样本的真实性。首先,在犯罪现场因保护不力或不及时,可能造成 DNA 样本的毁损、污染或丢失。其次,不同的生物样本需要使用不同的提取技术和方法,采取的提取方法不正确或操作不当,可能会使提取到的 DNA 样本失真。再次,一些故意因素也会导致样本损毁甚至调包。

在样本保管环节,DNA 样本从犯罪现场转移至运送车辆,之后到达法医 DNA 鉴定实验室,在实验室内部也会在不同的部门、鉴定人员之间转移,形成完整的证据保管链。证据保管链是指提取的样本从采集直至送到鉴定实验室期间的时间、地点、数量、标注等的转移信息链。通过追查证据保管链的信息,可以推知在此期间证据是否被故意或过失毁损、调换,这作为判断鉴定意见是否具有证据能力的重要依据。

5) DNA 鉴定证据的人权侵犯风险

DNA 蕴含了一个人的全套遗传密码,属于公民隐私权的保护范围,而 DNA 证据恰是将这一个体信息用于诉讼,其中最大的挑战为 DNA 样本采集程序的合法性与当事人隐私权的平衡问题。在 DNA 样本采集的合法性与人权保障冲突的问题上,争议最大的莫过于强制提取相关当事人生物样本(以血液最为常见)是否与保障人权的要求相违背。在强制取样与人权保障的冲突关系上,美国法院采取将个人利益的损失与国家利益相比较的做法,并做出国家利益高于个人利益的价值判断,赋予强制取样合法的法律地位。因此,在看待强制取样上,不能仅因为限制了公民的部分隐私权而否定所采集样本的合法性。

近年来,世界各国十分重视 DNA 数据库的建设,大量 DNA 信息被纳入数据库中,因此,也引起了数据库与人权保障的冲突问题。被采样的被告人在被排除嫌疑后,其信息往往依旧被纳入数据库中,这样的做法是否有合法性基础? 由此可见,虽然 DNA 数据库为侦破案件、提高办案效率做出了卓越的贡献,但在遗传信息存储与人权保障的尺度上依旧存在有待讨论和明确的问题。

7.6.2 DNA 鉴定证据的审查与认定

DNA 证据的审查与认定是对所收集证据材料进行分析、研究和判别,以确定其有无证据能力、证明力以及证明力大小的主观认识活动。对 DNA 证据审查与认定,有利于防范在 DNA 证据提取、保管、鉴定等环节出现的各种风险、弥补 DNA 本身属性的局限性、防止因采信错误的 DNA 证据而导致冤案的发生。

1) DNA 证据资格的审查与认定

证据能力,也称为证据资格,是指某一证据是否具有被允许作为证据使用的资格。DNA 鉴定结论能否提交于法庭,关键在于取样方法、取样过程、样品的保存情况、鉴定专家的素养和经验、实验室的操作和管理等方面是否符合法律规定。也就是说,DNA 鉴定过程要达到法律规范规定的标准;同时,在鉴定程序操作过程中要保证没有人为的破坏。对证据的审查认定主要涉及客观性、关联性和合法性三个方面。

(1) 客观性的认定。DNA 证据属于科学证据,而科学证据的可靠性全然取决于科学的有效性。DNA 证据是通过科学定量方法获取的检测结果,其可靠性全然依托于其所依据的原理、技术、方法是否安全有效。若制成证据所凭借的科学原理、技术、方法等不合规定,那么该 DNA 证据定然不能采用。科学技术的不断发展必然导致先进淘汰落后,新标准取代旧标准。旧标准之所以被取代,不是因为依其所得出的结论是错误的,而是因为与新标准相比,其鉴定意见错误的可能性更大。DNA 证据在发现、收集、提取、保管、移送、鉴定等环节的程序不规范会影响其证据能力;同时,DNA 证据在制成过程中所凭借的科学方法、原理、技术和标准等运用不适当也会影响其证据能力。审判者在采纳与采信 DNA 证据之前,必须对其产生所依靠的相关科学性标准与方法的权威性以及在该领域的适用性、人类种群样态分布数据库的选取等进行多方面、多角度的审查与认定。

(2) 关联性的认定。证据的关联性,又称为相关性,是指证据必须与案件争议事实有一定程度的联系,并且这种联系对证明案件事实是具有实际意义的。如果没有关联性,DNA 证据就失去进入诉讼程序的先决条件;如果 DNA 证据与证明的事实没有实质性联系,则无法被法庭所采纳。

可以从两个层面认识证据的关联性。一是证据能力意义上的关联性,即关联性的有无;二是证明力意义上的关联性,即关联性的强弱与大小。证据的关联性可以从以下几方面考察:① 该证据是用来证明什么的? ② 这是本案的实质性问题吗? ③ 所提出的证据对该问题有证明性(它能帮助确认该问题)吗?

（3）合法性的认定。合法性是法医 DNA 证据具有证据能力的关键要素,证据的来源、采集和认定等应当符合法律法规的相关规定,具体包括主体合法、形式合法、程序合法等。一般而言,证据的合法性应当从以下几个方面审查与认定：① 收集证据的主体是否合法；② 取证方式、方法和程序是否合法；③ 证据保管链是否完整；④ 移送程序是否合法；⑤ 鉴定程序是否合法；⑥ 鉴定材料的相关信息是否完备等。

2) DNA 证据证明力的审查与认定

证据的证明力,也就是证据价值,是指证据对于案件争议事实有无证明作用以及证明作用的大小,是法官审查与认定 DNA 证据的最终环节。证据的证明力往往取决于该项证据与案件争议焦点的联系是否紧密,即关联性问题。这种关联性的存在是客观的,不会随着时间、空间的改变而发生改变。其表现方式多样,但法官可以凭借常识和生活认知对其做出经验判断。虽然个案千差万别,主观判断也具有随意性,但是这种主观随意性不能被无限扩大,而应当受到限制,限制的范围和程度应当由"关联性"这一要素制约。

（1）关于证明力的认识误区。由于 DNA 鉴定具有特殊价值,DNA 检验或鉴定结论在诉讼中形成一边倒的局面,即将 DNA 鉴定证据在刑事审判中认定案件事实或特定被告人的证明力绝对化,盲目夸大、迷信此类证据的证据价值。DNA 鉴定作为一种法定证据,要同时受到其本身的技术限制和证据规则的限制。

DNA 鉴定意见所得出的肯定结果,只能证明被告人与行为人是同一个体的概率极高,这种客观的高概率建立在经典统计学数据分析的基础上,且仅局限于同一认定领域,而非整个案件事实。要进一步认定被告人有罪,必须有其他证据加以佐证。

（2）DNA 证据证明力的正确定位。DNA 证据代表的是一种概率而非确定性结论,而且环境、人为等因素都可能影响 DNA 证据的可靠性。因此,应当树立科学的 DNA 证据观,对 DNA 证据的证明力有正确的认识。

首先,DNA 证据是诸多证据类型中的一种。其次,应科学看待 DNA 证据的证明对象。DNA 证据只能证明从犯罪现场采集的 DNA 样本是否来源于某一特定的个体,而不能证明案件的所有事实,更不能直接说明犯罪的实施者就是这一特定个体。最后,DNA 证据没有预设的证明力。法官有权利根据自己的理解自由评价,对 DNA 证据的证明力做出客观、科学的判断。

思考题

1. 什么是 DNA 检测？DNA 检测的主要技术有哪些？

2. 什么是 DNA 指纹？DNA 指纹的主要应用范围是什么？

3. DNA 检测在法医学上主要有哪些应用？

4. 如何看待 DNA 检测技术应用于法庭？

5. 为什么说数据库是 DNA 检测的重要支撑？

6. 除法律规定外,你愿意公安机关采集自己的其他生物识别信息吗？

8 遗传学与环境保护

2019 年 9 月 3 日,时任生态环境部部长李干杰与《生物多样性公约》执行秘书克里斯蒂娜·帕斯卡·帕梅尔共同发布了《生物多样性公约》第十五次缔约方大会(COP15)主题:"生态文明:共建地球生命共同体"。这一主题顺应了世界绿色发展的潮流,表达了全世界人民共建共享地球生命共同体的愿望和心声。

2020 UN BIODIVERSITY CONFERENCE
COP 15 - CP/MOP10 - NP/MOP4
Ecological Civilization-Building a Shared Future for All Life on Earth
KUNMING · CHINA

图 8.1　2020 年联合国生物多样性
大会(COP15)会标

(图引自:新华网)

2020 年 1 月 9 日,时任生态环境部部长李干杰与《生物多样性公约》代理执行秘书伊丽莎白·穆雷玛女士,在北京共同发布 2020 年联合国生物多样性大会(COP15)会标。会标的设计理念来源于中国的剪纸艺术和印章文化(见图 8.1)。会标以不同元素组成一滴"水滴",也是一粒"种子"的形状。"水滴"意味着水是生命之源,是万物之源。"水滴"中包含的身着民族服装的小女孩、大熊猫、孔雀、蝴蝶、梅花、浪花等元素以甲骨文为背景,反映了生物多样性和文化多样性,契合大会主题"生态文明:共建地球生命共同体",表达了《生物多样性公约》2050 年愿景——人与自然和谐共生,全球共建生态文明。

习近平总书记指出:"绿水青山就是金山银山。"生态文明建设是关系人民福祉、关乎民族未来的大计,是实现中华民族伟大复兴中国梦的重要战略任务。作为生命科学领域重要学科之一的遗传学在环境保护上又发挥着哪些作用呢?

8.1　当今全球主要环境问题

人类是环境的产物,人类依赖自然环境才能生存和发展;人类又是自然环境的改造者,通过社会性生产活动利用和改造自然环境,使自然环境更适合人类的生存和发展。环境是影响人类生存和发展的各种天然的和经过人工改造的自然因素的总体,包括大气、水、海洋、土地、矿藏、森林、草原、野生生物、自然遗迹、人文遗迹、自然保护区、风景名胜区、城市和乡村等。

环境问题是指人类为了自身生存和发展的需要,在利用自然环境和改造自然的过程中引起的环境质量变化以及这种变化反过来对人类生产、生活和健康产生的负面效应。其实质是人类活动超出环境的承受能力,导致的人与其生存环境的不协调。

　　环境问题从人类诞生开始就存在了。20世纪五六十年代,环境问题出现第一次高潮,在这一阶段,人们已经逐步意识到环境问题的重要性,并开始采取行动。80年代以后,环境问题出现第二次高潮,这时大众开始关心人类自身生存的环境,保护全球生态环境、可持续发展等观念被人们普遍接受。随着经济社会的发展,人类不断地向环境中排放污染物,造成全球性生态环境的破坏和污染。全球普遍存在不同程度的空气、水和土地污染等现象,全球都在关注水资源的短缺、水体的污染、有毒化学品的危害、固体废弃物的处理与处置以及生物多样性的破坏等生态环境问题。

　　目前,人类主要面临十大全球环境问题:全球气候变暖、臭氧(O_3)层破坏、生物多样性减少、酸雨蔓延、森林锐减、土地荒漠化、大气污染、水污染、海洋污染和危险废物越境转移。

　　1)全球气候变暖

　　由于全球人口增加和人类生产活动的规模越来越大,人们向大气中排放的二氧化碳(CO_2)、甲烷(CH_4)、一氧化二氮(N_2O)、氯氟烃、四氯化碳(CCl_4)、一氧化碳(CO)等温室气体不断增加,这导致大气的组成发生变化。大气质量受到影响,气候有逐渐变暖的趋势。全球气候变暖会对全球产生各种不同的影响,如极地冰川融化,海平面升高。全球变暖也可能影响降雨和大气环流的变化,使气候反常,易造成旱涝灾害,这些都可能导致生态系统发生变化和破坏。

　　2)臭氧层破坏

　　氯氟烃等一些气体,会和臭氧发生化学作用,破坏臭氧层,使地面受到紫外线辐射的强度增加,给地球上的生命带来很大的危害。研究表明,紫外线辐射能破坏生物蛋白质和DNA,造成细胞死亡;紫外线辐射也可使人类皮肤癌发病率增高;紫外线辐射还可伤害眼睛,导致白内障而使眼睛失明;紫外线辐射又可抑制植物如大豆、瓜类、蔬菜等的生长,并穿透10 m深的水层杀死浮游生物和微生物,从而危及水中生物的食物链和自由氧的来源,影响生态平衡和水体的自净能力。

　　3)生物多样性减少

　　随着生态环境条件的变化,生物多样性也在不断地变化。近百年来,由于人口的急剧增加和人类对资源的不合理开发,加之环境污染等,地球上的各种生物及其生态系统受到了极大的冲击,生物多样性也受到很大的损害。据估计,世界上每年至少有5万种生物灭绝,平均每天灭绝的物种达140个。在我国,随着人口增长和经济发展,人们对生物资源的不合理利用增加,这使生物多样性遭受的损失也非常严重,大约有200个物种已经灭绝;估计约有5 000种植物已处于濒危状态,约占中国高等植物总数的20%;大约还有398种脊椎动物也处于濒危状态,约占中国脊椎动物总数的7.7%。

　　4)酸雨蔓延

　　酸雨是指大气降水中酸碱度(pH值)低于5.6的雨、雪或其他形式的降水。这是大气污染的一种表现。酸雨会导致土壤酸化,破坏土壤的营养,使土壤贫瘠化,危害植物和水中生物的生长,酸雨还腐蚀建筑材料。有关资料表明,近十几年来酸雨地区的一些古迹特别是石刻、石雕或铜塑像的损坏超过以往百年,甚至千年以上。

5)森林锐减

目前,世界上每分钟消失的森林面积相当于 36 个足球场。森林的减少使其涵养水源的功能受到破坏,造成物种减少和水土流失;同时,森林的减少使其对二氧化碳的吸收减少,进而又加剧了温室效应。

6)土地荒漠化

目前,全球共有干旱、半干旱土地约 50 亿公顷,其中 33 亿公顷遭到荒漠化威胁。土地荒漠化致使每年有 600 万公顷农田、900 万公顷牧区失去生产力。

7)大气污染

据估算,大气污染导致全球每年有 30 万～70 万人因烟尘污染提前死亡,2 500 万儿童患慢性咽喉炎,400 万～700 万农村妇女和儿童受害。

8)水污染

水是人们在日常生活中最需要的,也是接触最多的物质之一。据估算,全世界每年有 4 200 多亿立方米的污水排入江河湖海,污染淡水达 5.5 万亿立方米,占全球径流总量的 14% 以上。

9)海洋污染

人类活动使近海区的氮和磷含量增加 50%～200%,过量营养物导致沿海藻类大量生长,波罗的海、北海、黑海、东中国海(东海)等出现赤潮。赤潮频繁发生,破坏了红树林、珊瑚礁及海草,使近海鱼虾锐减,渔业损失惨重。

10)危险废物越境转移

危险废物是指除放射性废物外,具有化学活性或毒性、爆炸性、腐蚀性和其他对人类生存环境存在有害特性的废物。美国在《资源保护与回收法》中规定,所谓危险废物是指一种固体废物和几种固体的混合物,如果其数量和浓度较高,可能导致人类死亡,或者引起严重的难以治愈的疾病或致残。据估算,全世界每年危险废物的产生量为 3.3 亿吨,由于危险废物会带来严重的污染和潜在的威胁,工业发达国家的一些公司极力试图向不发达国家和地区转移危险废物。

8.1.1 大气污染

大气是指包围在地球外部的空气层。由大气所形成的围绕在地球周围的混合气体称为大气圈。大气圈的厚度为 2 000～3 000 km。大气圈按温度垂直变化的特点可分为对流层、平流层、中间层、电离层和散逸层。对流层是大气圈的最底层,因纬度和季节而异,对流层集中了大气圈质量的 3/4 和几乎全部水汽。因此,对流层是大气圈中与一切生物关系最密切的一个层次,它对人类的生产、生活影响最大。人们通常所说的大气污染,主要发生在这一层。按照国际标准化组织(ISO)的定义,大气污染通常是指人类活动或自然过程引起某些物质进入大气中,呈现足够的浓度,达到足够的时间,并因此危害了人体的舒适、健康和福利或环境的现象。

随着人类活动的不断加剧和经济的快速增长,大气污染已成为人类面临的非常严峻的环境问题之一。大气污染物的种类越来越多,从传统的工业废气如二氧化硫(SO_2)、烟尘、粉尘等到可吸入颗粒物(PM_{10},粒径小于 10 μm,可进入肺泡)、细颗粒物($PM_{2.5}$,粒径小于 2.5 μm,可通过血液循环流遍全身)等。随着城市化进程的加快,城市大气颗粒物污染成为严重的环境问题之一。研究发现,粒径小于或等于 2.5 μm 的颗粒物更易于富集空气中的有毒重金属、酸性氧化物、有机污染物、细菌和病毒等。大气颗粒物严重影响空气质量、气候变化、大气能见度,并且对人体健康产生重要影响。世界卫生组织等权威机构已经确认,在重度污染天气下,$PM_{2.5}$会增加心血管疾病、呼吸系统疾病的发病率和病死率。大气污染还可以通过影响动植物,对农业、林业、园艺业、渔业、畜牧业等产生不利的影响。另外,大气中的煤烟和灰尘等会污染街道和庭院、居室及室内设备、衣服等。大气中的酸雨、酸雾及各种氧化性物质会腐蚀建筑材料和设备器械,损坏建筑物及名胜古迹,还会影响水质。

《2019 中国生态环境状况公报》显示,2019 年在全国 337 个地级及以上城市中,157 个城市的环境空气质量达标,占全部城市数的 46.6%;180 个城市的环境空气质量超标,占 53.4%。337 个城市的环境空气质量平均为优良的天数比例为 82.0%,平均超标的天数比例为 18.0%,以 $PM_{2.5}$、臭氧(O_3)、PM_{10}、二氧化氮(NO_2)和 CO 为首要污染物的城市环境空气质量超标天数分别占总超标天数的 45.0%、41.7%、12.8%、0.7%和不足 0.1%,未出现以 SO_2 为首要污染物的超标天。337 个城市累计发生严重污染 452 天,比 2018 年减少 183 天;累计发生重度污染 1666 天,比 2018 年增加 88 天。以 $PM_{2.5}$、PM_{10} 和 O_3 为首要污染物的天数分别占重度及以上污染天数的 78.8%、19.8%和 2.0%,未出现以 SO_2、NO_2 和 CO 为首要污染物的重度及以上污染。2019 年,$PM_{2.5}$、PM_{10}、O_3、SO_2、NO_2 和 CO 浓度分别为 36 $\mu g/m^3$、63 $\mu g/m^3$、148 $\mu g/m^3$、11 $\mu g/m^3$、27 $\mu g/m^3$ 和 1.4 $\mu g/m^3$;与 2018 年相比,PM_{10} 和 SO_2 浓度下降,O_3 浓度上升,其他污染物浓度持平。$PM_{2.5}$、PM_{10}、O_3、SO_2、NO_2 和 CO 超标天数比例分别为 8.5%、4.6%、7.6%、不足 0.1%、0.6%和不足 0.1%;与 2018 年相比,PM_{10} 和 CO 超标天数比例下降,SO_2 和 NO_2 超标天数比例持平,$PM_{2.5}$ 和 O_3 超标天数比例上升(见图 8.2)。

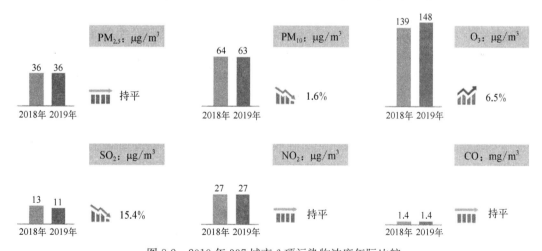

图 8.2 2019 年 337 城市 6 项污染物浓度年际比较

(图引自:中华人民共和国生态环境部,2020)

8.1.2 水污染

水是生命之源,是人类赖以生存和经济赖以发展的必不可少的资源。地球上水的总储量约为 1.38×10^9 km^3,其中海洋占 97.41%,淡水仅占地球总水量的 2.59%。而淡水的 87%又被封冻在两极及高山的冰层和冰川中,难以利用。人类可利用的淡水资源仅为 21 000 km^3 左右,且其在时空上分布不均,加上人类的不合理利用,使得世界上许多国家和地区面临着严重的水资源危机。淡水资源短缺已成为制约经济社会可持续发展的主要因素。据不完全统计,目前全世界有100多个国家缺水,其中40多个国家严重缺水。我国同样面临水资源紧缺的现实。我国人均占有水资源量为2 700 m^3,仅相当于世界平均值的1/4。

与此同时,随着工业革命的兴起和社会经济的快速发展,水污染问题越来越突出。水污染的主要来源有3个:生活废水、工业废水和含有农业污染物的地面径流。另外,固体废物渗漏和大气污染物沉降也对水体造成交叉污染。水体污染大大减少了淡水的可供量,加剧了淡水资源的短缺。

自2015年4月国务院发布实施《水污染防治行动计划》以来,国家各部门、各地区以改善水环境质量为核心,出台多项政策措施,加快推进水污染治理,全国水环境质量总体保持持续改善势头。但是,我国水生态环境压力仍然处于高位,水安全风险还在不断累积,水生态环境保护形势依然严峻。

《2019中国生态环境状况公报》显示(见表8.1),2019年在全国地表水监测的1931个水质断面中,Ⅰ~Ⅲ类水质断面占74.9%,比2018年上升3.9个百分点;劣Ⅴ类水质断面占3.4%,比2018年下降3.3个百分点,主要污染指标为化学需氧量、总磷和高锰酸盐指数。长江、黄河、珠江、松花江、淮河、海河、辽河七大流域和浙闽片河流、西北诸河、西南诸河的1 610个水质断面监测结果显示:西北诸河、浙闽片河流、西南诸河和长江流域水质为优,珠江流域水质良好,黄河流域、松花江流域、淮河流域、辽河流域和海河流域水质为轻度污染。在开展水质监测的110个重要湖泊(水库)中,Ⅰ~Ⅲ类湖泊(水库)占69.1%,比2018年上升2.4个百分点;劣Ⅴ类湖泊(水库)占7.3%,比2018年下降0.8个百分点,主要污染指标为总磷、化学需氧量和高锰酸盐指数。在开展营养状态监测的107个重要湖泊(水库)中,贫营养状态湖泊(水库)占9.3%,中营养状态湖泊(水库)占62.6%,轻度富营养状态湖泊(水库)占22.4%,中度富营养状态湖泊(水库)占5.6%。在监测的336个地级及以上城市的902个在用集中式生活饮用水水源断面(点位)中,830个水源断面全年均达标,占92.0%。其中,地表水水源监测断面(点位)为590个,565个全年均达标,占95.8%,主要超标指标为总磷、硫酸盐和高锰酸盐指数;地下水水源监测点位为312个,265个全年均达标,占84.9%,主要超标指标为锰、铁和硫酸盐,主要是由天然背景值较高导致。在全国10 168个国家级地下水水质监测点中,Ⅰ~Ⅲ类水质监测点占14.4%,Ⅳ类水质监测点占66.9%,Ⅴ类水质监测点占18.8%。在全国2 830处浅层地下水水质监测井中,Ⅰ~Ⅲ类水质监测井占23.7%,Ⅳ类水质监测井占30.0%,Ⅴ类水质监测井占46.2%,超标指标为锰、总硬度、碘化物、溶解性总固体、铁、氟化物、氨氮、钠、硫酸盐和氯化物。

表8.1 2019年重要湖泊(水库)水质状况

水质类别	三湖	重要湖泊	重要水库
Ⅰ类、Ⅱ类	—	红枫湖、香山湖、高唐湖、万峰湖、花亭湖、班公错、邛海、柘林湖、抚仙湖、泸沽湖	太平湖、新丰江水库、长潭水库、东江水库、隔河岩水库、湖南镇水库、董铺水库、鸭子荡水库、大伙房水库、瀛湖、南湾水库、密云水库、红崖山水库、高州水库、大广坝水库、里石门水库、大隆水库、水丰湖、铜山源水库、龙岩滩水库、丹江口水库、党河水库、怀柔水库、解放村水库、千岛湖、双塔水库、松涛水库、漳河水库、黄龙滩水库

（续表）

水质类别	三　湖	重　要　湖　泊	重　要　水　库
Ⅲ类	—	斧头湖、衡水湖、菜子湖、骆马湖、东钱湖、梁子湖、西湖、武昌湖、升金湖、东平湖、南四湖、镜泊湖、黄大湖、百花湖、乌梁素海、阳宗海、洱海、赛里木湖、色林错	于桥水库、鹤地水库、峡山水库、察尔森水库、三门峡水库、云蒙湖、玉滩水库、崂山水库、磨盘山水库、鲁班水库、尔王庄水库、山美水库、王瑶水库、白龟山水库、小浪底水库、白莲河水库、鲇鱼山水库、富水水库
Ⅳ类	太湖、巢湖、滇池	洪湖、龙感湖、阳澄湖、白洋淀、仙女湖、洪泽湖、白马湖、南漪湖、沙湖、小兴凯湖、焦岗湖、鄱阳湖、瓦埠湖、洞庭湖、博斯腾湖	莲花水库、松花湖、昭平台水库
Ⅴ类	—	异龙湖、淀山湖、高邮湖、大通湖、兴凯湖	—
劣Ⅴ类	—	艾比湖、杞麓湖、呼伦湖、星云湖、程海、乌伦古湖、纳木错、羊卓雍错	—

注：艾比湖、乌伦古湖和纳木错的氟化物天然背景值较高，羊卓雍错的 pH 值天然背景值较高，程海的 pH 值、氟化物天然背景值较高，呼伦湖的重铬酸盐指数、氟化物天然背景值较高。
（资料引自：中华人民共和国生态环境部，2020）

8.1.3　土壤污染

　　土壤是人类生存之本，是国家发展和人民生活所需的最基本资源。地球陆地表面具有一定的肥力且能生长植物的疏松表层称为土壤。它是岩石风化和母质的成土两种过程综合作用形成的产物。简单地说，土壤主要是由固相、液相以及气相三相组成的多孔介质。自然界中土壤的物质组成主要有矿物质、有机质、气体、水分和土壤生物。土壤生物种类很多，包括动物区系中的昆虫、蛔虫和各种原生动物，植物区系中的藻类以及各种微生物等。其中微生物的数量特别多，每克土壤可以含有多至数十亿个微生物。

　　长期以来，由于我国经济发展模式以粗放型为主，产业结构不合理，污染物排放总量偏高；而且由于土壤污染具有隐蔽性、滞后性、再生能力缓慢等特点，我国部分地区产生了比较严重的土壤污染问题。

　　2014 年，国家环境保护部和国土资源部联合发布《全国土壤污染状况调查公报》。调查结果显示，我国土壤环境状况总体并不乐观，部分地区土壤污染较严重，耕地土壤环境质量堪忧，工矿业废弃地土壤环境问题突出。全国土壤污染物总点位超标率为 16.1%，其中轻微、轻度、中度和重度污染点位的比例分别为 11.2%、2.3%、1.5% 和 1.1%，污染类型以无机型为主，有机型次之，复合型污染比重较小，无机污染物超标点位数占全部超标点位数的 82.8%。从污染物超标情况看，镉、汞、砷、铜、铅、铬、锌、镍 8 种无机污染物点位超标率分别为 7.0%、1.6%、2.7%、2.1%、1.5%、1.1%、0.9%、4.8%（见表 8.2）；六氯环己烷（六六六）、双对氯苯基三氯乙烷（滴滴涕）、多环芳烃 3 类有机污染物点位超标率分别为 0.5%、1.9%、1.4%（见表 8.3）。从典型地块及其周边土壤污染状况看，重污染企业用地、工业废弃地和采矿区土壤点位超标率达 30% 以上，工业园区、固体废物集中处理处置场地、采油区、污水灌溉区和干线公路两侧土壤点位超标率也在20％以上。从土地利用类型看,耕地、林地、草地、未利用地土壤点位超标率分别为19.4％、10.0％、10.4％、11.4％。耕地的土壤点位超标率最高。耕地的污染直接威胁人类粮食、蔬菜及畜牧产品等的产量和质量,并通过食物链影响人类的生命健康。

表8.2 无机污染物超标情况

污染物类型	点位超标率(%)	不同程度污染点位比例(%)			
		轻微	轻度	中度	重度
镉	7.00	5.20	0.80	0.50	0.50
汞	1.60	1.20	0.20	0.10	0.10
砷	2.70	2.00	0.40	0.20	0.10
铜	2.10	1.60	0.30	0.15	0.05
铅	1.50	1.10	0.20	0.10	0.10
铬	1.10	0.90	0.15	0.04	0.01
锌	0.90	0.75	0.08	0.05	0.02
镍	4.80	3.90	0.50	0.30	0.10

(资料引自:中华人民共和国生态环境部和自然资源部《全国土壤污染状况调查公报》,2014)

表8.3 有机污染物超标情况

污染物类型	点位超标率(%)	不同程度污染点位比例(%)			
		轻微	轻度	中度	重度
六氯环己烷(六六六)	0.50	0.30	0.10	0.06	0.04
双对氯苯基三氯乙烷(滴滴涕)	1.90	1.10	0.30	0.25	0.25
多环芳烃	1.40	0.80	0.20	0.20	0.20

(资料引自:中华人民共和国生态环境部和自然资源部《全国土壤污染状况调查公报》,2014)

8.1.4 重金属元素

在自然界广泛分布的元素中80％以上为金属元素,其中在标准状况下单质密度大于5 g/cm³(也有认为大于4 g/cm³或4.5 g/cm³)的被称为重金属元素。目前,重金属元素约有45种,如铜、铅、锌、铁、钴、镍、锰、镉、汞、钨、钼、金及银等。还有一些物理化学性质介于金属和非金属之间,并且兼有两种金属特性的元素,一般称为类金属元素,如砷和硒等。在环境科学领域的研究中,由于此类元素对环境和生命体能够产生毒性,其也被归为重金属元素。由重金属及其化合物引发的环境中大气、土壤和水质的污染,被统称为重金属污染。

重金属广泛地分布于大气圈、生物圈、岩石圈和水圈中,在自然情况下,其浓度一般不会达到危害环境和人类的程度。近年来,随着现代工业、农业和交通运输业的迅速发展,不合理的金属矿产资源的挖掘和利用、工业废水的排放、汽车尾气的排放、大范围农药杀虫剂的使用等带来的重金属污染对人类的健康和生存造成了严重的威胁。由于重金属污染具有污染范围广、持续时间长、毒性强、危害大、隐蔽性强、有累积效应、污染后难以修复等特点,其对生物和环境的危害性显得尤为严重。重金属污染已成为当今面积最广、危害最大的环境问题之一。

从环境角度来讲,重金属污染中所说的重金属元素是指汞、镉、铅、铬以及类金属元素砷等生物毒性较强的重金属元素,以及锌、铜、钴、镍及锡等毒性一般的重金属元素,其中对人体毒害最大的主要是铅、汞、砷、镉、铬。目前,人们关心的重金属污染元素主要有汞、砷、铅、锡、锑、铜、镉、铬、镍和钒,它们以各种各样的化学形态存在于空气、水和土壤等环境中。

1) 铅

我国是世界铅(Pb)生产和铅消费的大国。但我国的铅企业普遍存在生产工艺落后、设备现代化程度低、铅资源浪费和环境污染严重等问题。尽管国家采取了一些相应措施,但收效并不显著。一般被铅污染的区域,主要是重金属特别是铅生产的矿区、厂区、城区等;另外,工业化程度较高的城区、工业园区以及交通发达地区的高速公路等周边的农田土壤和水域也是主要的铅污染区域。

铅是生物体非必需元素,人体内的铅主要是随饮水、食物摄入和经呼吸道吸入的。由于铅对人体组织有广泛的亲和力,铅在人体内的积累一旦过量,几乎可以危害所有的器官,其中以大脑和肾受害最严重,会引起头痛、脑麻痹、失明、智力迟钝和肾功能受损等严重后果。

2) 汞

汞(Hg)俗称水银,是常温下唯一的液态金属,在自然界中主要以金属汞、无机汞和有机汞化合物的形式存在。汞在我国的污染情况比较严重。汞污染的主要人为来源有化石燃料、废物、污泥燃烧;金属冶炼、水泥生产、石灰制造等高温制造行业;金属加工、黄金提取、汞矿开采、氯碱工业、荧光灯管、化工仪表(含汞的化学药品、涂料、电池、温度计、催化剂等)等涉及汞的制造业;含汞农药、化肥和畜禽粪便等农业污染。化石燃料被认为是向大气中排放汞的最主要来源,特别是煤炭的燃烧,燃煤电厂是全球大气中汞的最主要的来源。历史上和近年来的工业活动,包括开采黄金、银和汞等,都会造成陆地和水生生态系统受汞的污染。

汞及其化合物具有很强的致癌和致畸作用以及持久的神经毒性、遗传毒性和生物积累效应,是最危险的环境污染物之一。汞及其化合物对人体和生态系统都有较大危害。在有机汞化合物中毒性最大的是甲基汞,其进入人体后遍布全身各器官、组织,主要侵害神经系统,尤其是中枢神经系统,其中受害最严重的是小脑和大脑两半球,并且这些损害是不可逆的。水俣病就是甲基汞中毒的典型疾病,以小脑性运动失调、视野缩小、发音困难为主要症状。

3) 砷

砷(As)污染在世界各地的报道中比较常见,在重金属对农田的污染中,砷污染占30%。现代工农业的迅猛发展带来"三废"的大量排放,农民为了提高农作物产量大量施用含有砷的农药和化肥,这使土壤砷污染严重。相关资料显示,在我国由灌溉引起的重金属污染中,砷污染居前5位。除此之外,皮革、硬质合金、各种杀虫剂等生产行业也是砷污染的主要来源。

砷中毒以皮肤损害为主,危害人的呼吸系统、消化系统、神经系统及造血系统等。

4) 镉

镉(Cd)在工业上的应用十分广泛,主要用于合金的制造,蓄电池、焊料、颜料、半导体元件的生产,陶瓷工业以及化肥与农药的生产等。镉的污染源主要是工业废水和烟尘。

在金属冶炼和矿石的烧结中,由于镉的熔点和沸点较低,其比锌等金属先挥发到大气中,造成大气污染。此外,汽车尾气的排放、废钢铁的熔炼和塑料制品的焚化等都会引起镉污染。进入大气的镉主要存在于大气的颗粒物中,即粉尘镉毒。在大气中它们还能与其他物质相互作用,产生协同毒性,其生物毒性可能更强,对人体健康有更大的危害。大气和水体中的镉在土壤中沉积,可造成土壤污染。除此之外,镉废渣的长期堆积、磷肥的追施和某些含镉农药的喷洒等,也是导致土壤镉污染的重要因素。镉对水体的污染主要是由工业废水排放引起的。1992 年,镉的化合物被国际癌症研究机构(IARC)确认为ⅠA级致癌物,被美国毒物及疾病管理局(ATSDR)列为第 6 位危害人体健康的有毒物质。

镉进入人身体后,通过血液传输至全身,主要蓄积于肾、肝中,其次蓄积于甲状腺、脾和胰等器官中。镉中毒通常表现为呼吸功能障碍和肾功能不全,还会引起疼痛病。镉是致癌物,可引起肺癌、前列腺癌及肾癌等。

5) 铬

铬(Cr)有三价和六价之分。人们认为三价铬是生物所必需的微量元素,有激活胰岛素的作用,可以增加人体对葡萄糖的利用。一般认为,三价铬在动物体内的肝、肾、脾和血中不易积累,而在肺内存量较多,因此其对肺有一定的伤害。实验证明三价铬的毒性仅为六价铬的1%。六价铬对人体的危害主要包括:① 对皮肤的损害,主要表现为对皮肤有刺激和致敏作用;② 对呼吸系统的损害,主要表现为鼻中隔穿孔、咽喉炎和肺炎;③ 对内脏的损害等。多数研究者认为铬化合物能致呼吸道癌症,主要是支气管肺癌。在电镀操作中或在有关生产铬化合物的场所,应防止铬烟雾对人体的影响。

8.2　生物监测

生物监测(biological monitoring)是指利用生物个体、种群或群落对环境污染或变化所产生的反应阐明环境状况,它从生物学角度为环境质量的监测和评价提供依据。监测生物与指示生物概念不同。指示生物是指对环境中的污染物能产生各种定性反应,指示环境污染物存在;监测生物不仅能够反映污染物的存在,而且能够反映污染物的量,因此监测生物必然是指示生物。监测生物的选择应遵循以下原则:① 选择对人为胁迫敏感并具有特异性反应的生物;② 选择遗传稳定、对人为胁迫反应的个体差异小、发育正常的健康生物;③ 选择易于繁殖和管理的常见生物;④ 尽量选择既有监测功能又有其他功能的生物。

生物监测根据划分依据不同,可以有多种分类方法。按环境介质不同来分,生物监测主要包括大气污染监测、水质污染监测和土壤污染监测;按生物层次来分,生物监测主要包括形态结构监测、生理生化监测、遗传毒理监测和生物群落监测。

8.2.1　形态结构监测

在形态结构监测中,发展最成熟、应用最广泛的是利用生物对大气污染进行监测。大气污染的生物监测包括动物监测和植物监测。由于动物具有对环境的趋性和管理困难等特点,目前动物监测尚未形成一套完整的监测方法。由于植物具有位置固定、管理方便且对大气污染敏感等特点,大气污染的植物监测被广泛应用。不同植物对不同种类大气污染的敏感程度及其受害症状不一样。

1)用于大气污染监测的植物

(1)对二氧化硫敏感的植物:地衣、苔藓、紫花苜蓿、荞麦、金荞麦、芝麻、向日葵、大马蓼、土荆芥、藜、曼陀罗、落叶松、美洲五针松、马尾松、枫杨、加拿大白杨、杜仲、水杉、胡萝卜、葱、菠菜、莴苣、南瓜、蚕豆、大麦、棉花、小麦、黑麦、烟草、牵牛花、月季、玫瑰、中国石竹、合欢、梅花、樱花、郁李等。

(2)对氟化物敏感的植物:唐昌蒲、郁金香、金荞麦、杏、山桃、金丝桃、葡萄、小苍兰、金线草、玉簪、梅、紫荆、玉米、烟草、芝麻、落叶松、美洲五针松、欧洲赤松、池柏等。

(3)对氯气敏感的植物:芝麻、荞麦、向日葵、大马蓼、藜、翠菊、万寿菊、鸡冠花、大白菜、青菜、菠菜、韭菜、葱、番茄、菜豆、冬瓜、萝卜、大麦、桃树、枫杨、赤杨、紫椴、复叶槭、雪松、落叶松、樟子松、油松、池柏、水杉等。

(4)对臭氧敏感的植物:烟草、矮牵牛、牵牛花、马唐、花生、燕麦、雀麦、洋葱、萝卜、马铃薯、光叶榉、女贞、银槭、皂荚、丁香、葡萄、梨、牡丹等。

(5)对过氧乙酰硝酸酯敏感的植物:早熟禾、矮牵牛、繁缕、菜豆、莴苣、燕麦、番茄、荠菜等。

(6)对乙烯(C_2H_4)敏感的植物:芝麻、番茄、香石竹、棉花、向日葵、茄子、辣椒、蓖麻、紫花苜蓿、中国石竹、四季海棠、月季、合欢、刺葵、万寿菊、含羞草、银边翠、大叶黄杨、臭椿、玉兰等。

(7)对氨气(NH_3)敏感的植物:紫藤、小叶女贞、杨树、虎杖、悬铃木、薄壳山核桃、杜仲、珊瑚树、枫杨、木芙蓉、棉花、芥菜、向日葵、刺葵等。

(8)对汞蒸气敏感的植物:菜豆属、向日葵属、女贞属、绣球花属、块根马利筋属等。

2)常见有害气体对植物伤害的典型症状

(1)二氧化硫:叶面微微失水并起皱,叶脉间出现大小不等、无一定分布规律的点状或块状伤斑,伤斑的颜色多为土黄色或红棕色,伤斑的形状、分布和色泽因植物种类和受害条件的不同而不同。

(2)氟化氢:伤斑多分布在叶缘或叶片顶部,与正常组织之间有一条明显的暗红色界线。伤斑可能分离或脱落,而叶片并不脱落。伤斑的分布与叶片的厚薄、叶脉的粗细和走向也有一定的关系。

(3)氯气:大多在叶脉间出现点状或块状伤斑,其与正常组织之间界线模糊,或有过渡带,严重时全叶失绿漂白,甚至脱落。

(4)臭氧:阔叶植物下表皮出现不规则的小点或小斑,部分下陷,小点变成红棕色,后褪成白色或黄褐色;禾本科植物最初的坏死区不连接,随后可以出现较大的坏死区。

(5)过氧乙酰硝酸酯:叶片背面变为银白色、棕色、古铜色或玻璃状,不呈点状或块状伤斑,有时在叶片的先端、中部或基部出现坏死带。

(6)乙烯:乙烯对植物的一般影响是影响植物的生长及花和果实的发育,并加速植物组织的老化。具体表现为叶片发生不正常的偏上生长(叶片下垂),或失绿黄化,并常发生落叶、落花、落果以及结实不正常的现象。

典型的植物受害症状往往也用来检测土壤污染。土壤中的污染物对植物的根、茎、叶都可能产生影响,导致植物出现一定的症状。例如,锌污染引起洋葱主根肥大和曲褶;铜污染引起大麦不能分蘖;砷污染使小麦叶片变得窄而硬,呈青绿色;镉污染使大豆叶脉变成棕色,叶片褪绿,叶柄变成淡红棕色等。

8.2.2 生理生化监测

当外界环境受到污染时,生物的某些生理生化指标会随之发生变化,并且比可见症状更灵敏、精确。研究发现,生物在受逆境胁迫时,其细胞内的自由基代谢平衡可能会被破坏而产生自由基。生物体内会产生过氧化氢酶(catalase,CAT)、超氧化物歧化酶(superoxide dismutase,SOD)等保护酶。这些酶的活性水平可以作为生理生化指标。例如,当生物受到大气污染物二氧化硫胁迫时,多酚氧化酶、谷氨酸脱氢酶、谷胱甘肽等会增加,而硝酸还原酶、核酮糖-1,5-双磷酸(RuBP)羧化酶会减少。在动物中,利用鱼来监测水体污染时,鱼的生理代谢指标有呼吸频率、呼吸代谢、侧线感官功能、渗透压调节等;生化指标有血液成分变化、血糖水平、酶活性变化、糖类及脂类代谢等。

8.2.3 遗传毒理监测

在众多环境污染物中,有的污染物主要是对当代个体的新陈代谢和生命活动产生不良的影响,而有的污染物则不仅影响当代生物,而且还会影响下一代,这类污染物往往具有很强的致癌、致畸、致突变作用(三致效应)。这些污染物能够引起生物体的遗传物质发生变化,包括基因突变或染色体变异。一般基因突变涉及的染色体片段小,难以用光学显微镜直接观察到,而大片段的染色体畸变可以采用光学显微镜直接观察。人们通过检测生物遗传物质的变异情况监测环境中是否存在对生物产生遗传毒性的污染物。

1) 艾姆斯试验

艾姆斯试验(Ames 试验)是由美国加州大学生物化学家艾姆斯等创建的,是一种利用微生物进行基因突变的体外致突变试验方法。其原理是利用鼠伤寒沙门菌组氨酸营养缺陷型突变株(his⁻)与被监测化学物质接触,如果该化学物质具有致突变性,则可使该菌株回复突变成野生型(his⁺),具有合成组氨酸的能力,可在基本培养基上生长成可见菌落。可通过计数回复突变菌落数判定受试物是否有致突变性。

2) 微核试验

微核试验(micronucleus test,MNT)是一种常见的污染监测方法。在外源性诱变剂存在时,细胞内染色体受到诱变发生断裂,纺锤丝和中心粒受损,造成有些染色体及染色体断片在细胞分裂后期滞后,或者在核膜受损后核物质向外突起延伸,形成一个或几个规则的圆形或椭圆形小体,其嗜染性与细胞核相似,比主核小,被称为微核。植物微核监测技术被证实为监测环境污染物最有效的技术之一,具有成本低、效率高、快速及准确等优点。目前微核监测技术已经广泛用于监测空气、水体和土壤的环境污染状况。

微核试验常用的试验材料是紫露草和蚕豆,图 8.3 为蚕豆根尖微核。紫露草适应性强,终年不断开花,花粉母细胞的减数分裂有高度的同步现象,可同时形成大量四分体,在检测中,可以在高度敏感的分裂期引起染色体的损伤，并且在同步的四分体中得到大量的微核，通过检视微核可判定试验结果，比在分裂中期分析染色体变异的频率要简便。而蚕豆的根尖细胞染色体大，DNA 含量多，对诱变剂反应敏感，因而其也是常用的试验材料。

3）姐妹染色单体交换试验

每条染色体由两条染色单体组成，一条染色体的两条染色单体之间进行DNA 的相互交换，即同源位点复制产物间的 DNA 互换，称为姐妹染色单体互换。它可能与 DNA 的断裂和重连相关，提示 DNA 损伤。5-溴脱氧尿嘧啶

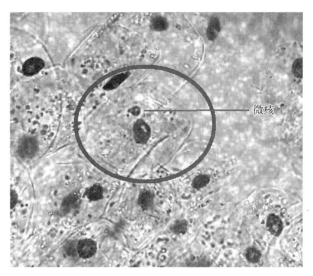

图 8.3　蚕豆根尖微核（农药处理后）

核苷（BrdU）是胸腺嘧啶核苷（T）的类似物，在 DNA 复制过程中可以代替 T 掺入新复制的核苷酸链中。当细胞经过 2 个细胞周期后，2 条姐妹染色单体 DNA 双链的化学组成就有差别：一条染色单体的 DNA 双链之一含有 BrdU，另一条染色单体的 DNA 双链都含有 BrdU。当用荧光染料染色时，可以看到两条链都含有 BrdU 的姐妹染色单体染色浅，只有一条链有 BrdU 的染色单体染色深。用这种方法可以清楚地看到姐妹染色单体互换情况。如果姐妹染色单体发生互换，会使深染色的染色单体上出现浅色片段，浅染色的染色单体上出现深色片段。很多化学致突变物或致癌物可以大幅增加姐妹染色单体交换的频率，因此，目前姐妹染色单体交换试验（sister chromatid exchange test，SCE test）广泛应用于化学物质的致突变监测中。

8.2.4　生物群落监测

生物群落是指在相同时间聚集在一定地域或生境中的所有生物种群的集合体。生物群落监测法是通过研究在污染环境下生物群落种类、组成和数量的变化监测环境污染状况的方法。当环境受到污染时，物种组成会发生变化：敏感物种消失，抗性物种增加，个别强抗性物种成为群落中的优势种。随着生物群落结构的变化，生态系统功能也发生相应的变化。常用的具体方法有附生植物群落监测法、微生物监测法、微型生物群落监测法、底栖大型无脊椎动物监测法。

1）附生植物群落监测法

附生植物是指不与土壤接触，其根群便会在其他植物的表面上生长，并以雨露、空气中的水汽及有限的腐殖质为生的生物。例如地衣和苔藓，其营养物质主要从空气中吸收或从沉降物中吸收，因此其体内污染物的含量与大气环境中污染物的浓度及沉降率有良好的相关关系。根据这些植物种类、数目、覆盖度、分布频率等的变化，可以绘制出污染分级图。

2）微生物监测法

大气污染的微生物监测：空气中微生物总量的监测是评价地区性环境质量的依据之一。测定方法有沉降平皿法、吸收管法、撞击平皿法和滤膜法。评价空气微生物污染状况的指标有细菌

总数和链球菌总数。一般当空气中细菌总数超过 500～1 000 个/m³时,认为空气发生了污染。

水污染的微生物监测:水中细菌总数可以反映水体被细菌污染的状况。在水中大肠杆菌存在的数目与致病菌呈一定的正相关,且易于检查,常被用作水体受粪便污染的检测指标。我国现行生活饮用水卫生标准规定,1 mL 自来水中的细菌总数不得超过 100 个;1 L 自来水中的总大肠菌群数不得超过 3 个。一般认为,每 1 mL 水中的细菌总数为 10～100 个时,该水为极清洁水;每 1 mL 水中的细菌总数为 100～1 000 个时,该水为清洁水;每 1 mL 水中的细菌总数为 1 000～10 000 个时,该水为不太清洁水;每 1 mL 水中的细菌总数为 10 000～100 000 个时,该水为不清洁水;每 1 mL 水中的细菌总数多于 100 000 个时,该水为极不清洁水。

3) 微型生物群落监测法

微型生物是指水生生态系统中在显微镜下才能看到的微小生物,包括细菌、真菌、藻类、原生动物、轮虫、线虫、甲壳类动物等。它们彼此间有复杂的相互作用,在一定的环境中构成特定的群落。当水受到污染后,群落的平衡被打破,物种数目减少,多样性指数下降,微型生物的结构和功能等也会随之发生变化。

常用的方法是聚氨酯泡沫塑料块(polyurethane foam unit, PFU)法。将一定体积的聚氨酯泡沫塑料块悬挂在水中,用聚氨酯泡沫塑料块中原生动物的种类和群集速度监测水质的好坏。

4) 底栖大型无脊椎动物监测法

底栖大型无脊椎动物是指栖息在水底或附着在水中植物和石块上的肉眼可见的、大小不能通过孔眼为 0.595 mm(淡水)或 1.0 mm(海水)的水生无脊椎动物,包括水生昆虫、大型甲壳类动物、软体动物、环节动物。在一般情况下,水环境中大型无脊椎动物的群落是多种多样的,且其种类的分布和数量是稳定的,但是当水体受到污染后,大型无脊椎动物的群落结构会发生变化。这种变化可以用来监测和评价城市、工业、石油、农业废物及土地利用对自然水体的影响。

8.3　生物修复

生物修复是指一切以利用生物为主体的环境污染治理技术。它包括利用植物、动物和微生物吸收、降解、转化土壤和水体中的污染物,使污染物的浓度降低到可以接受的水平,或将有毒有害的污染物转化为无害的物质,也包括将污染物稳定化,以减少其向周边环境的扩散。与其他工程措施相比,生物修复技术具有许多优点:① 污染物可以就地处理,操作简便;② 对周围环境干扰小;③ 费用低廉;④ 无二次污染,遗留问题少。

生物修复的基础研究始于 20 世纪 80 年代。1972 年,美国清除宾夕法尼亚州 Ambler 管线泄漏的汽油,这是史料所记载的生物修复技术的首次应用。最典型的案例是 1989 年美国环境保护局在阿拉斯加海滩进行的石油泄漏修复,该事件是生物修复发展的里程碑。由于早期的生物修复主要是利用微生物进行的,因此早期的生物修复专指微生物修复。近年来,植物在环境修复中的作用越来越受重视,植物修复成为国际上研究的热点。现在,众多科技工作者倾向于把生物修复扩大为利用各种生物对污染环境的修复。

8.3.1　生物修复的分类

生物修复按照污染处理方式不同可以分为原位生物修复和异位生物修复,按照介质不同可以分为水体生物修复、土壤生物修复和大气生物修复,按照主要生物不同可以分为微生物修复、植物修复和动物修复。

1) 微生物修复

微生物修复即利用微生物将环境中的污染物降解或转化为无害物质的过程。微生物修复可应用于水或土壤的重金属修复。国内外已有众多科研工作者在研究应用微生物的吸附作用修复重金属污染。生物修复中利用的微生物可以分为土著微生物、外源微生物和基因工程菌。

(1) 土著微生物。微生物种类多,代谢类型多样化,凡是自然界中存在的有机物几乎都可以被微生物利用、分解。天然的水体和土壤是微生物的大本营,其中存在数量巨大的各种各样的微生物。在遭受有毒有害的有机物污染后,一些土著微生物出现自然驯化选择过程。一些特异的微生物在污染物的诱导下可产生分解污染物的酶系,进而将污染物降解和转化。因此,土著微生物在降解污染物方面有巨大的潜力。

(2) 外来微生物。土著微生物生长速度太慢、代谢活性不高,或者由污染物的存在造成土著微生物的数量下降,因此需要接种一些降解污染物的高效菌,以提高污染物降解的速率。当采用外来微生物接种时,土著微生物会与其竞争,因此需要大量接种外来微生物形成优势,以便其迅速开始生物降解过程。可以不断地筛选高效广谱、耐受有机溶剂、耐受极端碱性条件、在高温等极端环境下仍可生存的微生物,并将其运用于生物修复工程中。目前在废水处理和有机垃圾堆肥中已成功地利用投菌法来提高有机物降解、转化的速度和处理效果。

(3) 基因工程菌。采用遗传工程手段可以将多种降解基因转入同一种微生物中,使之获得广谱的降解能力;或者通过增加细胞内降解基因的拷贝数增加降解酶的量,从而提高微生物对污染物的降解能力。例如,生存于污染环境中的某些细菌的细胞内存在抗重金属的基因,人们已发现抗汞、抗镉、抗铅等多种菌株,但是这类菌株的生长繁殖并不迅速,如果把这种抗重金属基因转移到生长繁殖迅速的受体菌中,则可获得繁殖率高、富集金属快的新菌株,可以将其用于重金属的治理。要将这些工程菌应用到实际的污染治理系统中,最重要的是解决工程菌的安全性问题。图 8.4 所示为不同降解菌的电镜扫描图。

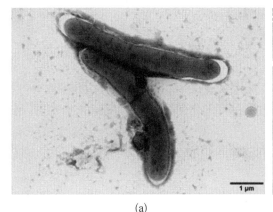 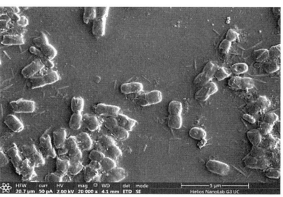

(a)   (b)

(a) 一种石油烃降解菌菌株 DSY171;(b) 四环素降解菌 XY-1。

图 8.4　不同降解菌的电镜扫描图

[图(a)引自:任华峰 等,2019;图(b)引自:吴学玲 等,2018]

2）植物修复

植物修复就是利用植物治理水体、土壤和底泥等介质中污染物的技术。植物修复是一种新兴的环境治理技术，是以植物忍耐和超量富集某种或某些化学元素的理论为基础，利用植物清除土壤中污染物的一类环境整治技术。与传统的物理、化学工程技术相比，植物修复具有适用范围广、实施原位修复、投入成本低等特点。但植物修复的周期一般比较长。植物修复途径主要有植物提取、植物固定、植物挥发、植物根际过滤、根际生物修复（植物加强的降解作用）和植物转化，如图8.5所示。

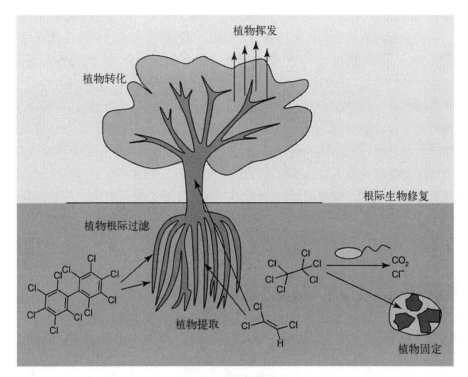

图 8.5　植物修复途径

（图引自：Van Aken，2008）

（1）植物提取：是指先依靠植物的吸收和富集将污染物蓄积在植物的收获部位，再通过收割植物将污染物从污染介质中去除。

（2）植物固定：是指依靠植物对污染物的固定作用，减少污染物对生态环境的影响。

（3）植物挥发：是指通过植物将污染介质中的某些可气化的污染物挥发到大气中，并通过大气稀释。

（4）根际过滤：是指通过植物根系吸附、吸收和固定水中的污染物，或通过植物茎叶和气生根过滤大气中的气态或悬浮颗粒态的污染物。

（5）根际生物修复（植物加强的降解作用）：是指通过植物根际效应增强微生物对有机污染物的降解作用，有些污染物甚至被吸收到植物体内被植物体内的微生物或酶降解。

（6）植物转化：是指植物通过自身的代谢过程将从环境中吸收的污染物进行部分或完全降解或者结合进植物组织内，从而使污染物变得无毒或毒性减小。

3）动物修复

动物修复是指通过土壤动物群的吸收、转化和分解作用，或通过土壤动物群改善土壤理化性质，提高土壤肥力，从而促进植物和微生物的生长进而修复土壤污染的过程。研究发现，蚯蚓能够降解土壤中的农药，吸收土壤或污泥中的重金属。动物对某种毒物的积累及代谢符合一级动力学，农药在动物体内的代谢有一定的半衰期，一般经过 5~6 个半衰期后，动物体内积累的农药达到极限值。土壤中还生活着丰富的小型动物群，如线虫、跳虫、螨、蜈蚣、蜘蛛、土蜂等，它们均对土壤中的农药有一定的吸收和富集作用，可以从土壤中带走部分农药。蚯蚓是土壤中最常见的杂食性环节动物，利用养殖蚯蚓可实现污水的土地处理及减少人工土滤床的有机质积累。

8.3.2　土壤的生物修复

这里所述土壤的生物修复主要是指利用生物技术对进入土壤环境中的难降解物质，主要是大分子有机污染物和重金属等进行治理。

1）有机污染土壤的生物修复

污染土壤中的有机物主要有人工合成的有机农药、酚类物质、氰化物、石油、多环芳烃、洗涤剂及高浓度好氧有机物等。由于这些有机物不仅难降解，而且毒性大，造成严重的污染危害，有机物土壤修复技术成为污染土壤修复技术领域的一个研究热点。

（1）微生物修复。微生物具有降解有机物的巨大潜力，其是生物修复的基础。土壤中的微生物具有范围很广的代谢活性。微生物一般通过两种方式进行有机物代谢：① 以有机污染物作为唯一碳源和能源；② 将有机物和其他物质一起进行共代谢（共氧化）。许多微生物都能以土壤中低分子量的多环芳烃化合物为唯一的碳源和能源，并将其完全无机化，共氧化更能够促进四环或多环高分子量多环芳烃的降解。目前，在微生物修复工程中主要应用土著微生物，其主要原因是土著微生物降解污染物的潜力巨大，接种的外来微生物在环境中难以保持较高的活性，以及基因工程菌的应用由于其安全性等原因受到较严格的限制。

有机污染物的物理化学特性决定了其生物可利用性，这是影响生物修复的一个重要因素。例如，疏水性较强的污染物易被吸附于土壤固相的表面，这降低了其生物可利用性，而使用对应的表面活性剂则可以提高其生物可利用性。微生物降解有机污染物的生物修复效率还与众多环境因子密切相关，如温度、pH 值、溶解氧、土壤湿度、氧化还原电位、营养状况等。一般来说，土壤盐度、酸碱度、营养状况和供氧条件是影响生物对土壤有机污染修复效率的重要环境条件。

利用微生物降解有机污染物是一项经济、有效、对环境具有美化效应的新兴技术，末端产物对环境无害，不会导致二次污染。因此，近年来该技术得到越来越广泛的应用。尤其对土壤中残留的危险、有毒污染物，如石油、农药等，微生物修复具有独特的、不可替代的作用。

（2）植物-微生物联合修复。植物-微生物联合修复技术是利用植物及其共存微生物体系清除环境污染物的一种环境污染治理技术。植物-微生物联合修复技术不仅能修复石油污染的土壤，而且还对其他多种污染物污染的土壤有效。植物降解高分子有毒化合物的基础是根际环境及根际微生物。对根际微生物降解和转化有机物的研究，更多地集中在植物对难降解有机污染物（包括多环芳烃化合物、杀虫剂和除草剂）的降解。事实证明，植物-微生物联合修复污染土壤是一项实用性和有效性都很强的技术。

植物可以加强微生物修复有机污染土壤的作用,其机制主要有以下三种。

① 植物对有机污染物的直接吸收。植物根对有机物污染物的吸收与有机物的相对亲脂性有关。某些化合物被吸收后,以一种很少能被生物利用的形式束缚在植物组织中。例如,可以利用胡萝卜吸收二氯二苯三氯乙烷,然后收获胡萝卜,将其晒干后完全燃烧以破坏污染物。在这个过程中,亲脂性污染物离开土壤进入胡萝卜根中。另外,植物可以从土壤中直接吸收有机物,然后将无毒的代谢中间产物储存在植物组织中,这是植物去除环境中中等亲水性有机污染物的一个重要机制。

② 植物分泌物和酶类去除有机污染物。植物根能释放多种有利于有机污染物降解的化学物质或可以直接降解有关化合物的酶系统。有利于有机污染物降解的化学物质包括氨基酸、脂肪酸、酮酸、单糖类等单体有机化合物和多糖、聚乳糖及黏液等高分子化合物。这些物质增加了根际土壤中有机质的含量,可以改变根际土壤对有机污染物的吸附能力,促进腐殖酸的共聚作用,使根际环境成为微生物作用的活跃区域,间接促进了有机污染物的根际微生物降解。

③ 植物增强根际区的矿化作用。植物微生态系统的物理、化学和生物学性质明显不同于非根际土壤环境。研究表明植物通过根系释放的物质每年可达植物总光合作用产物的 $10\%\sim20\%$。这些物质与脱落的根冠细胞一起为根际区的微生物提供重要的营养物质,促进根际微生物的生长和繁殖。大量研究结果表明,植物修复有机污染物的效率除了取决于植物本身的吸收能力外,植物根际微生物对有机污染物的降解也起了重要的作用。植物根际微生物明显比空白土壤中多。根分泌物和分解物养育了微生物,微生物群落在植物根际区繁殖活动,也促进了根系分泌物的释放。

2) 重金属污染土壤的生物修复

重金属污染土壤的生物修复可分为微生物修复和植物修复。但是与有机污染物的生物修复相比,人们对重金属污染的微生物修复的研究和应用相对较少。植物具有生物量大且易于后处理的优势,其在重金属污染的修复上是一个很有前景的选择。有专家认为植物修复取得的最大的进步是去除环境中的重金属。

(1) 微生物修复。微生物不能通过降解重金属将其去除,微生物主要通过转化重金属降低其毒性,或者通过将其积累在菌体内使其得到固定。研究表明,细菌产生的特殊酶能还原重金属,且对 Cd、Co、Ni、Mn、Zn、Pb、Cu 等重金属有亲和力。例如,研究发现土壤中分离的某菌种可以将 Pb^{2+} 转化为胶态的 Pb,而胶态的 Pb 不具毒性,且结构稳定,从而实现了污染土壤的修复。研究发现,微生物积累重金属与细胞内的金属硫蛋白有关。金属硫蛋白是一种低分子量的细胞蛋白质,其对 Hg、Zn、Cd、Cu、Ag 等重金属有很强的亲和力,可富集重金属并抑制其毒性。

(2) 植物修复。植物对重金属污染土壤的修复主要有以下几种方式:植物吸收、植物固定、植物挥发。

① 植物吸收与超富集植物。植物吸收是目前研究最多并且最有发展前景的一种利用植物去除环境中重金属的方法。该方法利用能耐受并能积累金属的植物吸收环境中的金属离子,将它们输送并储存在植物体的地上部分。部分植物可在高浓度重金属的条件下正常生长发育,并在体内累积大量的重金属,其体内重金属浓度为普通植物的 100 倍以上,累积量最高可达

到植物干重的1‰,这些植物被称为超富集植物或超积累植物。超富集植物能从土壤中富集如此高浓度的重金属,主要原因有三个。一是超富集植物能忍受根系和地上部细胞中高浓度的重金属,这种忍耐力主要来源于植物体内液泡的分室化作用和有机酸的螯合作用,其降低了重金属的毒性。二是超富集植物能以较高的比例将金属从根系转移到地上部。一般植物根系中重金属的含量比地上部中重金属的含量高出10倍多,而超富集植物的地上部中重金属含量超过根系中。三是超富集植物能快速吸收土壤中的重金属,并且其对重金属的需求量比其他植物大得多。国际上普遍认为,超富集植物吸收重金属是一个多基因控制的复杂调节过程,且不同类型的植物可能还存在不同的调节机制。

获得超富集植物的途径一般有两个:一是从大量现存的野生植物资源中筛选,直接获得。二是培育具有高效、低选择性重金属超量积累能力的创新植物种质。目前认为,重金属超富集植物的获得途径还是以前者为主。

目前已经发现的超富集植物有450多种,广泛分布于植物界的45个科,但它们大多数属于十字花科植物,其中超量富集镍的植物最多,能同时富集多种重金属的植物较少。遏蓝菜是一种已被鉴定的Zn和Cd超富集植物[见图8.6(a)]。国内外报道的铅超富集植物有圆叶遏蓝菜、酸模、狭叶香蒲、鸢尾、东南景天[见图8.6(a)～(e)]和印度芥菜等。国内发现的一些超富集植

| (a) 遏蓝菜 | (b) 酸模 | (c) 狭叶香蒲 |
| (d) 鸢尾 | (e) 东南景天 | (f) 蜈蚣草 |

图8.6　六种超富集植物图

(图引自:中国植物图像库)

物有超富集 As 的蕨类植物蜈蚣草[见图 8.6(f)]、超富集 Zn 的植物东南景天、超富集 Cd 的植物宝山堇菜等。

② 植物固定。植物固定是利用植物使环境中的金属流动性降低,生物可利用性下降,使金属对生物的毒性降低。植物固定没有将环境中的重金属离子去除,只是暂时将其固定,使其对环境中的生物不产生毒害作用,但是这并没有彻底解决环境中的重金属污染问题。香蒲、香根草、光叶紫花苕子(见图 8.7)对 Pb、Zn 具有较强的吸收能力且生长量大,可用于净化矿区污染土壤。由于该类植物根系中含有较高浓度的重金属,因此如果收割则应尽量连根收走。

(a) 香根草　　　　　　　　　　　　　　　(b) 光叶紫花苕子

图 8.7　两种金属强吸收植物图

(图引自:百度百科)

③ 植物挥发。植物挥发是利用植物去除环境中的一些挥发性污染物,即植物将污染物吸收到体内后又将其转化为气态物质并释放到大气中。研究发现,转入汞还原酶基因的芥子科植物可以将汞离子还原为零价汞,使其成为气体而挥发。由于该方法只适用于挥发性污染物,应用范围很小,并且将污染物转移到大气中,对人类和生物有一定的风险,因此它的应用受到限制。

8.3.3　水体的生物修复

1) 污染地下水的生物修复

近年来,由于地表环境的破坏和污染,地下水水质污染严重。地下水中的污染物分为有机污染物和无机污染物。有机污染物主要来自石油化学工业、化石燃料工业、化工溶剂和非溶剂制造业以及各种物质制造过程。无机污染物主要是金属污染物。

地下水中也含有丰富多样的微生物,这为地下水的自然净化和生物修复奠定了一定的基础。地下水的自然生物修复是指利用地下水和土壤中原本就存在的土著微生物降解地下水中的污染物。自然生物修复能够降低受污染区域修复的费用。但是自然修复并不是不采取任何措施,而是在实施中需要布置监测井,定期监测污染物的降解情况。

在通常情况下地下水的修复采用原位生物修复工艺,通过加入适量的营养盐、O_2 或其他电子受体、外源微生物,提高其净化效果。

2) 湖泊污染的生物修复

我国水污染问题严重,其中水库、湖泊的污染速度超过同期经济总量增长速度或与之持平。我国湖泊污染的主要特征是人类经济活动引起的人为富营养化。

(1) 微生物修复。此类修复主要分为强化土著微生物功能和添加外来微生物菌剂。

美国现有多家公司生产经过筛选的天然菌种或人工培育的变异菌种。产品有菌粉和菌液两种。Alken-Murry 公司开发的 Clear-Flo 系列菌剂专门用于湖泊和池塘的生物清淤、养殖水体净化和河流修复等。利用美国 Probiotic 公司的水质净化促生液处理黑臭水体的结果表明,经生物修复后水体中表征好氧洁净状态的各类微生物数量有所增加,并向良性生态区系演替;微生物由厌氧向好氧演替,生物群落由低等向高等演替,水体中生物多样性增加。

(2) 水生植被修复。湖泊水生植被由生长在湖泊浅水区和湖泊周围滩地上的沉水植物群落、浮叶植物群落、漂浮植物群落、挺水植物群落及湿生植物群落共同组成,这几类群落均由大型水生植物组成,俗称水草。水草茂盛则水质清澈、水产丰盛、湖泊生态稳定,水草缺乏则水质浑浊、水产贫乏、湖泊生态脆弱。湖泊水生植被的重要环境生态功能已经为人们所认识,保护和恢复水生植被已成为保护和治理湖泊环境的重要生态措施。

恢复湖泊水生植被是湖泊环境综合整治的一个重要环节。我国许多城市湖泊、游览型湖泊和水源型湖泊已经过多年治理,但尚没有一个湖泊脱离富营养化状态,其关键问题在于缺乏水生植被恢复的环节。

水生植被修复包括人工强化自然修复与人工重建水生植被两条途径。人工强化自然修复是通过对湖泊环境的调控促进湖泊水生植被的自然恢复。人工重建水生植被是对已经丧失自动恢复水生植被能力的湖泊通过生态工程途径重建水生植被,是在已经改变湖泊环境条件的基础上,根据湖泊生态功能的现实需要,依据系统生态学和群落生态学的理论,重新设计和建设全新的能够稳定生存的水生植被和以水生植被为核心的湖泊良性生态。

(3) 漂浮栽培植物。20 世纪 90 年代,我国开始研究利用水上漂浮植物处理污水,特别是无土栽培陆生高等植物,并将其开发为新的处理模式。所试植物主要有水雍菜、多花黑麦草、水稻、旱伞草(见图 8.8)、美人蕉(见图 8.9)和通菜等。漂浮栽培植物对水质要求低,透光性差、有机负荷较高的水体也能种植,且可供选择的植物种类多。利用陆生植物处理污水,既可通过植物根系吸收水中的 N、P 等营养物质,收获产品,又可以在美化环境的同时达到净化水质的目的。

(4) 生物操纵修复。生物操纵修复是指应用湖泊生态系统内营养级之间的食物链关系,通过对生物群落及其生境的一系列调整,减少藻类生物量,改善水质。其主要原理是调整鱼群结构,保护和发展大型牧食性浮游动物,从而控制藻类的过量生长。鱼群结构调整的方法是在湖泊中投放、发展某些鱼种,而抑制或消除另外一些鱼种,使整个食物网适合浮游动物或鱼类自身对藻类的牧食和消耗,从而改善湖泊环境质量。该法不是通过直接减少营养盐负荷改善水质的,而是通过减少藻类生物量的途径达到减少营养盐负荷的效果,效益可持续多年。

例如,底栖动物螺蛳主要摄食固着的藻类,并分泌促絮凝物质,使湖水中的悬浮物质絮凝,进而使水变清。例如,鳙鱼、鲫鱼等滤食性鱼类可有效地去除水体中的藻类物质,从而使水体透明度增加。大面积水域会成为许多有害昆虫如蝇、蚊的滋生场所,若在水中投鱼,鱼可摄食蚊的幼虫以及其他昆虫的幼虫,减轻了对水域周围环境造成的危害。在水体内,藻类为浮游生

图 8.8　旱伞草

(图引自：罗倩，2015)

图 8.9　美人蕉

(图引自：中国植物图像库)

物的食物,浮游生物又是鱼类的饵料,鱼处于水生食物链的顶端,形成菌→藻类→浮游生物→鱼类的食物链。运用食物链的关系可有效地回收和利用资源,取得水质净化与资源化,并获得良好的生态效果。

生物操纵修复的途径主要有人为去除鱼类、投放肉食性鱼类、水生植被管理、投放微型浮游动物、投加细菌微生物、投放植物病原体和昆虫等。

3) 海洋污染的生物修复

近年来,我国沿海地区工业、农业和海洋养殖业的迅速发展,大量污染物的不合理排放,海上石油的开发和运输业的发展等,造成海洋污染危机。海洋赤潮、石油污染等损害了海洋生态系统,威胁人类的生命安全。

(1) 海洋石油污染的生物修复。海洋中石油污染物的浓度分布极不均匀,石油污染物主要集中在河口港湾和大陆架水域。海洋环境中石油是以油膜、溶解态、乳浊液和沥青球体4种不同状态存在的。海上溢油事件发生后,可以采取物理和化学的应急措施。例如,建立油障将溢油海面封闭,或投入吸附材料吸附油污。但微生物降解仍是去除海洋石油污染的主要途径。其通过提高石油降解速度,最终把石油污染物转化为无毒性的终产物。微生物修复石油污染主要分为两种:投菌法修复和环境强化修复。

① 投菌法修复是指加入具有高效降解能力的菌株进行修复。研究表明,降解石油中各种烃类的微生物共有100余属,200多种,包括细菌、放线菌、真菌和藻类。海洋中的石油降解微生物主要是细菌、放线菌等。研究表明,细菌对碳氢化合物的降解速率在很大程度上受海洋环境中低含量的营养磷酸盐及含氧化合物的限制。碳氢化合物的结构越复杂,其降解速率越慢。因此,石油污染物在海洋环境中存在时间的长短与其数量、结构及环境因素都紧密相关。但是,由于海洋中存在的土著微生物常会影响接种微生物的活动,接种石油降解菌的效果并不一定明显。尽管实验表明基因工程菌可以迅速利用石油,但是在开放环境中释放基因工程菌一直存在争议。

② 环境强化修复是指改变环境以促进微生物的代谢能力。目前,海洋石油污染的修复主要是通过改变环境因素或改善通气状况,提高微生物的代谢能力,氧化降解污染物。其主要措施有加入表面活性剂、投加氮磷营养盐等。

(2) 海洋赤潮的生物修复。海洋赤潮的防治主要采取化学法,但是所用的化学试剂又给海洋带来了新的污染。因此,微生物修复受到了人们的广泛关注。研究发现,一种寄生在藻类上的细菌,可以逐渐使藻类丝状体裂解致死;一些假单胞菌等可分泌有毒物质并释放到环境中抑制某些藻类的生殖。因此,利用微生物的抑藻作用或赤潮毒素的降解作用,可使海洋环境保持长期可靠的生态平衡,从而达到预防赤潮的目的。

8.3.4　大气的生物修复

微生物处理工业废气已有较多的应用,但是利用微生物大范围治理大气污染的例子仍然鲜见。原因是难以将大范围的大气集中通过微生物处理系统进行处理。绿色植物在大气污染治理中发挥了重要的作用。

大气污染物根据其性质不同可以分为二氧化硫、一氧化碳、碳氢化合物等化学性污染物,飘尘、降尘等物理性污染物,细菌等生物类污染物。

1) 植物修复化学性大气污染

植物修复化学性大气污染的主要过程是持留和去除。持留过程涉及植物截获、吸附、滞留等。去除过程包括植物吸收、降解、转化、同化等。有的植物具有多种作用机制。

研究发现,臭椿、白毛杨、女贞对二氧化硫有极高的吸收能力,桑树对氟化物有极高的吸收能力,加拿大杨、桂香柳可吸收醛、酮、酚等有机物蒸气,大部分高等植物可吸收空气中的 Pb 和 Hg。很多室内观叶植物对室内空气污染物有很好的去除效果。例如,对甲醛净化效果好的植物有心叶蔓绿绒、金钻蔓绿绒、宽叶吊兰、春羽、芦荟、镶边香龙血树、菊花、非洲菊等;对苯净化效果好的植物有洋常春藤、白鹤芋、银边朱蕉、非洲菊及菊花等。

2) 植物修复物理性大气污染

大气污染中除了有毒气体外,还有大气飘尘、放射性物质等物理性污染物。

植物除尘的效果与植物的种类、种植面积、密度、生长季节等因素相关。一般情况下,高大、树叶茂密的树木比矮小、树叶稀少的树木吸尘效果好。植物的叶型、叶片着生角度、叶面粗糙度等也对除尘效果有明显的影响。

植物可阻碍放射性物质的传播与辐射,特别是对放射性尘埃有明显的吸收与过滤作用。

3) 植物修复生物性大气污染

空气中的细菌借助空气中的灰尘等漂浮物传播。由于植物有阻尘、吸尘的作用,因此减少了空气中病原菌的含量并降低了其传播频率,同时,许多植物的分泌物也具有抑菌或杀菌作用。研究表明,茉莉、黑胡桃、柳杉及松柏等能分泌挥发性有机物质,具有较好的抑菌或杀菌能力。

8.4 生物多样性保护

生物多样性是生命系统的基本特征,是自然进化的产物,也是自然进化的反应。生物多样性的形成与演化是一个动态发展过程,生物物种的灭绝是一个自然过程。

生物多样性是人类赖以生存的物质基础。其价值包括两个层面。一是直接价值,从生物多样性的野生和驯化的组分中,人类得到了所需的全部食品、许多药物和工业原料,同时,它在娱乐和旅游业中也起着重要的作用。二是间接价值,主要与生态系统的功能有关,表现在固定太阳能、调节水文过程、防止水土流失、调节气候、吸收和分解污染物、储存营养元素并促进养分循环和维持进化过程等多个方面。随着时间的推移,生物多样性的最大价值可能在于为人类提供适应全球变化的机会。生物多样性的未知潜力为人类的生存与发展显示了不可估量的美好前景。

8.4.1 生物多样性的概念

联合国环境规划署在 1995 年发布的关于全球生物多样性的巨著《全球生物多样性评估》中描述:生物多样性是所有生物种类、种内遗传变异和它们与生存环境构成的生态系统的总称。生物多样性既是指生命形式的多样化,包括生命形式之间、生命形式与环境之间相互作用的多样性,还涉及生物群落、生态系统、生境、生态过程等的复杂性。生物多样性是基因、物种及其功能性状的多样化和变异程度,是所有生命系统的基本特征,包括遗传多样性、物种多样性、生态系统多样性以及景观多样性4个层次。

1) 遗传多样性

广义的遗传多样性是指地球上所有生物携带的遗传信息的总和。狭义的遗传多样性是指物种内的遗传变异度,也称为基因多样性。遗传多样性是生态系统多样性和物种多样性的基础,是生物多样性的内在形式。遗传多样性是生物种群形成未来多样性的出发点和源泉,是生物种群面对未来环境变化的资本。

2) 物种多样性

物种多样性是指动物、植物和微生物等生物种类的丰富程度。物种多样性是生物多样性的关键,是生物多样性在物种上的表现形式,既能体现生物之间以及生物与环境之间的复杂关系,又能体现生物资源的丰富性。物种多样性是基因多样性的现实表现和载体。物种丰富且分布均匀的生境具有较高的物种多样性。一般而言,物种多样性随纬度和海拔的增加而递减。全世界生物多样性最丰富的地区是热带。仅占全球陆地面积7%的热带森林容纳了全世界半数以上的物种。我国的生物多样性在世界上占有十分独特的地位。据统计,我国的生物多样性居世界第8位,北半球第1位。我国辽阔的国土和复杂多样的自然条件孕育了丰富的动植物资源。根据《中国生物多样性国情研究报告》,我国拥有30 000多种种子植物,占世界种属的10%,居世界第3位;其中裸子植物有250种,占世界裸子植物的29.4%,居世界首位。在我国,生物多样性最丰富的省区首推云南省,有"植物王国"和"动物王国"的美誉,各种动植物种数均接近或超过全国动植物种数的一半以上。

3) 生态系统多样性

生态系统多样性是指生物圈内生境、生物群落和生态过程的多样化以及生态系统内生境差异、生态过程变化的多样性。生境多样性主要是指无机环境,如地形、地貌、气候、水文等的多样性。生境多样性是生物群落多样性甚至是整个生物多样性形成的基础。生物群落多样性主要是指群落的组成、结构和动态方面的多样化。生态过程主要是指生态系统的组成、结构与功能在时间上的变化以及生态系统的生物组分之间及生物组分与环境之间的相互作用或相互关系,这也是生物多样性研究中非常重要的方面。

4) 景观多样性

景观多样性是指由不同类型的景观要素或生态系统构成的景观在空间结构、功能机制和时间动态方面的多样化或变异性。景观可以是一个大尺度的宏观系统,是由相互作用的景观要素组成的、具有高度空间异质性的区域。景观要素是组成景观的基本单元,相当于一个生态系统。

8.4.2　生物多样性丧失的原因

生物多样性是地球上的生命经过数十亿年发展进化的结果,是生物圈的核心组成部分,也是人类赖以生存的物质基础。然而,随着人口的迅速增长与人类活动的加剧,生物多样性受到严重的威胁,成为当前世界性的环境问题之一,受到国际社会的普遍关注。

2015年,《科学进展》发表了一篇题为《现代人类导致的物种加速流失:进入第六次物种大灭绝》的论文。文章中研究人员称,人类正在步入一个新的物种大灭绝时代,地球正处在第六次物种灭绝的边缘,这次物种灭绝的原因不同于前五次自然大灾变(如冰川活动、地震、火山喷发、小行星与地球碰撞等),不是自然地理原因造成的,而是人类亲手造就的。文中指出,仅自1900年以来,全球就有大约400种脊椎动物物种灭绝,其中包括69种哺乳动物物种,尽管难以取得无脊椎动物物种和其他生物的灭绝证据,但有充分的理由相信地球上其他物种的生存状态同样不容乐观。现在,地球上哺乳类动物的灭绝速度是过去的20~100倍,物种灭绝的速度如此之快,甚至可以与恐龙灭绝的速度相匹敌,并且这一空前的灭绝速度恰恰与环境污染、狩猎猖獗、栖息地消失等人类活动息息相关。人类对物种灭绝负有不可推卸的责任,正在成为物种灭绝的罪魁祸首,也是首当其冲的受害者。

1) 掠夺式利用生物资源

滥捕乱猎是造成动物物种多样性下降的重要原因之一。例如,羚羊、野生鹿等可用作裘皮的动物和各种鱼类资源等,由于过量的狩猎和捕捞,物种种群数量大大减少甚至灭绝。由于过度捕捞,中国海域主要经济鱼类资源,各海区沿岸与近海的底层和近底层传统经济鱼类资源如大黄鱼、小黄鱼、带鱼等出现全面衰退。

过度采挖野生经济植物也是造成植物生物多样性受威胁的重要原因之一。由于过度采挖,人参、砂仁等的天然分布面积大量减少。云南近几年很多野生药用植物被采挖一空。许多珍贵的食用和药用真菌,如冬虫夏草、灵芝等,由于长期的人工采摘已有濒临灭绝的危险。

掠夺式利用生物资源还引起相应的生态系统退化甚至崩溃。例如,大量砍伐树木是森林系统减少的首要原因。

2) 栖息地的减少和生态破坏

适宜栖息地的减少和破碎化是物种多样性降低的又一个主要原因。随着人类对粮食需求的增长,大量的森林湿地被开发成为农业生产基地。由于人类的开发利用,近十年来,我国湿地面积已经消失了一半。草原开垦、过度放牧、不合理的围湖造田、过度利用水资源,导致生境破坏,影响物种的正常生存。有专家学者认为,栖息地的丧失是动物灭绝的最大原因。

3) 环境污染

环境污染会导致物种灭绝是不争的事实。很多科学家发现环境污染导致对环境质量高度敏感的两栖爬行动物正在大范围地消失。随着工业的发展,环境污染已经成为生物多样性丧失的主要原因之一。

4) 全球气候变化

全球气候变暖给世界生物多样性带来巨大的威胁。气温升高必然会引起全球水热分配格局的变化,并进一步导致植被分布的变化,许多植物和动物的栖息地也将随之发生变化。许多物种迁移的速度跟不上环境变化的速度,最终导致物种灭绝、生态系统受损。

5) 外来物种的引入导致当地物种的灭绝

引入新的外来物种可能会增加当地物种的数量,但它并未增加总体的生物多样性。相反,外来物种会胁迫生态系统内的本地物种,它们往往与本地物种竞争资源,占据有利生境或破坏原生物种的生境。特别是引入的外来物种破坏自然栖息地,或引进的不良物种可能会损害那些比较稀少、已受到威胁的本地物种,这将会造成总体生物多样性的净损失。目前,外来物种入侵正成为威胁我国生物多样性与生态环境的重要因素之一。例如,作为饲料引入的水花生,因适应性强、繁殖快而成为恶性杂草。

6)农业、牧业和林业品种的单一化

生物多样性为农业、牧业、林业和其他产业的发展提供了基础,但是不合理的生产活动却减少了生物多样性。农业的扩展及集约化是造成全世界生物多样性损失的重要原因。在农业生产过程中,自然生长的丰富的植物物种被少量的引进物种所取代,工业化种植和全球化使得植物种类日益萎缩,尤其是由于现代农业技术的发展,集约化过程中大面积大范围的单一品种种植,使得农作物的物种多样性急剧下降。同时,越来越多地施用化肥和农药将会导致农业用地之外的生物多样性的损害增加。我国栽培植物的遗传资源也面临严重的威胁。例如,野生稻、野大豆的生境面积逐年萎缩。动物遗传资源的情况更为严重,如九斤黄鸡、定县猪已经灭绝,北方油鸡数量剧减,海南岛峰牛、上海荡脚牛也很稀少。遗传基因的丧失,将严重影响中国农业发展的后劲。

总之,生物多样性损失的根源在于人口剧增导致的自然资源高速度消耗,不断狭窄的农业、林业和渔业的贸易谱,经济系统和政策未能评估环境及资源的价值,生物资源利用和保护产生的效益分配的不均衡,知识及应用的不充分,以及法律和制度的不合理。总而言之,人类活动是造成生物多样性以空前速度丧失的根本原因。

8.4.3 生物多样性的保护

研究者们估测地球物种总数为 50 万种到 1 亿种。然而,由于人类的活动,物种的消亡速度比以往任何时期都要快。生物多样性丧失发生在各个层次和各种环境中。生态系统正在发生退化和受到破坏,物种正在趋向灭绝。不管在热带还是温带,陆地还是水域,都存在生物多样性的丧失。生物多样性丧失最严重的问题就是物种灭绝。一个物种如果灭绝,其独有的遗传信息和特有的性状组合将永远消失。物种一旦消失,其进化过程将不可能重演,它也失去了进一步演化的机会。群落中的关键种如果消失,它栖息的生物群落将会衰落直至消失。生物多样性的保护是一个全球性的环境问题,是一个涉及科学、技术、经济及文化等多个层面的系统工程。

保护生物多样性的方法主要有两种:就地保护和迁地保护。

1)就地保护

就地保护即建立保护区,是指以各种类型自然保护区(包括风景名胜区)的方式,对有价值的自然生态系统和野生生物及其栖息地予以保护,以保持生态系统内生物的繁衍与进化,维持系统内的物质能量流动与生态过程。建立自然保护区和各种类型的风景名胜区是实现这种保护目标的重要措施。就地保护是利用原生态的环境使被保护的生物能够更好地生存,能够保证动物和植物原有的特性,节省人力、物力和财力,对人和自然都是有益的。就地保护是生物多样性保护中最为有效的一项措施,是拯救生物多样性的必要手段。就地保护的对象,主要包括有代表性的自然生态系统和珍稀濒危动植物的天然集中分布区等。

我国的自然保护区是指国家为了保护自然环境和自然资源,促进国民经济持续发展,将一定面积的陆地和水体划分出来,并经各级人民政府批准进行特殊保护和管理的区域。

根据国家标准《自然保护区类型与级别划分原则(GB/T 14529-93)》,我国自然保护区分为3大类别,9个类型,如表8.4所示。

表8.4 中国自然保护区类型划分

类 别		类 型
第一类	自然生态系统类	森林生态系统类型
		草原与草甸生态系统类型
		荒漠生态系统类型
		内陆湿地和水域生态系统类型
		海洋和海岸生态系统类型
第二类	野生生物类	野生动物类型
		野生植物类型
第三类	自然遗迹类	地质遗迹类型
		古生物遗迹类型

(表中数据引自:《自然保护区类型与级别划分原则(GB/T 14529-93)》)

第一类是自然生态系统类,包括森林生态系统类型、草原与草甸生态系统类型、荒漠生态系统类型、内陆湿地和水域生态系统类型、海洋和海岸生态系统类型自然保护区。

第二类是野生生物类,包括野生动物类型和野生植物类型自然保护区。

第三类是自然遗迹类,包括地质遗迹类型和古生物遗迹类型自然保护区。

(1) 自然生态系统类自然保护区是指以具有一定代表性、典型性和完整性的生物群落和非生物环境共同组成的生态系统作为主要保护对象的一类自然保护区。例如,广东省鼎湖山国家级自然保护区,其保护对象为亚热带常绿阔叶林;甘肃省连古城国家级自然保护区,其保护对象为沙生植物群落;吉林省查干湖国家级自然保护区,其保护对象为湖泊生态系统。

(2) 野生生物类自然保护区是指以野生生物物种,尤其是珍稀濒危物种种群及其自然生境为主要保护对象的一类自然保护区。例如,黑龙江省扎龙国家级自然保护区,其保护对象是以丹顶鹤为主的珍贵水禽;福建省厦门文昌鱼国家级自然保护区,其保护对象是文昌鱼;广西省上岳金花茶国家级自然保护区,其保护对象是金花茶。

(3) 自然遗迹类自然保护区是指以特殊意义的地质遗迹和古生物遗迹等作为主要保护对象的一类自然保护区。例如,山东省山旺古生物化石国家级自然保护区,保护对象是古生物化石;湖南省张家界国家森林公园,其保护对象是砂岩峰林森林生态系统和景观;黑龙江省五大连池国家级自然保护区,其保护对象是火山地质地貌。

2) 迁地保护

迁地保护指为了保护生物多样性,把因为自然生存条件不复存在、物种数量极少或难以找到配偶等生存和繁衍受到严重威胁的物种迁出原地,移入动物园、植物园、水族馆和濒危动物繁殖中心,进行特殊的保护和管理。这是对就地保护的补充,是生物多样性保护的重要部分。当保护区的条件匮乏至难以维持生物的种群数量时,如当地的生态条件不支持物种的繁殖、喂养以及进化,保护区条件不能支持物种的生态周期等,迁地保护可以让濒临灭绝的生物得到保护。

通过迁地保护,人类可以深入认识被保护生物的形态学特征、系统和进化关系、生长发育等生物学规律,从而为就地保护的管理和检测提供依据。迁地保护的最高目标是建立野生群落。

迁地保护的主要作用为保存、增殖珍稀濒危物种,使其免遭灭绝;为重新引种提供种质资源,也为驯化种的未来繁育计划提供一个主要的遗传材料库;为基础生物学研究、生物资源开发与应用研究、就地保护提供试验素材与信息;为物种保护提供公众教育场所。

植物园、动物园、生物种质基因库等是实施迁地保护措施的主要场所,介绍如下。

(1) 植物园通过植物引种、驯化、育种和对种质资源的保存、开发利用、研究与推广,对国民经济的发展,尤其是对农林园艺种植业品种的丰富、城市绿化、生态环境治理等起着不可低估的作用。另外,植物园通过繁殖和推广大量的资源植物,有助于减少以至消除对野生植物的滥采滥挖,也有助于实现对野生植物的有效保护和可持续利用。植物园一般对植物按不同的种类进行有规划的培养,虽然植物园在布局和收藏上一般也考虑美学观念,但植物的科学使用价值是最主要的,这是植物园与一般观赏花园的区别。大多数植物园由大学或专门的科学研究机构管理。

(2) 动物园是搜集饲养各种动物,进行科学研究和迁地保护,供公众观赏并进行科学普及和宣传保护教育的场所。动物园有两个基本特点:一是饲养管理着野生动物(非家禽、家畜、宠物等家养动物),二是向公众开放。在当地物种数量过低或生境不再适合原物种生存时,迁地保护成了人们可能采取的最直接的手段,动物园则是迁地保护的较好场所。

利用动物园进行迁地保护需要关注以下内容。首先,人们应认真研究动物各方面的资料。生态学、行为学提供动物生活环境、栖息条件、行为模式的内容;生理学提供动物生理方面的内容;遗传学、统计学有助于人们确定最小种群、年龄、死亡率等情况。饲养人员对这些资料了解得越清楚,饲养就会越成功。其次,栖息环境是动物生存的关键,动物园的主要任务之一就是为动物创建适宜的栖息环境。再次,食物是动物正常生长的关键。最后,抚养幼体是园中动物正常成长的重要环节。为妊娠母兽提供合理的隐蔽场所,减少干扰,是幼体度过最脆弱时期的关键。为保护濒临灭绝的野生动物,人工授精、建立精子库等现代手段也逐渐应用到动物园管理中。

(3) 生物种质基因库。以种子的形式储存自然保护材料,是迁地保护中最广泛采用和最有价值的方法之一。大多数植物的种子能长时间贮藏在低温干燥条件下,并且保持发芽和生长发育的能力。利用种子的这个特性可以将植物种质资源保存在种子库中,这为迁地保护提供了极大的方便。与植物园相比,种子库所占的空间以及所投入的人力和费用均少得多,是一种非常有效而实用的生物多样性保护途径。

作为世界最大的植物园之一,英国伦敦的皇家植物园(邱园)于 2000 年发起了"千年种子库"计划,旨在保存全世界10%种子植物的种子,以应对未来不可预测的生态环境恶化。该计划自实施以来得到了来自54个国家123个合作伙伴的支持,种子库截至2010年已经保存了世界各地2.4万多种植物的种子。中国于2004年正式参加该计划,截至2012年12月31日已为种子库贡献了52科139属232种共247个登记数的种子,其中大多是中国特有的种,这些种子绝大部分采自云南。

2008年10月,中国西南野生生物种质资源库正式开库投入使用,这是世界上除挪威诺亚方舟种子库和英国皇家植物园之外的第3个保存世界重要树种种质资源的机构,被称为中国植物的"诺亚方舟"。截至2022年8月,该资源库共收集保存植物种子、植物离体培养材料、DNA、动物细胞系、微生物菌株等各种种质资源24938种303644份(见图8.10)。

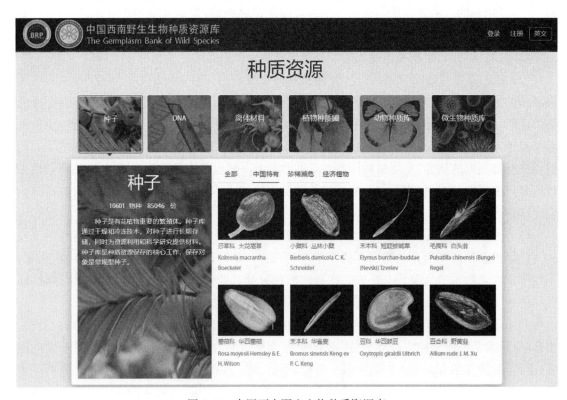

图8.10 中国西南野生生物种质资源库

(图引自:http://www.genobank.org/,2022-08-08)

思考题

1. 全球面临的主要环境问题有哪些?

2. 大气污染的主要类型有哪些?

3. 水体污染的主要类型有哪些?

4. 土壤污染的主要类型有哪些?

5. 利用生物监测环境质量有哪些优势?

6. 举例说明生物修复的类型。

7. 生物修复与其他物理或化学修复相比,有哪些优点和缺点?

8. 什么是生物多样性? 生物多样性对人类有什么重要的意义?

9. 生物多样性丧失的原因有哪些?

10. 保护生物多样性的措施有哪些?

9 延伸阅读

9.1 表观遗传学

9.1.1 什么是表观遗传学

1) 遗传学

遗传学的系统研究是从宏观性状到微观分子机制的研究过程,也有人将其分为经典遗传学和分子遗传学。遗传的分子基础为核酸。经典遗传学认为,核酸的碱基序列储存着生命的全部遗传信息,并且通过有丝分裂和减数分裂将遗传信息传递给下一代,这种传递使遗传信息得以继承,这也是现代基因工程技术得以发展的重要理论基础。随着经典遗传学的发展,逐步形成了两种基本的研究方法,即正向遗传学和反向遗传学。

以杂交为主要实验方法,通过观察比较生物体亲代和杂交后代的性状变化,进行数量分析,从而认识与生物性状相关的基因及其突变与传递的规律。这是遗传学的杂交分析时代,即从生物体的性状改变来认识基因,称为正向遗传学(forward genetics)。

运用物理学和化学的原理和实验技术,直接解剖基因的物质结构,并在分子水平上揭示基因的结构和功能以及两者之间的关系。这是遗传物质分子分析时期,即从基因的结构出发,认识基因的功能,称为反向遗传学(reverse genetics)。

2) 表观遗传学概述

2000 多年前,古希腊哲学家亚里士多德(Aristotle)在《论动物生成》(*On the Generation of Animals*)一书中首先提出后成论(the theory of epigenesis,又称为渐成论),该理论认为新器官是由未分化的团块逐渐发育形成的。1939 年,英国生物学家沃丁顿(Conrad Hal Waddington)首先在《现代遗传学导论》中提出了"epigenetics"这一术语,认为表观遗传学是研究基因型产生表型的过程。1942 年,他将表观遗传学划为生物学的分支,研究基因与决定表型的基因产物之间的因果关系。1975 年,霍利迪(Robin Holliday)对表观遗传学做了较为准确的描述。他认为表观遗传学不仅存在于发育过程中,而且应在成体阶段研究可遗传的基因表达改变,这些信息能经过有丝分裂和减数分裂在细胞和个体世代间传递,而不借助 DNA 序列的改变,也就是说表观遗传是不以 DNA 序列差异为基础的细胞核遗传。

DNA 双螺旋结构的发现和重组 DNA 技术、PCR 技术的产生促进了分子遗传学的发展。几十年来,人们一直认为基因决定着生命过程中所需要的各种蛋白质,决定着生命体的表型。

但随着研究的不断深入,科研人员也发现一些无法解释的现象:马、驴正反交的后代差别较大;同卵双生的两人具有完全相同的基因组,在同样的环境中长大后,他们在性格、健康等方面会有较大的差异,这些并不符合经典遗传学理论预期的情况。这说明在相应的基因碱基序列没有发生变化的情况下,一些生物体的表型却发生了改变。研究人员还发现,有些特征只是由一个亲本的基因决定的,而源自另一个亲本的基因却保持"沉默"。人们对于这些现象无法用经典的遗传学理论阐明。现在,遗传学中的一个前沿领域——表观遗传学(epigenetics)为人们提供了解答这类问题的新思路。表观遗传学是研究不涉及 DNA 序列改变的基因表达和调控的可遗传修饰,即探索从基因演绎为表型的过程和机制的一门新兴学科,它的诞生对经典遗传学做了很好的补充。

表观遗传由稳定遗传(或可能遗传)的基因表达变化组成,不需要改变 DNA 序列。这意味着即使环境因素会导致生物的基因表达不同,基因本身也不会发生改变。高等生物个体中不同类型细胞的基因型是相同的,然而它们的表型差异很大,如图 9.1 所示的小鼠遗传的表观遗传学现象。这表明不同类型的细胞之间存在着基因表达模式的巨大差异,这种差异是由表观遗传修饰的不同造成的。通过细胞分裂传递并稳定地维持具有组织和细胞特异性的基因表达模式对整个机体的结构和功能协调至关重要。由于它不涉及基因序列的改变,不符合孟德尔遗传方式,是一种全新的遗传机制。研究表观遗传学的重要性不亚于 20 世纪 50 年代沃森和克里克发现 DNA 双螺旋结构所引发的对于染色体上基因的研究。

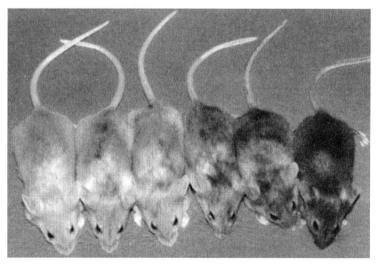

图 9.1 小鼠遗传的表观遗传学现象

(图引自:Morgan et al, 1999)

9.1.2 表观遗传学的特点

表观遗传学已经成为生命科学中一个普遍而又十分重要的新的研究领域。它不仅对基因表达、调控、遗传有重要的作用,而且对肿瘤等许多疾病的发生与防治也具有十分深远的意义。近年来,表观遗传学已经成为基因表达调控的研究热点之一。

表观遗传学有3个重要的特征:① 可遗传,即这类改变通过有丝分裂或减数分裂能在细胞或个体世代间遗传;② 可逆性的基因表达调节,也有少数学者将其描述为基因活性或功能的改变;③ 没有DNA序列的改变或不能用DNA序列变化来解释。

9.1.3 表观遗传学的研究内容

广义上,DNA甲基化、基因沉默、基因组印记、染色质重塑、RNA剪接、RNA编辑、RNA干扰(RNA interference, RNAi)、X染色体失活、组蛋白乙酰化、蛋白质剪接、蛋白质翻译后修饰等均可归为"表观遗传"范畴。近几年来,DNA甲基化、组蛋白乙酰化、RNAi、RNA编辑等表观修饰机制被认为在基因激活与失活、个体发育和表型传递过程中的作用更大,因此,这些研究成为当今遗传学和基因研究的热点。表观遗传学研究的具体内容主要分为以下三大类。

1) 基因选择性转录表达的调控

(1) DNA甲基化。DNA甲基化是最早被发现与基因抑制相关的表观遗传调控机制,是指在DNA甲基化酶(DNA methylase, DNMT)的作用下,将甲基添加在DNA分子中的碱基上。常见的DNA甲基化发生在DNA链上的胞嘧啶(C)第5位碳原子上,在DNA甲基化酶的催化下形成5-甲基胞嘧啶(5mC)(见图9.2)。除此之外,在腺嘌呤(A)第6位氮原子上可以引入一个甲基形成N^6-甲基腺嘌呤(6mA)。研究证实,在真核生物中DNA甲基化主要发生在CpG双核苷酸上,也常发生在植物基因组CNN(N为任一碱基)和CNG序列上。在生物体基因序列的某些区域,CpG序列达到很高的密度,可达均值的5倍以上,成为C和G的富集区,称为CpG岛(CpG island),其大小为500~1 000 bp,约56%的人类基因组编码基因含有该结构。DNA甲基化在细胞分化、胚胎发育、环境适应和疾病发生过程中扮演重要的角色,对基因的表达调控、生命活动以及新陈代谢有着重要的调控作用,是当前表观遗传学研究的热点领域之一。

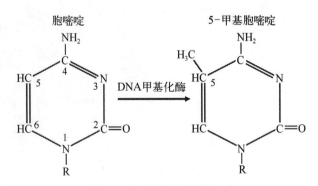

图9.2　5-甲基胞嘧啶的生成

(2) 基因组印记(genomic imprinting)。基因组印记又称为遗传印记,是指来自父方和母方的等位基因在通过精子和卵子传递给子代时发生了某种修饰,这种作用使其子代仅表达父源或母源等位基因中的一种。基因表达与否取决于它们是在母源染色体上,还是在父源染色体上,以及母源染色体或父源染色体上的基因是否发生沉默。它是一种伴有基因组改变的非孟德尔遗传方式,可遗传给子代细胞。基因组印记不涉及DNA序列的改变,而是通过生化途径,在某个基因或基因组域上标记其双亲来源信息的生物学过程。基因组印记可以是共价标记的(DNA 甲基化),也可以是非共价标记的(DNA-蛋白质和 DNA-RNA 相互作用,核基因组定位)。例如,首个被发现的印记基因是胰岛素样生长因子 2(insulin-like growth factor 2,*IGF2*)基因,其表达、调控不遵循孟德尔遗传规律。IGF2 是一种多功能细胞增殖调控因子,在细胞的分化和增殖、胚胎的生长发育以及肿瘤细胞的增殖中具有重要的促进作用。*IGF2* 基因只表达源自父亲的等位基因,母源等位基因的表达被抑制。相反,胰岛素样生长因子 2 受体(insulin-like growth factor 2 receptor,IGF2R)基因不表达源自父亲的等位基因,只表达母源等位基因。

印记基因的存在反映了性别的竞争,从目前发现的印记基因来看,父方对胚胎的贡献是加速其发育,而母方对胚胎的贡献则是限制胚胎发育速度,亲代通过印记基因影响其下一代,使它们具有性别行为特异性以保证本方基因在遗传中的优势。目前,在植物、昆虫和哺乳动物中都发现了基因组印记现象,而印记基因在人类基因组中只占少数,可能不超过 5%,但印记基因在胎儿的行为和生长发育中起着至关重要的作用,一旦不表达,其作用将受到严重的抑制。在肿瘤的研究中印记缺失被认为是引起肿瘤的最常见遗传学因素之一,并受到广大研究者的重视。

基因组印记具有如下特点。① 基因组印记遍布基因组。例如,在人类基因组中有 100 多个印记基因,这些印记基因成簇时形成染色体印记区,连锁时会有不同的印记效应。② 基因组印记的内含子小,雄性印记基因的重组频率高于雌性印记基因。③ 印记基因的表达具有组织特异性。例如,小鼠中 *Ins1*、*Ins2* 是等位印记基因,在卵黄中 *Ins1* 单等位基因表达,在胰腺中 *Ins1*、*Ins2* 同时表达。④ 基因组印记在世代中可以逆转,个体产生配子时上代印记消除,产生新的印记。例如,有袋类动物中如果雄性的 X 染色体失活,传给雌性子代后,该雌性子代的雄性后代的 X 染色体又可以被激活。

(3) 组蛋白修饰(histone modification)。组蛋白是真核生物染色体的基本结构蛋白,是一类小分子碱性蛋白质。组蛋白有两个活性末端:羧基端和氨基端。羧基端与组蛋白分子间的相互作用和 DNA 缠绕有关,而氨基端则与其他调节蛋白和 DNA 作用有关,且富含赖氨酸,具有极度精细的变化区。组蛋白中被修饰氨基酸的种类、位置和修饰类型被称为组蛋白密码(histone code),它是遗传密码的表观遗传学延伸,决定了基因表达调控的状态,并且是可遗传的。组蛋白共价修饰方式包括乙酰化(acetylation)、甲基化(methylation)、磷酸化(phosphorylation)、泛素化(ubiquitination)及小分子泛素相关修饰物蛋白(small ubiquitin-related modifier protein,SUMO)化等(见图 9.3)。这些修饰共同构成可以通过特殊解码蛋白解读的组蛋白密码,并在解码过程中发挥作用,从而影响基因的表达。

近些年来,人们逐渐认识到表观遗传在基因表达调控方面的重要作用,目前研究较多的是组蛋白乙酰化和甲基化。组蛋白乙酰化主要受组蛋白乙酰转移酶(histone acetyltransferase,HAT)和组蛋白脱乙酰酶(histone deacetylase,HDAC)的共同调控。一般而言,组蛋白的乙酰化促进转录,而去乙酰化则抑制转录。组蛋白甲基化由组蛋白甲基转移酶(histone methyltransferase,HMT)催化。通常,组蛋白甲基化发生在组蛋白 H3 和 H4 的赖氨酸和精氨酸两类残基上。组蛋白赖氨酸的甲基化是可逆的。组蛋白甲基化有时会促进基因表达,有时却抑制基因表达,调控作用取决于甲基化的位点和甲基化的程度。

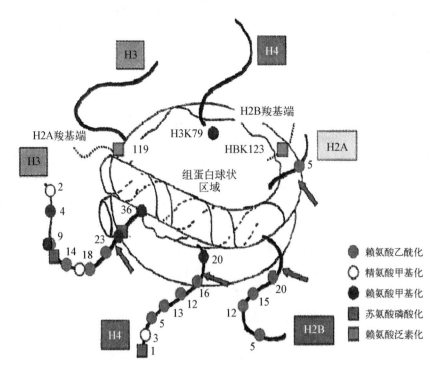

图 9.3 组蛋白氨基端发生的部分修饰

(图引自:蔡禄,2012)

(4) 染色质重塑。在真核细胞中,大量组蛋白规律地结合遗传物质,形成以核小体为基本单位的染色质。在染色质为基础的遗传物质中,组蛋白和核小体为抑制性结构成分。在基因表达的 DNA 复制和重组等过程中,对应基因尤其是基因调控区的染色质包装状态,核小体中组蛋白及对应的 DNA 分子会发生一系列的改变,这些改变就是染色质重塑(chromatin remodeling)。染色质的结构改变与基因的转录、DNA 复制、修复与重组、基因表达等基本生物学过程紧密相关。染色质重塑复合物可以采取多种不同的重塑模式重塑染色质结构。染色质重塑复合物利用水解 ATP 的能量通过滑动、解离、移除组蛋白、置换组蛋白等方式改变组蛋白与 DNA 的结合状态,使蛋白质因子易于接近目标 DNA(见图 9.4)。人们发现体内染色质结构重塑存在于基因启动子中,转录因子以及染色质重塑复合物与启动子上特定位点结合,可引起特定核小体位置的改变(滑动),或核小体三维结构的改变,或两者兼有,它们都能改变染色质对核酶的敏感性。

2) 基因转录后的调控

转录作用产生的 mRNA、tRNA、rRNA 及小分子 RNA 的初级转录本为不成熟的 RNA,称为前体 RNA。不成熟的 RNA 没有生物学活性,它们需要在酶的作用下加工成为成熟的、有活性的 RNA。其主要的调控方式有 5′端帽子的生成、3′端多 A 尾[poly(A)tail]的生成、剪接作用、RNA 编辑、甲基化修饰等。基因转录后的调控物质包括微 RNA(micro RNA, miRNA)和干扰小 RNA(small interfering RNA, siRNA),miRNA 和 siRNA 均为非编码 RNA,是两种序列特异性的转录后基因表达调节因子。miRNA 是一种大小为 21~23 bp 的单链小分子 RNA,由具有发夹结构的 70~90 bp 单链 RNA 前体经过 Dicer 酶加工后生成,具

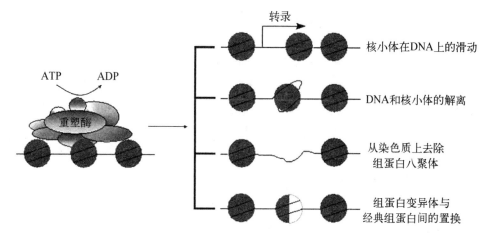

图 9.4　ATP 依赖染色质重塑活性改变核小体 DNA 可接近性的模式

（图引自：丁健 等，2015）

有 $5'$ 端磷酸基和 $3'$ 端羟基，定位于 RNA 前体的 $3'$ 端或 $5'$ 端。miRNA 与 siRNA 不同，但又与 siRNA 密切相关。据推测，这些 miRNA 参与调控基因表达，但其机制与 siRNA 介导的 mRNA 降解有所不同。在线虫中首次发现的 lin-4 和 let-7 为最早确认的 miRNA，它们可以识别靶 mRNA 并通过部分互补结合到靶 mRNA 的 $3'$ 非翻译区（$3'$-UTR），以一种未知方式抑制蛋白质翻译与合成，通过调控一组关键 mRNA 的翻译调控线虫发育进程。随后，有多个研究小组在包括人类、果蝇、植物等在内的多种生物物种中鉴别出数百个 miRNA。

siRNA 最早由英国的大卫·包孔博（David Baulcombe）团队发现，是植物中转录后基因沉默（post-transcriptional gene silencing, PTGS）现象的一部分，该研究结果于 1999 年发表在《科学》杂志上。2001 年，汤玛士·涂许尔（Thomas Tuschl）团队在《科学》杂志上报道，合成的 siRNA 有诱导哺乳动物体内 RNAi 的作用。这一发现引发人们利用可控制的 RNAi 进行生物医学研究与药物开发。siRNA 有时称为干扰短 RNA（short interfering RNA）或沉默 RNA（silencing RNA），是一个长 20～25 个核苷酸的双链 RNA，在生物学上有许多不同的功能。目前已知的 siRNA 主要参与 RNAi 现象，专一性地调节基因的表达。此外，siRNA 也参与一些与 RNAi 相关的反应途径，如抗病毒机制或染色质结构的改变，不过这些复杂机制的反应途径目前尚不明了。

虽然 miRNA 和 siRNA 具有相似的降解 mRNA 的功能，但是其作用方式和功能略有区别。首先，两者的作用位置不同：miRNA 主要作用于靶 mRNA 的 $3'$-UTR 区，而 siRNA 可作用于 mRNA 的任何位置。其次，两者的功能不完全相同。miRNA 可在转录后和翻译水平起作用，而 siRNA 仅在转录后水平进行调控。最后，两者作用的时间不同：miRNA 主要在发育过程中起作用，调节内源基因表达，而 siRNA 不参与生物生长调节，其原始作用是抑制转座子活性和病毒感染。

3）蛋白质的翻译后修饰

蛋白质翻译后修饰（post-translational modification, PTM）是指蛋白质在翻译后的化学修饰。PTM 是一个复杂的过程，几乎参与细胞的所有生命活动，发挥着重要的调控作用。例如,人体内50%～90%的蛋白质发生翻译后修饰。蛋白质翻译后修饰在蛋白质成熟过程中发挥着重要的调控功能,它使蛋白质类型增多、结构更复杂、调控更精确、作用更专一、功能更完善。科学家发现,人类蛋白质组的复杂程度远远胜过人类基因组。人类基因组包含2万～2.5万个基因,而在人类蛋白质组中的蛋白质数目估计超过1亿。研究表明,目前已经确定的翻译后修饰方式超过400种,常见的修饰方式包括泛素化、磷酸化、乙酰化、糖基化、甲基化和脂化。蛋白质精氨酸甲基化是真核生物中一种广泛存在并在进化上保守的蛋白质翻译后修饰,由蛋白质精氨酸甲基转移酶(PRMT)催化完成。动物中的研究表明,PRMT通过催化多种RNA结合蛋白的精氨酸甲基化参与调控细胞多种重要的生命过程,如RNA代谢、细胞增殖以及信号转导等。

9.1.4 表观遗传学的机制

1) DNA甲基化

DNA甲基化是最早发现的表观遗传调控机制之一,是指在甲基转移酶的作用下,将甲基添加到DNA分子中的碱基上,最常见的是加在胞嘧啶上,形成5-甲基胞嘧啶。在真核生物中,5-甲基胞嘧啶主要出现在CpG序列(CpG岛)中。在哺乳动物基因组中,约5%的胞嘧啶甲基化为^{m}CpG。

研究表明DNA甲基化能引起某些区域DNA构象的变化,从而影响DNA与蛋白质的相互作用,降低转录因子与基因启动子DNA的结合效率,进而抑制基因的转录。DNA甲基化引起的转录抑制主要有3种机制(见图9.5)。一是DNA甲基化直接干扰了特异转录因子与

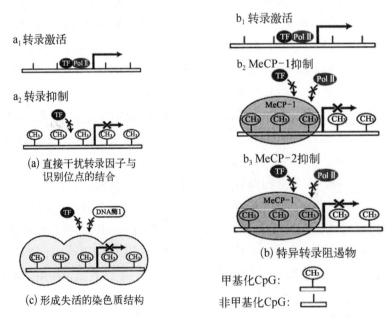

TF—转录因子;MeCP—甲基-CpG结合蛋白;Pol—RNA聚合酶。

图9.5 DNA甲基化及转录抑制

(图引自:Singal et al,1999)

相应启动子识别位置的结合[见图 9.5(a)]。AP‐2、c‐Myc/Myn、CAREB、E2F 和 NF‐κB 等转录因子对甲基化敏感，能识别含 CpG 残基的序列，当 CpG 残基上的胞嘧啶被甲基化后，结合作用即被抑制；SP1 和 CTF 转录因子等则对结合位点的甲基化不敏感。二是通过甲基化 DNA 位点上结合的特异转录阻遏物抑制基因转录。MeCP‐1 和 MeCP‐2 为鉴定出来的甲基‐CpG 结合蛋白[见图 9.5(b)]。三是通过影响染色质结构影响基因转录[见图 9.5(c)]。

　　DNA 甲基化还提高了该位点的突变频率。在高等生物中，CpG 岛中的胞嘧啶(C)通常是甲基化的，极易自发脱氨生成胸腺嘧啶(T)，且不易被识别和矫正。例如，在脑瘤、乳腺癌和直肠癌细胞中，*p53* 基因第 273 位密码子含 CpG 序列，常由 CGT 突变为 TGT 或 CAT(Arg→Cys 或 His)。研究证明，CpG 岛中胞嘧啶的甲基化导致了人体 1/3 以上由碱基转换引起的遗传病。

　　DNA 甲基化与 X 染色体失活密切相关。在雌性胎生哺乳动物细胞中，两条 X 染色体中有一条会在发育早期随机失活，以确保其与雄性个体内 X 染色体的基因剂量相同。研究发现，人类 X 染色体上 *Xist* 基因的表达是 X 染色体失活的关键因素，在雌性个体中，失活的 X 染色体周围包裹着大量 *Xist* 基因的转录产物。研究还发现，失活 X 染色体上的 *Xist* 基因位点没有甲基化，活性 X 染色体上的 *Xist* 基因位点总是处于甲基化状态。

　　2) 组蛋白修饰

　　组蛋白修饰(histone modification)是指组蛋白在相关酶作用下发生甲基化、乙酰化、磷酸化、泛素化、ADP 核糖基化等修饰的过程。组蛋白有多种类型，大多数是由一球状区和突出于核小体外的组蛋白尾组成，富含碱性氨基酸。组蛋白 H2A、H2B、H3 和 H4 各两个分子形成一个八聚体，真核生物中的 DNA 缠绕于八聚体上形成核小体(见图 9.6)。组蛋白 H1 结合于核小体之间的连接 DNA 上，使核小体一个挨一个，彼此靠拢。在 5 种组蛋白(H1、H2A、H2B、H3 和 H4)中，除 H1 的氨基端富含疏水氨基酸，羧基端富含碱性氨基酸之外，其余 4 种

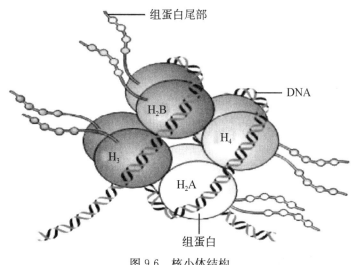

图 9.6　核小体结构

(图引自：韦荣昌 等,2013)

都是氨基端富含碱性氨基酸(如精氨酸、赖氨酸),羧基端富含疏水氨基酸(如缬氨酸、异亮氨酸)。组蛋白氨基端尾部的15～38个氨基酸残基是翻译后修饰的主要位点,调节DNA的生物学功能。

组蛋白甲基化由组蛋白甲基转移酶完成。甲基化可发生在组蛋白的赖氨酸和精氨酸残基上,而且赖氨酸残基能够发生单、双、三甲基化,而精氨酸残基能够发生单、双甲基化,这些不同程度的甲基化极大地增加了组蛋白修饰和基因表达调节的复杂性。组蛋白上赖氨酸和精氨酸残基发生的甲基化修饰主要由组蛋白甲基转移酶和组蛋白去甲基化酶调控。甲基化修饰比乙酰化修饰更为复杂。各种组蛋白甲基化修饰在染色体上的分布及功能不尽相同。例如,位于染色体中心粒或端粒附近的H3K9me3标记通常与异染色质化有关;位于沉默基因的H3K27me3标记通常与抑制基因表达有关;位于转录起始位置的H3K4me3标记和转录区的H3K36me3标记常被视作转录活性区标记。

组蛋白乙酰化主要发生在H3、H4氨基端比较保守的赖氨酸位置上,由组蛋白乙酰转移酶和组蛋白脱乙酰酶协调进行。组蛋白乙酰化呈多样性,核小体上有多个乙酰化位点,但特定基因部位的组蛋白乙酰化和去乙酰化以一种非随机的、位置特异的方式进行。乙酰化可能通过对组蛋白电荷以及相互作用蛋白的影响调节基因转录。早期对染色质及其特征性组分进行归类划分时就有人总结指出:异染色质结构域组蛋白呈低乙酰化,常染色质结构域组蛋白呈高乙酰化。研究发现,乙酰化修饰的组蛋白形成的核小体的结构比未经修饰的组蛋白核小体松散。乙酰化的组蛋白抑制了核小体的浓缩,这使得转录因子更容易与基因组的这一部分相接触,从而有利于提高基因的转录活性。组蛋白乙酰转移酶和脱乙酰酶通过使组蛋白乙酰化和去乙酰化对基因表达产生影响。

相对而言,组蛋白的甲基化修饰方式是最稳定的,最适合作为稳定的表观遗传信息。而乙酰化修饰具有较高的动态,另外还有其他不稳定的修饰方式,如磷酸化、腺苷酸化、泛素化、ADP核糖基化等。这些修饰更为灵活地影响着染色质的结构与功能,通过多种修饰方式的组合发挥其调控功能。所以有人将这些能被专一识别的修饰信息称为组蛋白密码。这些组蛋白密码的组合变化非常多,因此组蛋白修饰可能是更为精细的基因表达调控方式。另外,研究还发现H2B的泛素化可以影响H3K4和H3K79的甲基化,这也提示各种修饰间相互关联。

关于组蛋白多样性修饰及潜藏信息的机制存在"组蛋白密码假说"(histone code hypothesis)。单一组蛋白的修饰往往不能独立发挥作用,一个或多个组蛋白的不同修饰依次或组合发挥作用,形成一个修饰级联,通过协同或拮抗共同发挥作用。这些多样性的修饰以及它们在时间和空间上的组合与生物学功能的关系可作为一种重要的表观标志或语言,被称为"组蛋白密码"(histone code)。相同组蛋白残基及不同组蛋白残基的不同修饰之间既相互协同又互相拮抗,形成了一个复杂的调节网络。

组蛋白修饰可影响组蛋白与DNA双链的亲和性,从而改变染色质的疏松和凝集状态。组蛋白修饰同时影响与染色质结合的蛋白质因子的亲和性,影响识别特异DNA序列的转录因子与之结合的能力,从而间接地影响基因表达,导致表型改变。例如,植物组蛋白去甲基化酶可通过调节植物基因的表达,参与植物开花时间的调控、花和叶片的发育以及油菜素内酯信号转导途径等。

3）染色质重塑

染色质的包装得益于核小体结构的存在,高度折叠的染色质结构对其包装进细胞核是必要的,但是这种致密状态的染色质却阻碍了相应染色质部位的基因转录、DNA 复制及损伤修复等过程。因此,只有获得有活性的染色质,才能正常表达基因。如果想改变基因启动子区的核小体排列,从而增加启动子和基础转录装置的可接近性,则必须通过一系列变化来实现,如核小体变为疏松的开放式结构或染色质去凝集等。组蛋白氨基端的修饰和染色质重塑的发生关系密切,其中组蛋白 H3 和 H4 的修饰为其他蛋白质提供与 DNA 作用的结合位点并直接影响核小体的结构。目前,主要有 3 类染色质重塑类型:第 1 类是依赖 ATP 的物理修饰,它利用 ATP 水解释放的自由能改变染色质的结构;第 2 类就是通常所说的"组蛋白密码",它通过共价结合的化学修饰,完成控制基因转录等染色质调控过程;第 3 类是 DNA 甲基化,它通过对 CpG 的胞嘧啶进行甲基化修饰来标记顺式调控序列,从而调节转录因子与 DNA 的相互作用,或通过形成不活跃的染色质结构发挥作用。

为保证染色质内 DNA 与蛋白质的动态结合,细胞内进化产生了一系列特定的染色质重塑复合物。依据重塑复合物中 ATP 酶催化亚基结构域的不同,目前发现的重塑复合物可分为 SWI/SNF、ISWI、CHD 和 INO80 四大家族。所有的重塑复合物具有如下特性:与核小体高度亲和,甚至强于 DNA 序列与组蛋白的亲和性;拥有识别组蛋白修饰的结构域;拥有 DNA 依赖性 ATP 酶的结构域,该结构域能够破坏组蛋白与 DNA 的接触,也是染色质重塑过程所必需的元件;拥有可以调控 ATP 酶结构域的蛋白质;拥有可以与其他染色质或转录因子相互作用的结构域或蛋白质。

染色质重塑复合物可以采取多种不同的重塑模式重塑染色质结构。染色质重塑复合物能够促进核小体的滑动、移除组蛋白八聚体、移除和置换 H2A - H2B 二聚物(见图 9.7)。

DNA 解旋酶 SF2 家族通常可以结合双链 DNA,并以特定的方向沿着单链移动,从而导致双链的分离。SNF2 染色质重塑复合物家族的 ATP 酶亚基仍保存着类似 SF2 的作用机制。研究证明,染色质重塑复合物具有类似 DNA 移位酶的作用,即在 DNA 双链未解开的情况下可以使核小体沿着 DNA 滑动。在此过程中染色质重塑复合物识别并结合到特定的组蛋白和 DNA 上,将 ATP 酶亚基锚定在核小体 DNA 上的作用位点。目前认为,锚定的 ATP 酶亚基可以引起组蛋白八聚体表面与 DNA 分离,形成 DNA 膨突。形成原因可能有两种。第一种是 ATP 酶亚基可能通过 ATP 水解所释放的能量驱动核小体在 DNA 上滑动,导致 DNA 膨突的形成。第二种可能的机制是染色质重塑复合物"推"或"拉"接头(linker)DNA 进入核小体区域,从而形成 DNA 膨突,继而暴露或封闭某一段 DNA 序列。无论哪种假设,这种机械力造成的 DNA 膨突都会改变组蛋白八聚体与 DNA 之间的相互作用,从而导致 DNA 在组蛋白表面相对位置的改变,即达到核小体在 DNA 上滑动的效果。

染色质中大部分核小体由 4 种经典组蛋白(H2A/H2B/H3/H4)构成,但是一部分核小体中的经典组蛋白可以被组蛋白变异体所替换。含有组蛋白变异体的核小体在染色质上被特殊标记,而且不同变异体所特有的结构特点使染色质结构发生一定的改变,从而介导相应细胞

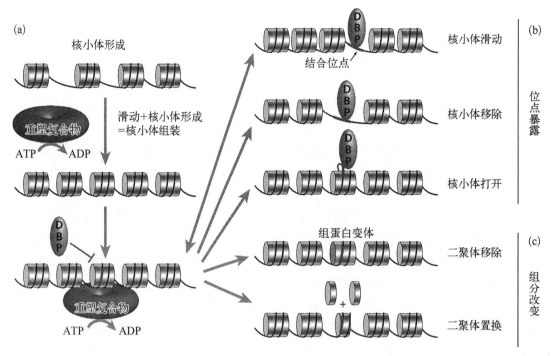

(a) 核小体形成：重塑复合物通过移动已有的组蛋白八聚体为其他的核小体形成提供物理空间，进而协助染色质组装。(b) 位点暴露：核小体滑动、核小体移除或局部解开 DNA－组蛋白的接触。(c) 组分改变：通过包含组蛋白变体的二聚体置换 H2A－H2B 或通过直接移除二聚体的方式改变核小体的组分。DBP—DNA 结合蛋白。

图 9.7　不同的染色质重塑模式

(图引自：Clapier et al.，2009)

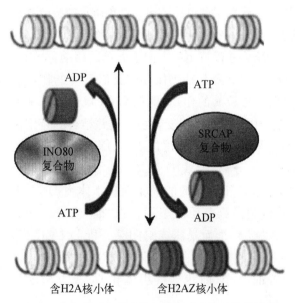

图 9.8　染色质重塑复合物置换组蛋白变异体的模式

　　利用 ATP 水解释放的能量，SWR1/SRCAP 复合物能够使组蛋白变异体 H2AZ 置换入核小体内。

　　反之，INO80 复合物则使 H2AZ 从核小体中置换出来。

　　(图引自：丁健 等，2015)

功能的变化，包括基因转录调控和 DNA 损伤修复等。目前已经发现，一些染色质重塑复合物是将组蛋白异体置换进(或出)核小体的执行者。最典型的例子是在酵母中 SWR1 可以催化 H2AZ－H2B 异源二聚体与核小体中经典 H2A－H2B 二聚体之间的替换。同样，INO80 亚家族中人源 INO80/SRCAP/TRRAP－TIP60 复合物除了具有染色质重塑功能外，也拥有组蛋白异体置换功能，可以催化经典组蛋白 H2A 与组蛋白变异体 H2AZ 之间的置换。H2A 与 H2AZ 之间置换的具体机制目前尚不清楚。有趣的是，SWR1/SRCAP 复合物可以将 H2AZ 单向置换入核小体，而 INO80 则可以发挥相反作用，即将 H2AZ 从核小体中置换出来，说明不同的染色质重塑复合物具有不同的功能特点(见图 9.8)。细胞内组蛋白变异体除了 H2AZ 外,还有很多种,如 H3.3、H2AX、CENP-A 等。这些变异体的分布与置换等问题还需要更深入的研究。

染色质重塑为一个还没有完全阐明的生物学过程。染色质重塑贯穿从遗传物质包装到基因表达的整个过程。决定染色质状态的基本因素包括 DNA、组蛋白和染色质重塑复合物,尽管染色质重塑复合物在体外表现出以非特异性激活为主的活性,但是在体内它可能具有相对特异性,有激活也可能有抑制作用。染色质重塑复合物参与 DNA 复制、重组和修复等分子过程,作为信号传导和细胞功能状态调控的一部分,影响发育、分化等生物学过程,并在肿瘤等人类疾病中扮演重要的角色。

4) 非编码 RNA 的作用

非编码 RNA(non-coding RNA,ncRNA)是当今国际生物学研究的热点之一。非编码 RNA 是不参与蛋白质编码的 RNA 的总称,在细胞内外发挥着广泛和重要的作用。按照功能特性不同,非编码 RNA 可分为管家非编码 RNA 和调控非编码 RNA。图 9.9 为人和小鼠基因组非编码 RNA 基因。除 rRNA、tRNA、核小 RNA(small nuclear RNA,snRNA)、核仁小 RNA(small nucleolar RNA,snoRNA)之外,近年来还发现具有调控作用的短链非编码 RNA[包括 siRNA、miRNA、Piwi 相互作用 RNA(Piwi-interacting RNA,piRNA)]和长链非编码 RNA(long non-coding RNA,lncRNA),如表 9.1 所示。它们可以在转录水平和转录后水平调节基因表达,在表观遗传学的调控中扮演着越来越重要的角色。几乎所有表观遗传行为,如 DNA 甲基化、基因组印记、花斑位置效应等,都受反式作用 RNA 的介导。

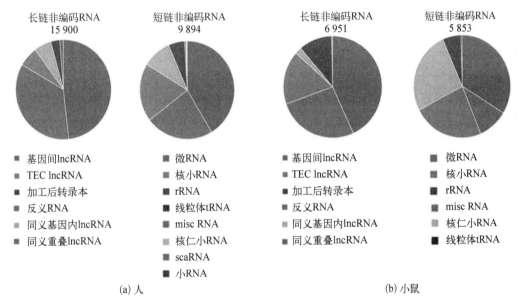

lncRNA—长链非编码 RNA;scaRNA—催化性小 RNA;misc RNA—miscellaneous RNA,除了几大主要 RNA 外的其他类型 RNA。

图 9.9　目前注释的人和小鼠基因组非编码 RNA 基因种类和数目

(图引自:Kashi et al,2016)

人类基因组计划的完成和后基因组时代的开始,掀起了从非编码 RNA 基因角度解读遗传信息传递方式及表达调控的高潮。不同类别的非编码 RNA 在发生机制、对靶标的调控和它们所调控的生物学过程等方面都有所不同。

表 9.1　表观遗传学中起主要调控作用的非编码 RNA

种类	长度(nt)	来　　　源	主　要　功　能
siRNA	21~23	长双链 RNA	转录基因沉默
miRNA	21~25	含发卡结构的 pri-miRNA	转录基因沉默
piRNA	24~31	长单链前体或起始转录产物等多种途径	生殖细胞内转座子的沉默
lncRNA	>200	多种途径	基因组印记和 X 染色体

（1）RNAi

RNAi 是真核生物中普遍存在的一种自然现象,是指内源性或外源性双链 RNA(double stranded RNA，dsRNA)介导细胞内 mRNA 发生特异性降解,从而导致靶基因表达沉默。由于这种现象发生在转录后水平,因此又称为转录后基因沉默(post-transcriptional gene silencing，PTGS)。这是生物体在进化过程中形成的一种内在基因表达调控机制,具有抵抗病毒入侵和维持基因组稳定性的作用。在 RNAi 作用下的基因沉默是表观遗传学的重要内容。

RNAi 现象首先是在植物中发现的。1990 年,植物学家约根森(R. Jorgensen)等将紫色素合成基因导入矮牵牛花以增加花瓣的色彩,结果却出人意料:许多花开出白色的花朵。进一步分析发现,这些导入的基因不但自身没有表达为蛋白质,而且还抑制了矮牵牛花中与其同源的色素相关基因的表达。由此,他提出了植物中共抑制及转录后基因沉默的概念。

真正发现 RNAi 现象的是美国华盛顿卡耐基研究院的法尔和马萨诸塞大学医学院的梅洛等科学家。1998 年,法尔和梅洛首次在秀丽隐杆线虫中证明,双链 RNA 诱发了高效、特异的基因沉默,比任何单链 RNA 单独使用所产生基因沉默的效果要好得多,且这种干涉可以持续到子代,法尔等将这种现象命名为 RNAi。2006 年,法尔和梅洛因在 RNAi 及基因沉默现象研究领域的杰出贡献而获得了诺贝尔生理学或医学奖。此后,人们在不同种属的生物中进行了广泛而深入的研究,结果证实,双链 RNA 介导的 RNAi 现象存在于真菌、果蝇、拟南芥、锥虫、涡虫、水螅、斑马鱼、小鼠、大鼠、猴乃至人类等多种生物中。

RNAi 现象的分子机制主要包括两步降解反应:首先是长双链 RNA 被降解为 21~23 nt 的小片段;其次是相应的 mRNA 在与双链 RNA 同源的区域内按同样的间隔被降解为 21~23 nt 的小片段。

（2）siRNA

siRNA 呈双链结构,序列与所作用的靶 mRNA 具有同源性。每条单链的 3′端各有2个突出非配对的碱基,两条单链末端为 5′端磷酸和 3′端羟基,这是细胞赖以区分真正的 siRNA 和其他双链 RNA 的结构基础(见图 9.10)。

图 9.10　siRNA 结构

siRNA 是 RNAi 作用的重要组分,是 RNAi 发挥效应的必需因子。普遍认为,siRNA 介导的 RNAi 的机制为:长双链 RNA 在内切核酸酶 Dicer 的作用下加工形成 3′端带有 2 个突出碱基的 21～23 bp 的 siRNA;双链 siRNA 与含 Argonauto(Ago)蛋白的核酶复合物结合,形成 RNA 诱导沉默复合体(RNA-induced silencing complex, RISC)并被激活;在 ATP 供能的情况下,激活的 RISC 将 siRNA 的双链分开,RISC 中核心组分核酸内切酶 Ago 负责催化 siRNA 其中一条链去寻找互补的 mRNA 链,然后对其进行切割,从而阻止靶基因表达,使基因沉默(见图 9.11)。

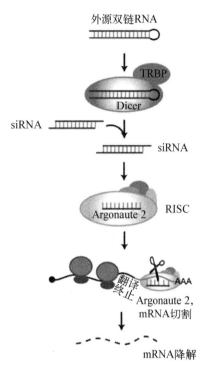

图 9.11　siRNA 介导的基因沉默
(图引自:Röther et al, 2011)

siRNA 介导 RNAi 的过程主要分为 4 个阶段:① siRNA形成阶段。此阶段需要 Rde‐1 和 Dicer 共同参与。Rde‐1(RNAi 缺陷基因‐1)编码的蛋白质识别外源双链 RNA,Dicer 是一种双链 RNA 特异性的核酸内切酶。② RISC 形成阶段。siRNA 与一些 RNAi 特异性酶(如 Ago‐2)及相关因子共同组成 RISC,它具有序列特异性的核酸内切酶活性,能特异降解与 siRNA 同源的靶 mRNA。③ 效应阶段。在 ATP 的作用下,解旋酶将 siRNA 的双链解开,RISC 被激活。正义链从复合物中被释放出来,反义链仍结合在复合物上并引导 RISC 与同源的靶 mRNA 结合,在核酸内切酶的作用下,自 siRNA 中间位置处将靶 mRNA 切断,从而阻断其翻译。④ 扩增阶段。通过实验发现,在新生的 siRNA 中,有一部分并不是直接源于双链 RNA 的裂解,而是通过一种 RNA 聚合酶链式反应生成,该反应以 siRNA 中的一条链为引物,以靶 mRNA 为模板,在 RNA 聚合酶的作用下,扩增 mRNA,产生新的 siRNA 亚群(称为二级 siRNA),这些二级 siRNA 又能继续作用于靶 mRNA,令其降解。该循环机制赋予 RNAi 高效性和持久性。

在不同生物中,RNAi 可能具有不同的机制,表现行为也不一样。研究表明,除了诱导 PTGS 之外,双链 RNA 还可能通过引起同源重组或启动子的甲基化来诱导转录水平的沉默,甚至在染色质水平影响基因的表达。因此,RNAi 实际上可能存在多个水平的作用机制,未来需要更深入的研究。

(3) miRNA

miRNA 自 1993 年首次从线虫中被发现以来,迅速成为生物学领域的研究热点。miRNA 现在被认为是一种对大多数真核生物基因组进行转录后调控的全新因子。miRNA 在细胞分化与个体发育过程中发挥重要的作用,研究发现,miRNA 不仅在多种生理过程中发挥重要作用,还与多种癌症的发生密切相关。

miRNA 是真核生物中发现的一类内源性具有转录后调控功能的非编码 RNA,是长度为 21～25 nt 的单链 RNA 片段。miRNA 由基因编码,但不能翻译成蛋白质,是由初级转录产物形成的发夹结构单链 RNA 前体经过 Dicer 酶加工而来。miRNA 的生成经过至少两个步骤：首先，在细胞核内，miRNA 基因转录后进行加工，由长的内源性初级转录本（pri-miRNA）生成约 70 nt 的 miRNA 前体（pre-miRNA）；其次，pre-miRNA 被运送出细胞核，在细胞质中被 Dicer 酶切割，生成成熟的 miRNA。

　　miRNA 与靶 mRNA 之间的配对程度决定了 miRNA 指导 miRNP/RISC 复合物抑制靶 mRNA 的方式。如果 miRNA 与靶基因 mRNA 完全互补，那么 miRNA 将通过类似 siRNA 的切割方式来调控靶基因。这种 miRNA 对靶基因 mRNA 的切割是大多数植物、病毒和部分动物 miRNA 调控靶基因的主要方式。如果 miRNA 与靶基因 mRNA 不完全互补，那么 miRNA 将通过翻译抑制的方式来调控靶基因，并且对靶基因翻译的抑制可能需要多种 miRNA 分子的协同作用。在动物体内，大部分 miRNA 不能与靶基因的 mRNA 完全互补，因此人们认为 miRNA 主要通过翻译抑制的方式调控靶基因（见图 9.12）。

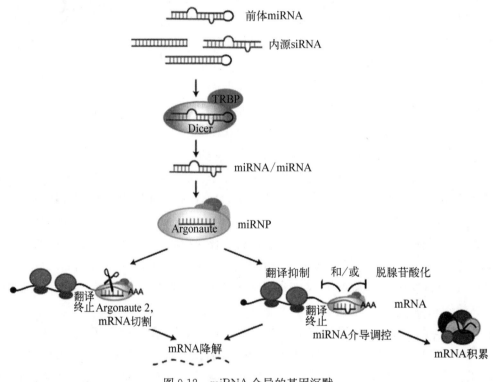

图 9.12　miRNA 介导的基因沉默

（图引自：Röther et al，2011）

　　miRNA 可能以不同的方式抑制蛋白质翻译。① miRNA 可能通过抑制全能性核糖体组装来阻断翻译起始。② miRISC 可能抑制翻译起始复合物形成。③ miRNA 可能引起靶 mRNA 脱腺苷酸化，导致 mRNA 的 poly(A) 尾巴缩短，使得它与 poly(A) 结合蛋白的结合受阻，从而抑制翻译起始。④ 翻译起始后的抑制作用。miRNA 可能引起新生多肽链的翻译同步降解，或者在翻译延伸过程中，阻碍核糖体移动，引发核糖体脱落及高频次的翻译提前终止，产生的不完整多肽产物则迅速被降解。

（4）piRNA

2006 年，4 个独立的研究组几乎同时在果蝇、小鼠、大鼠和人等物种的生殖细胞中发现了一类新型小分子非编码 RNA，其大小为 26～31 nt，因它们特异性地与 Argonaute 家族的 Piwi 亚家族蛋白质相互作用，而被命名为 Piwi 相互作用 RNA（piRNA）。Piwi 蛋白是一类生殖细胞专一性蛋白质。

与 miRNA 和 siRNA 相比，piRNA 有以下不同之处。① piRNA 在染色体上的分布极不均匀，piRNA 主要分布于基因间区而很少分布于基因区或重复序列区。② 在基因组 DNA 上的分布具有很高的链特异性，相反 siRNA 没有链特异性，由长双链 RNA 前体随机产生。③ piRNA 是单链 RNA，siRNA 是双链 RNA。④ piRNA 的产生机制不同。piRNA 是经某种未知的酶作用后产生的，与 Dicer 无关。⑤ 作用机制不同。miRNA 主要在转录后水平通过抑制翻译或促进靶 mRNA 降解调控基因表达；而 piRNA 可能通过表观遗传调控及转录后水平调控等方式发挥基因沉默作用。

piRNA 来自长链 RNA 前体，或者是两股非重叠的双向转录前体。对于 piRNA 产生的机制，目前还没有直接的生物化学证据。但是，一个基于生物信息学分析提出的“乒乓模型”（“Ping-Pong” model）假说，得到许多研究者的认同。

研究表明，piRNA 特异性地在生殖细胞中表达，且 piRNA 生成途径中的重要蛋白质与配子发生或胚胎发育直接相关，其生物学功能主要是牵涉生殖相关事件。

（5）lncRNA

lncRNA 是一类长度在 200～100 000 nt 的 RNA 分子。它们并不编码蛋白质，而是以 RNA 的形式在多种层面上（表观遗传调控、转录调控以及转录后调控等）调控基因的表达。lncRNA 主要具备以下特征：① lncRNA 通常较长，具有 mRNA 样结构，经过剪接加工，具有 poly(A) 尾巴与启动子结构，在组织分化发育过程中有不同的剪接方式；② lncRNA 启动子同样可以结合转录因子；③ 大多数 lncRNA 在组织分化发育过程中具有明显的时空表达特异性；④ 在肿瘤与其他疾病中特异性表达；⑤ 在进化中的序列保守性较低，只有约 12% 的 lncRNA 可在人类之外的其他生物中找到；⑥ lncRNA 的亚细胞位置呈多样化，在细胞核、细胞质和细胞器均有分布。

lncRNA 主要有 5 种来源：① 蛋白质编码基因的结构中断从而形成一段 lncRNA；② 染色体重排，即 2 个未转录的基因与另 1 个独立的基因串联，从而产生含多个外显子的 lncRNA；③ 非编码基因在复制过程中的反移位产生 lncRNA；④ 局部的复制子串联产生 lncRNA；⑤ 基因中插入一个转座成分而产生有功能的非编码 RNA。虽然 lncRNA 来源不一，但研究显示它们在基因表达的调控方面有相似的作用（见图 9.13）。

lncRNA 主要有以下几方面的功能：① 通过在蛋白质编码基因上游的启动子区发生转录，干扰下游基因的表达（如酵母中的 SER3 基因）；② 通过抑制 RNA 聚合酶或者介导染色质重构以及组蛋白修饰，影响下游基因的表达（如小鼠中的 p15AS）；③ 通过与蛋白质编码基因的转录本形成互补双链，干扰 mRNA 的剪接，形成不同的剪接形式；④ 通过与蛋白质编码基因的转录本形成互补双链，进一步在 Dicer 酶的作用下产生内源性 siRNA，调控基因的表达水平；⑤ 通过结合在特定蛋白质上，lncRNA 转录本可调节相应蛋白质的活性；⑥ 作为结构组分

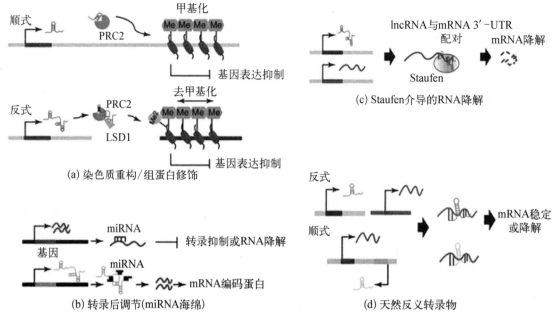

图 9.13　lncRNA 参与基因表达调控的几种机制

(图引自：Kashi et al，2016)

与蛋白质形成核酸蛋白质复合体；⑦ 通过结合到特定蛋白质上，改变该蛋白质的细胞定位；⑧ 作为小分子 RNA(如 miRNA 和 piRNA)的前体分子。

9.2　基因编辑技术

9.2.1　什么是基因编辑技术

地球上绝大多数生命的遗传信息是由 DNA 序列编码的，DNA 通过生殖的方式传递遗传信息。从细菌到植物再到人类，虽然他们的基因组大小与基因数目迥异，但是基因编码与表达的机制基本都是类似的。遗传信息从 DNA 通过自我复制传递到 DNA，这种遗传信息的传递表现在生物体细胞的增殖过程和配子的形成过程中，保证生物在生长发育过程和世代传递过程中遗传信息的稳定。遗传信息还遵循 DNA→RNA→蛋白质传递原则，即 DNA 转录成 mRNA，mRNA 翻译成蛋白质，由蛋白质体现生物性状，从而实现对生物性状的遗传控制。

因此可以说，基因全面掌控着生物的身体构造及基本特征。对基因进行操作，就能改变生物的形态和特征。

人类从远古时代起，就一直在进行着品种改良工作，包括驯化动植物，强化动植物对人类有利的特征。随着科学的发展，人类逐步由寻找自然突变发展至人工诱变，再到基因重组技术。然而，在进行基因重组技术操作时，基因插入的整个过程不可控，具有偶然性，只有经过大量的尝试才有可能筛选出预期的结果。基因编辑技术的出现改变了基因随机插入不可控的问题。对基因进行精准操作，就是基因编辑技术，该技术的开发持续了许多年。

　　基因编辑技术是一项对生物体内源基因进行精准定点修饰的技术。目前,主要的基因编辑技术都是基于如下原理发展而来的：在细胞内利用外源切割复合体特异性识别并切割目的基因序列,在目的基因序列上制造断裂端,这种断裂端随即会被细胞内部的 DNA 损伤修复系统修复,重新连接起来。在此修复过程中,当有修复模板存在时,细胞会以修复模板为标准进行修复,从而实现对基因序列的特异性改变,即基因编辑。

　　基因编辑的关键步骤是在基因组靶点处造成 DNA 双链断裂（double-strand break, DSB）。DSB 可以激活细胞的内源性 DNA 修复机制。内源性 DNA 修复机制主要分为两种：非同源末端连接（non-homologous end joining, NHEJ）和有模板 DNA 存在的同源定向修复（homology-directed repair, HDR）。NHEJ 简单快捷但容易出错,相同断裂位点的重复修复会导致靶点处 DNA 的插入或缺失;HDR 精准,但是需要与 DSB 序列同源的模板 DNA 参与修复过程（见图 9.14）。

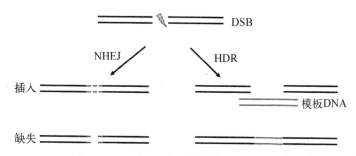

DSB—double-strand break, DNA 双链断裂；NHEJ—non-homologous end joining, 非同源末端连接；HDR—homology-directed repair, 同源定向修复。

图 9.14　细胞内源性 DNA 修复机制

　　1986 年,托马斯（Thomas）等将基因打靶技术和同源重组技术相结合,成功地向新霉素抗药基因缺陷的细胞中引入抗药基因,从而恢复了细胞的抗药性,这是最早出现的基因编辑技术。但是传统的基因编辑技术存在受物种限制、打靶效率低、操作复杂、耗时长等缺陷。

　　近年来,基因编辑技术得到快速发展,基因编辑的工具越来越多,且效率越来越高,其中以锌指核酸酶（zinc-finger nuclease, ZFN）、类转录激活因子效应物核酸酶（transcription activator-like effector nuclease, TALEN）和成簇的规律间隔的短回文重复序列（clustered regularly interspaced short palindromic repeats, CRISPR）/CRISPR 相关蛋白（CRISPR - associated protein, Cas protein）的应用最为广泛。这些工具在理论上可以对任意物种的基因序列进行定点改造。它们首先作用于靶向基因序列,通过各种切割酶使靶向 DNA 双链断裂,并通过 DNA 自身修复功能启动非同源末端连接和同源重组机制修复,对目的基因进行精准的定点修饰,从而产生不含任何外源 DNA 片段,与自发突变或诱导突变性质相同,且可在后代稳定遗传的变异。

　　与传统基因打靶技术相比,新型的基因编辑技术具有更高效、简便、安全的优势,因此基因编辑技术迅速成为生命科学和生物医学等领域研究的重要工具。尤其是 CRISPR/Cas 介导的第 3 代基因编辑技术的出现引发了基因编辑研究"热潮",而且被《科学》杂志连续 3 年评为年度最重要的科学突破之一。

9.2.2 相关基因编辑技术

1) ZFN技术

(1) ZFN的诞生

1983年,克鲁格(Klug)等率先在非洲爪蟾卵母细胞的转录因子TFⅢA中发现重复锌指结构域,并将其命名为锌指(zinc-finger, ZF)基序。锌指蛋白由锌指模块串联而成,每个锌指模块由30个氨基酸残基组成,这些氨基酸构成的两串α螺旋组氨酸配体和两串β折叠半胱氨酸配体,围绕中央锌离子形成一个独立的类似于手指的四面体结构(见图9.15)。

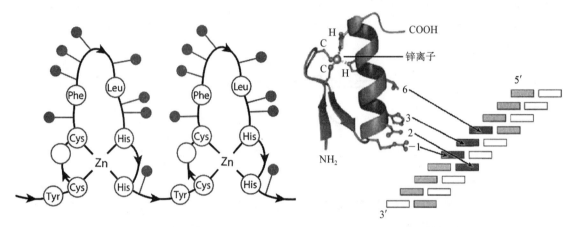

图9.15　克鲁格的锌指结构猜想　　　　　　图9.16　C2H2锌指模块与DNA结合

(图引自:Klug, 2010)　　　　　　　　　　(图引自:Klug, 2010)

锌指蛋白存在于许多物种发育的各个阶段。Zif268锌指是最早发现的小鼠早期生长调节因子,是一个典型的C2H2型锌指。1个C2H2型锌指模块含约30个氨基酸,其中2个半胱氨酸、2个组氨酸和1个锌离子共轭形成β-β-α(羧基端–氨基端),从α螺旋开始的-1位至6位的7个氨基酸是识别DNA的关键氨基酸,其中-1位、3位、6位的3个氨基酸残基分别识别3个碱基。3个C2H2型锌指模块组合形成Zif268三锌指蛋白,此蛋白能深入DNA双螺旋的大沟,通过氢键作用识别特异的DNA碱基(见图9.16)。

1996年,美国约翰斯·霍普金斯大学斯里尼瓦桑·钱德拉西格兰(Srinivasan Chandrasegaran)团队首次将锌指蛋白和FokⅠ核酸内切酶切割亚基融合,形成具有切割特异DNA活性的人工核酸内切酶——ZEN。该人工锌指核酸酶在体外能实现DNA的特异高效切割。FokⅠ核酸限制性内切酶是从海床黄杆菌中分离得到的一种限制性内切酶,其含有2个相互独立的功能结构域:氨基端DNA识别结构域和羧基端DNA催化结构域。二聚体化的FokⅠ核酸内切酶可以切割靶位点形成双链断裂。

(2) ZFN的作用机制

ZFN由锌指蛋白(zinc finger protein, ZFP)和限制性核酸内切酶(FokⅠ)两部分融合而成(见图9.17)。其中锌指蛋白的功能是识别特异的DNA序列,而FokⅠ则行使切割功能。FokⅠ切割亚基无特异性,必须以二聚体形式才能切割DNA双链,单个FokⅠ不能产生切割活性。锌指蛋白识别一段特异的 DNA 序列,并结合于靶序列 DNA;当左右两侧的锌指蛋白同时识别两侧靶序列后,2 个 Fok I 在间隔序列处形成二聚体,进而激活核酸内切酶活性,切割 DNA 双链,产生 DNA 双链断裂。ZFN 介导的双链切口具有靶向性,不同的锌指蛋白能识别不同的 DNA 序列,ZFN 的发现和应用是基因编辑技术的重大突破。

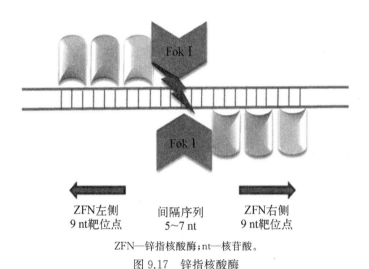

ZFN—锌指核酸酶;nt—核苷酸。

图 9.17　锌指核酸酶

(图引自: Gupta et al, 2017)

ZFN 的构建策略如下:针对感兴趣的目标基因,选择合适的靶位点,构建识别靶序列 DNA 的活性锌指蛋白,最后将锌指蛋白和 Fok I 亚基融合,形成特异 ZFN。如果已知的天然锌指蛋白或人工锌指蛋白能结合至靶基因序列,则可以将已知锌指蛋白组装成活性 ZFN 直接作用于靶细胞。但有限的已知锌指蛋白信息不能覆盖庞大的生物基因组序列,这就需要利用新的方法构建活性锌指蛋白,并验证其靶序列的结合活性。现阶段,多种构建策略已用于锌指蛋白的构建,能针对已知靶基因,获得较高活性的重组锌指蛋白,构建有效的锌指蛋白,实现靶基因的编辑。人工锌指蛋白的构建策略主要有已知锌指蛋白结合位点的直接构建法、模块组装法(modular assembly, MA)、基于锌指蛋白文库筛选的 Open 法和 Wolfe 法、上下文依赖组装法(context-dependent assembly, Co DA)等。

(3) ZFN 的优缺点及策略

ZFN 是第一项广泛应用的基因编辑技术,目前该技术已经成功地应用于很多动植物细胞的基因敲除或修饰,而且近年来研究者已设计成功可以用于疾病基因治疗的特异性 ZFN,表明 ZFN 在医学领域有着广阔的应用前景。

但是 ZFN 技术存在一些缺点:ZFN 设计成本高、耗时长、工作量大;ZFN 的识别结构域中存在上下文依赖效应,这使得 ZFN 的筛选效率大大降低,同时对特异性结合靶序列也有一定的影响,因此不能针对任意目的序列设计相应的 ZFN;ZFN 的脱靶效应容易对细胞产生毒性,应用时有一定的风险。

核酸酶的特异性是 ZFN 编辑基因组成功的关键。ZFN 切割基因组中非靶位点的现象称为脱靶效应。ZFN 的脱靶切割不仅会降低靶向切割的效率,而且还会导致细胞毒性。当细胞修复脱靶位点时,极易扰乱同时发生的靶位点基因组编辑过程,这种脱靶效应给基因治疗带来极大的副作用。为了解决此问题,需要进一步优化 ZFN,提高 ZFN 的特异性,同时减少脱靶效应产生的细胞毒性副作用。提高 ZFN 特异性的策略有以下几点。① 筛选高活性的 ZFN 以减少脱靶效应,能在一定程度上降低细胞毒性。选择靶位点时,通过在全基因组序列范围分析潜在的脱靶位点,尽量减少脱靶位点以降低细胞毒性。② 优化 Fok I 切割结构域,降低 ZFN 的脱靶效应。Fok I 以二聚体形式切割 DNA 双链,ZFN 单体中的野生型 Fok I 能自身二聚化,产生非特异性切割。因此,若降低 Fok I 的自身二聚化水平,能减少 ZFN 导致的脱靶效应。

2) TALEN

(1) TALEN 技术的诞生

随着对 ZFN 技术的深入研究,脱靶率高、特异性结合不强等问题逐渐显现。研究者开始致力于寻找比 ZFN 更有效、特异性更强的编辑工具。2009 年,来自德国和美国的两组科学家同时在《科学》杂志上报道了 TALE 蛋白能特异性地识别和结合 DNA 序列,这给生物基因组定点改造带来了新的曙光。2010 年,美国科学家在《遗传》杂志上发表其研究:将 TALE 蛋白与 Fok I 核酸酶融合构成人工 TALE 核酸酶,建立了能够对任意目的序列进行靶向遗传修饰的 TALEN 基因编辑技术,这表明基因编辑领域出现了一种比 ZFN 更有优势的新方法。

TALEN 具有既能够像 ZFN 一样精确地修饰复杂的基因组,又比 ZFN 更容易设计的优点。这对于遗传学的基础理论研究和应用研究是一个重大的飞跃。由于在 TALEN 组装技术和模式动物应用上的突破,人工核酸酶介导的基因编辑技术在 2012 年 1 月被《自然-方法》杂志评选为 2011 年度最受瞩目、最有影响力的年度生命科学技术,在 2012 年 12 月被《科学》杂志评为 2012 年度十大科学进展之一。《科学》杂志在评述中将 TALEN 称为基因组的"巡航导弹"。

(2) TALEN 技术的作用原理

TALEN 的构造和作用原理与 ZFN 相似,其中特异性识别并结合 DNA 序列的结构域是 TALE 蛋白,非特异性切割结构域是 Fok I 核酸酶(见图 9.18)。

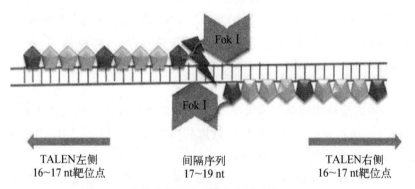

图 9.18 类转录激活因子效应物核酸酶(TALEN)

(图引自:Gupta et al, 2017)

1989 年,博纳斯(Bonas)等从植物病原体黄单胞菌属(*Xanthomonas Spp.*)中分离出 AvrBs 3 (TALE 蛋白家族成员之一)。TALE 蛋白的作用和真核生物转录因子的作用相似,可以特异性识别宿主内源基因 DNA 序列并调控其表达,从而使宿主细胞对该病原体产生超敏反应。

TALE 蛋白由 3 部分构成,包括羧基端序列、氨基端序列以及一段可以特异性识别 DNA 序列的中间重复序列。其中羧基端具有核定位信号(nuclear localization signal,NLS)和转录激活结构域(activation domain,AD);氨基端具有转运信号(translocation signal);中间的重复序列是 DNA 识别和结合结构域,每个重复的单体包含 33～35 个氨基酸,其中大部分重复氨基酸是高度保守的,但在第 12 位和第 13 位的氨基酸残基是高度可变的,被称为重复可变双残基(repeat variable di-residue,RVD),它们参与对 DNA 双链上碱基的特异性识别。每个 RVD 识别 4 种碱基中的一种或几种,其识别对应的密码如下:天冬酰胺—组氨酸(NH)识别 G, 天冬酰胺—异亮氨酸(NI)识别 A,天冬酰胺—甘氨酸(NG)识别 T,组氨酸—天冬氨酸(HD)识别 C,天冬酰胺—天冬酰胺(NN)识别 G 或 A(见图 9.19)。

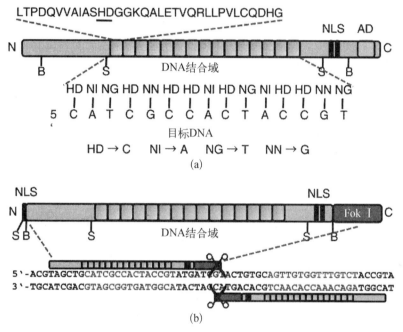

图 9.19　TALE(a)和 TALEN(b)的结构

(图引自：Cermak et al,2011)

由于 TALEN 的串联重复区序列高度保守,全序列人工合成的成本高,因此如何快速、简单、低成本地合成 TALE 蛋白的 DNA 识别结构域是 TALEN 合成中最关键的一个步骤。目前,除了可以选择全序列人工合成这一昂贵的方法之外,通过分子克隆的途径人工构建 TALE 的方法主要包括四大类。① 基于金门(Golden Gate,GG)克隆的方法,根据单体的不同来源可分为基于 PCR 的 GG 法(GG - PCR)和传统的基于质粒载体的 GG 法(GG vector)。② 基于连续克隆组装的方法,包括限制性酶切连接法(restriction enzyme and ligation,REAL)、单元组装法(unit assembly,UA)和 idTALE 一步酶切次序连接法。③ 基于固相合成的高通量方法,包括快速固相高通量自动连接(fast ligation-based automatable solid-phase high-throughput,FLASH)技术和迭代加帽组装法(iterative capped assembly,ICA)。④ 基于长黏末端的不依赖连接反应的克隆(ligation-independent cloning,LIC)组装方法等。

自从 2009 年 TALE 蛋白与核苷酸的特殊识别关系被破解后，TALEN 技术已经取代 ZFN 技术成为基因组定点靶向修饰的主要技术，并广泛应用于真核细胞以及小鼠、大鼠、斑马鱼、猪、牛、线虫、果蝇、酵母和植物等多个物种的科学研究中。

（3）TALEN 技术的优缺点

与 ZFN 技术相比，TALEN 技术具有明显的优势：特异性比 ZFN 高；由于具有不同的 DNA 识别模式，TALEN 在全基因组的靶点范围要比 ZFN 大很多；构建方式更加简便，甚至能够实现大规模高通量的组装；TALEN 结合 DNA 的方式更便于预测和设计；毒性和脱靶效应比 ZFN 低，研究发现，转染后 5 天表达 TALEN 的细胞平均 80% 可以存活，表达 ZFN 的细胞平均只有 50% 的存活率。

但是 TALEN 技术也存在一些不足：在真核细胞中易受到表观遗传修饰的影响；虽然脱靶率比 ZFN 低，但是还是存在脱靶风险；在细胞水平和个体水平的免疫原性需要进一步验证。

3）CRISPR/Cas 系统

（1）CRISPR/Cas 技术的诞生

1987 年，日本学者石野良纯（Yoshizumi Ishino）等在研究大肠杆菌磷酸酶基因（iap）的序列和功能时，在该基因编码区下游，第一次发现了一系列长度为 29 bp 的重复序列（repeat），与大多数的串联重复序列不同，这些重复序列之间存在多个 32 bp 的非重复序列。但当时并不清楚它的生物学意义，随着越来越多的基因组测序完成，在超过 40% 的细菌和 90% 的古细菌中发现了更多的间隔重复序列。

2002 年，扬森（Jansen）等正式将这些含有间隔重复序列的位点命名为 CRISPR，同时他们还在这些重复序列附近发现了一系列保守的 CRISPR 相关蛋白（CRISPR-associatied protein，Cas）。这也成为 CRISPR 系统最初被分为三大类的理论基础：I 类和 III 类 CRISPR 系统包含多个 Cas 蛋白，而 II 类 CRISPR 系统则仅包含较少的 Cas 蛋白。

2005 年，多个研究团队发现 CRISPR 位点中的间隔序列与噬菌体 DNA 有很高的同源性，这暗示 CRISPR 可能参与了细菌与古细菌的免疫防御。2006 年，美国研究小组在通过生物信息学分析后，推测 CRISPR 系统可能以类似 RNAi 的方式行使其免疫功能。2007 年，拜兰古（Barrangou）等在嗜热链球菌感染噬菌体的实验中，发现感染噬菌体的嗜热链球菌的基因组上有一段噬菌体的基因序列，通过对嗜热链球菌的遗传改造发现插入这段序列的细菌获得抵抗噬菌体的免疫能力，删除这段序列的细菌抵抗力消失；同时还证明了 Cas 蛋白在该过程中起作用，负责新间隔序列的获得和外源序列的断裂，第一次证实了 II 类 CRISPR 系统参与细菌的获得性免疫。

2011 年，斯克斯尼斯（Siksnys）团队发现嗜热链球菌中的 II 类 CRISPR 系统可以在大肠杆菌中发挥免疫防御功能。随后多个研究团队证明，CRISPR 衍生 RNA（CRISPR-derived RNA，crRNA）可以指导 Cas9 蛋白实现体外的特异性 DNA 切割。

2013 年，张锋博士引起全球极大的关注。他在《科学》杂志上发表了团队的研究成果：借助 CRISPR/Cas9 技术，科研人员可以对人类或者小鼠的细胞基因实施精确切断。CRISPR/Cas9 技术诞生于 2013 年之前，但获得广泛关注却是因为这篇论文的发表。这篇论文证明 CRISPR/Cas9 技术能应用于人类和动物，因而被全球科学家视为重大突破。同年，其他研究团队也几乎同时报道了利用来自不同菌株的Ⅱ类CRISPR系统实现哺乳动物细胞中的基因编辑。这些开创性的研究将基因编辑推向了新的高峰。

（2）CRISPR/Cas技术的结构基础

研究发现，CRISPR/Cas系统一般包括四大基本结构：前导序列（leader sequence）、重复序列（repeat）、间隔序列（spacer）和 *Cas* 基因序列（见图9.20）。

图9.20 CRISPR/Cas系统基本结构

（图引自：Sorek et al, 2008）

前导序列是一段长度为300～500 bp的富含AT的DNA序列，位于CRISPR上游，一般被认为是CRISPR簇的启动子序列。

重复序列的长度为25～50 bp，在不同CRISPR中重复序列并非严格保守，但其3′和5′端部分序列保守；CRISPR的间隔序列多是26～72 bp的DNA序列。重复序列和间隔序列间隔串联组成CRISPR基因座。对其转录后的产物进行结构分析发现，重复序列可以形成稳定的二级发夹结构，可以通过和Cas蛋白形成稳定的复合物来发挥作用。

Cas蛋白的基因座是CRISPR/Cas系统最重要的序列，负责编码Cas蛋白。Cas蛋白种类繁多，功能多样，类型复杂，在发挥CRISPR功能中起决定性作用。

（3）CRISPR/Cas技术的作用机制及分类

CRISPR/Cas是细菌进化出的一种获得性免疫机制。细菌可以对初次入侵的DNA片段产生"记忆"，当遭受再次入侵时，它可通过一系列机制识别并破坏相应的DNA从而保护自身。

CRISPR介导的获得性免疫反应主要分为3个步骤。① 适应（间隔序列的捕获）。侵入的外源核酸短片段被整合到CRISPR位点前导序列的近端，同时重复序列也复制一次，这些被整合的30 nt左右的短核苷酸序列被称为间隔序列。② 表达（CRISPR系统的转录和加工）。在下一次相似的外源核酸侵入后，CRISPR位点被转录成前体crRNA（pre-CRISPR-derived RNA，pre-crRNA）；在Cas蛋白的作用下，前体crRNA被加工成包含间隔序列的crRNA。③ 干扰（对外源核酸的作用）。crRNA与相应的Cas蛋白形成复合体，切割与间隔序列互补的外源核酸。

根据参与CRISPR/Cas系统Cas蛋白的不同，将CRISPR/Cas系统分为3种类型：Ⅰ型、Ⅱ型和Ⅲ型。其中Ⅰ型和Ⅲ型的系统比较复杂，需要多种Cas蛋白参与；而Ⅱ型中只需要一个Cas蛋白。Ⅰ型、Ⅲ型在细菌和古细菌中均有发现，Ⅱ型仅存在于细菌中。

Ⅰ型：多个Cas蛋白与crRNA结合形成CRISPR相关抗病毒防御复合体（CRISPR-associated complex for antiviral defense，Cascade），其识别外源DNA，与原间隔相临基序（proto-spacer adjacent motif，PAM）元件特异性结合，并介导Cas3蛋白对目标DNA进行剪切，其中起切割作用的核心蛋白是Cas3（见图9.21）。

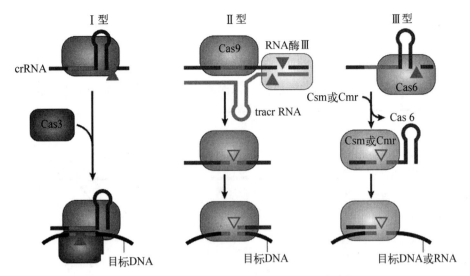

Csm/Cmr—多种 Cas 蛋白与 crRNA 组装形成的复合物。

图 9.21 CRISPR/Cas 系统作用机制

(图引自：Makarova et al，2011)

Ⅱ型：要形成一个有功能的 DNA 切割复合体，还需要 crRNA 和 crRNA 反式作用体 (trans-acting crRNA，tracrRNA)。crRNA 通过碱基配对与 tracrRNA 结合。tracrRNA - crRNA - Cas9 复合物识别外源性 DNA，其中 Cas9 蛋白在 crRNA 互补链 PAM 元件上游的 3 nt 处与非互补链 PAM 元件下游的 3～8 nt 处剪切 DNA 双链。Ⅱ型系统主要依赖 Cas9 蛋白的核酸内切酶活性进行特异性切割，其组分较为简单，也是最常用的一种类型，已广泛应用于生物体或细胞的基因组编辑(见图 9.21)。

Ⅲ型：在不需要 PAM 的情况下，Cas6/Cas10 作用于 crRNA 前体生成 crRNA 并与之结合，进而识别并破坏外源性 DNA，Ⅲ型的核心蛋白为 Cas10 和重复相关蛋白，这种系统的设计比较复杂。同Ⅰ型和Ⅲ型相比，Ⅱ型仅需要 Cas9 蛋白对 DNA 双链进行剪辑，1 个合成的单链向导 RNA(single guide RNA，sgRNA)即可代替 tracrRNA - crRNA 引导 Cas9 蛋白，而Ⅰ型和Ⅲ型依赖于复杂的蛋白质复合体(见图 9.21)。

(4) CRISPR/Cas9

随着对 CRISPR/Cas 系统越来越深入的研究，研究者发现Ⅱ型 CRISPR/Cas 系统中有一个非常简单的系统 CRISPR/Cas9。Cas9 蛋白是由 1 409 个氨基酸组成的多结构域蛋白，包含 2 个核酸酶结构域(类 RuvC 和类 HNH)：类 HNH 核酸酶结构域位于氨基端，负责切割 crRNA 的互补链；类 RuvC 核酸酶结构域位于中间，负责切割非互补链。

Cas9 蛋白和 crRNA、tracrRNA 形成一个切割复合体，其中 2 个 RNA 可以形成部分双链结构，以保持复合体的稳定。crRNA 可以引导 Cas9 蛋白到达与 crRNA 配对的序列靶位点。在原间隔序列上下游，一般会有 2～5 bp 的保守碱基序列 PAM 参与 Cas9 蛋白对靶位点的识别。具有核酸酶活性的 Cas9 蛋白，在到达靶位点后发挥作用，形成 DSB。2012 年，伊内克 (Jinek)等将分开作用的 crRNA 和 tracrRNA 通过一段接头 DNA 连接成一条 sgRNA，该 sgRNA 仍然能高效地介导 Cas9 蛋白对 DNA 进行定点切割(见图 9.22)。

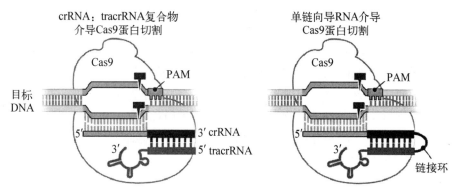

图 9.22　CRISPR/Cas9 系统基因编辑

（图引自：Doudna et al，2014）

（5）CRISPR/Cas 技术的优势与存在问题

在 CRISPR/Cas9 技术被发现并广泛应用之前，ZFN 与 TALEN 技术是两种最主要的基因编辑技术。ZFN 通过 DNA 结合域中的锌指蛋白特异性识别并结合碱基序列后，两个核酸内切酶 Fok Ⅰ 单体形成二聚体后发挥酶切活性，对 DNA 进行定点切割；TALEN 则是通过 DNA 结合域的重复可变双残基特异性识别碱基序列，并利用 Fok Ⅰ 二聚体对 DNA 进行剪辑。

与 ZFN 和 TALEN 等相比，CRISPR/Cas9 系统具有无可比拟的优势。① 可用位置更多。理论上，在基因组中每 8 bp 就有一个适合 CRISPR/Cas9 编辑的位点，分布频率很高。而对于 ZFN 和 TALEN，在基因组中分别为平均每 500 bp 和 125 bp 才会有一个合适的编辑位点。② 可同时编辑多个位点，而 ZFN 和 TALEN 难以实现。③ 识别域的构建更简单。CRISPR/Cas9 系统由 crRNA 和 Cas9 蛋白组成，结构简单，想要改变靶序列识别位点只需改变一段短的 RNA 序列即可，而 ZFN 和 TALEN 则需要根据不同的识别序列组装和构建十分复杂的蛋白识别域，费时费力。因此，CRISPR/Cas9 技术具有编辑效率高、操作简单、成本低、编辑范围广等优势。

脱靶效应是所有基因组靶向修饰技术中的一道难题，它会切割基因组非特异性序列，造成未知突变，增加后期的鉴定工作量。除此之外，有研究发现，高浓度的 Cas9 蛋白和 sgRNA 也会导致较高的脱靶活性，脱靶活性最高可达 84%。

CRISPR/Cas9 技术依然存在精确修复率低的局限性。DNA 双链断裂（DSB）后，通常通过 2 种方式修复：非同源末端连接（NHEJ）和同源定向修复（HDR）。CRISPR/Cas9 系统导致的 DSB 通常以 NHEJ 修复为主，这种修复方式易发生碱基的插入和缺失，产生移码突变，从而使基因功能丧失。有研究显示，CRISPR/Cas9 系统导致的 DSB 通过 HDR 方式修复的比例通常不足 10%。

4）单碱基编辑技术

（1）单碱基编辑技术的诞生

单碱基编辑（base editor，BE）技术是指对目标基因片段中特定位点的单个碱基进行编辑，是一种基于脱氨酶与 CRISPR/Cas9 系统融合形成的技术。

2016年4月,哈佛大学刘如谦(David Liu)实验室首次成功开发了靶向编辑胞嘧啶的工具BE,在生物体内实现了胞嘧啶(C)到胸腺嘧啶(T)的单碱基转换[胞嘧啶单碱基编辑(cytosine base editor, CBE)]。随后,日本神户大学近藤昭彦(Akihiko Kondo)和上海交通大学常兴等实验室也在不同的生物物种内开发了类似的CBE工具,并在这些工具的基础上进行了深入的挖掘和优化。2017年,刘如谦实验室在原有BE的基础上实现了腺嘌呤(adenine, A)到鸟嘌呤(guanine, G)的精确转换[腺嘌呤单碱基编辑(adenine base editor, ABE)],为基因编辑提供了新的工具。胞嘧啶单碱基编辑和腺嘌呤单碱基编辑的效率很快就在多个动物和植物物种中得到了验证和优化。

(2) 单碱基编辑技术的作用机制

单碱基编辑技术依赖简单的生物化学原理,并且通过非常巧妙的设计来实现(见图9.23):利用脱氨酶将胞嘧啶(C)或腺嘌呤(A)上的氨基去掉,分别转换为尿嘧啶(U)或次黄嘌呤(I),然后在DNA复制或修复时进一步将两者转换为胸腺嘧啶(T)或鸟嘌呤(G),从而实现生物体DNA序列的靶向碱基转换。因此,单碱基编辑技术依赖核苷酸特异的脱氨酶。根据靶向碱基的不同,单碱基编辑技术可以分为胞嘧啶单碱基编辑(CBE)和腺嘌呤单碱基编辑(ABE)。

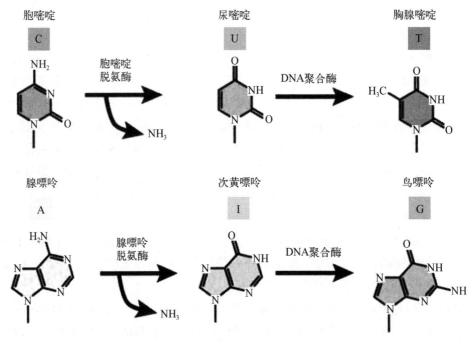

图9.23　利用脱氨酶进行DNA碱基转换的原理

(图引自:谢卡斌,2019)

① 胞嘧啶单碱基编辑。胞嘧啶单碱基编辑的作用机制是将胞嘧啶脱氨酶和人工突变后的DNA切口酶nCas9(Cas9 nickase)进行融合,融合蛋白在sgRNA的引导下将靶点PAM序列上游5~12 bp范围内非靶标链上的胞嘧啶(C)转换为尿嘧啶(U),同时切割靶标链产生单链断裂,此时编辑系统启动修复机制,以非靶标链为模板将互补链中的鸟嘌呤(G)替换为腺嘌呤(A),最终实现C/G到T/A的转换。该系统因而被称为胞嘧啶编辑器,如图9.24所示。

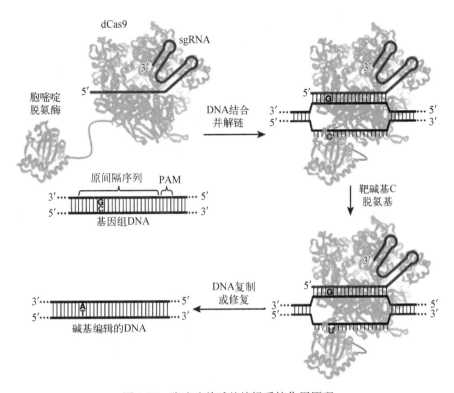

图 9.24　胞嘧啶单碱基编辑系统作用原理

(图引自：Komor et al, 2016)

② 腺嘌呤单碱基编辑。腺嘌呤单碱基编辑的机制与 CBE 非常相似，即脱氨酶与 DNA 切口酶 nCas9 的氨基端融合，在 gRNA 引导下，使非靶链中的腺苷脱氨，暴露为单链 DNA（single-stranded，ssDNA），然后将腺嘌呤 A 转化为肌苷 I，最后，DNA 聚合酶将肌苷 I 识别为鸟嘌呤 G 进行复制，而互补链上原来与腺嘌呤 A 互补的胸腺嘧啶 T 将会变成胞嘧啶 C，进而完成碱基置换过程（图 9.25）。

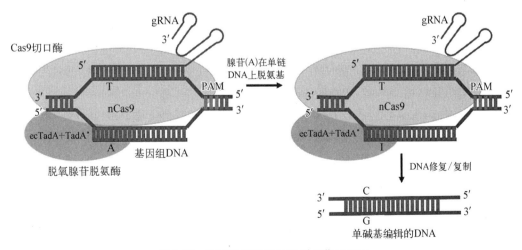

图 9.25　腺嘌呤单碱基编辑系统作用原理

(图引自：李广栋 等，2019)

相比于 CRISPR/Cas9 技术,单碱基编辑技术既不引入 DNA 双链断裂,又不需要重组修复模板,而且效率远远高于由发生双链断裂引起的同源重组修复方式,对于许多点突变造成的遗传疾病具有很大的应用潜能。

中国科学院遗传与发育生物学研究所高彩霞实验室(2019)对胞嘧啶单碱基编辑和腺嘌呤单碱基编辑两个单碱基编辑工具进行深入研究发现,利用 APOBEC1 和 UGI 构建的 BE3 和 HF1-BE3 两个胞嘧啶单碱基编辑工具在水稻(*Oryza sativa*)全基因组范围内有不可预测的脱靶现象,而腺嘌呤单碱基编辑工具则没有检测到脱靶现象。这一发现对单碱基编辑工具的应用和进一步改进具有重要意义。

9.2.3 基因编辑技术的应用

1) 基因治疗

随着生命科学和医学科学的不断发展,人类对疾病的认识不断深化。目前已知的人类遗传病已超过 6 000 种,其中 3 200 种为单基因遗传病。虽然人们对遗传病的了解和诊断有了长足的发展,但是对于这些疾病的治疗仍然举步维艰:超过 95% 的遗传病没有有效的治疗方法,更谈不上治愈。近几年,基因治疗发展迅速,为遗传病治愈带来新的希望。然而传统的基因治疗方法存在潜在的致瘤风险,治疗的效果有待更长时间的检验。基因编辑技术的出现,将为基因治疗升级增添新的工具,弥补传统基因疗法的不足,将基因编辑技术用于基因治疗成为目前研究的热点。

(1) 基因"敲除"在基因治疗中的应用

基因敲除(knock out)是基因编辑的一个重要功能,可以实现基因组 DNA 特异片段的删除,从而导致目标基因失活或激活等。众多遗传病与基因异常表达相关。通过基因编辑工具敲除异常表达的基因或删除突变基因的特定区域,是遗传病基因治疗的一大策略。

从基因敲除的整体情况来看,基因敲除型治疗可以分为 3 种类型:第一类为基因的完全敲除,第二类为基因部分功能区域的敲除(如增强子区域),第三类为杂合子中显性突变基因的敲除。这三类敲除在不同疾病的研究中各有应用,为基因治疗提供了丰富的策略。基因完全敲除策略在代谢类疾病治疗中的应用最为典型(如家族性高胆固醇血症和 I 型酪氨酸血症),通过完全敲除代谢过程中的负调控蛋白或阻断上游代谢通路,可间接治疗疾病。基因部分功能区域敲除策略经常用于血液疾病和肌营养不良的治疗。功能获得性突变是许多显性遗传病的病因。对于杂合个体而言,失活一条染色体上的显性基因即可起到治疗疾病的效果。

(2) 基因"敲入"在基因治疗中的应用

基因敲入(knock in)是基因治疗的另一种策略,是指通过外源基因的整合使基因正常表达,从而达到治疗疾病的目的,主要用于因关键基因突变失活而导致的遗传病的治疗。

利用同源重组的方式进行基因敲入是使用最为广泛的一种传统策略。然而同源重组只发生于细胞周期的 S/G2 期,因此只能在分裂细胞或器官中实现有效的疾病基因治疗。此外,同源重组效率较低。这些都成了利用同源重组进行基因治疗的主要障碍。科学家在致力于提高同源重组效率的同时,也在思考如何利用不依赖细胞周期的非同源末端连接的机制进行基因治疗。2016 年,科学家新发现了一种非同源末端连接优化后的同源非依赖性靶向整合(homology independent targeted integration, HITI)技术,第一次在非分裂细胞中成功实现了高效的外源基因靶向敲入,并用于视网膜色素变性大鼠模型的修复,结果表明该技术对视网膜色素变性有良好的治疗效果。

(3) 单碱基编辑技术在基因治疗中的应用

单碱基编辑技术极大地避免了 DNA 双链断裂造成的靶点和非靶点序列的缺失、插入等突变,同时也避免了潜在的细胞毒性或混杂的 DNA 双链断裂中间体及其副产物的形成,展示了巨大的应用价值。单碱基编辑技术可以实现在一定的活性窗口内 C 到 T 或者 A 到 G 的定点突变,因此,很容易实现在开放阅读框内遗传密码子的改变(如错义突变)或提前产生终止密码子,从而实现相应基因的敲除。除了通过产生终止密码子进行基因敲除外,单碱基编辑技术还可以用于突变基因的修复,从而达到治疗疾病的目的。

2) 品种改良

农业是人类衣食之源、生存之本,是一切生产的首要条件。近年来,我国经济发展取得了重大的进步,人们的生活质量逐渐提升,人们对品质优良、品种丰富的农牧产品的需求也越来越多。传统的杂交育种方法耗时长、工作量大,且由于基因连锁效应可能带入缺陷基因。随着分子生物学等学科的快速发展,全球农业科技正在发生显著的变化。通过基因分析,综合运用细胞工程、染色体工程、分子标记辅助选择、基因克隆与转基因等技术已经成为高效种质创新的主体策略。分子设计育种将提供大量突破性的品种并催生出智能植物品种。传统育种方法和基因工程技术相结合培育新的植物品系已经成为主流研究手段。基因编辑技术由于具有其特定的优势,可以快速高效地改变畜牧业产品的产量、品质等性状,已成为农业发展的一项新兴技术,将在农业品种改良方面得到广泛的应用。

目前,基因编辑技术在种植业应用比较广泛,如水稻、小麦、大豆、玉米、马铃薯、番茄等作物的性状改良和提高抗病性等方面。其中,研究人员已通过对水稻已知基因的编辑快速获得了具有高抗(抗稻瘟病和白叶枯病等)、高产(早熟、增加粒数、增加粒质量和增大粒型等)、高品质(高/低直链淀粉和提高香味等)等优良性状的植株。基因编辑技术在畜牧业产品方面的应用也逐渐发展,如培育无角的奶牛、不饱和脂肪酸含量提高以及对非洲猪瘟、猪蓝耳病抗性增强的猪。

3) 基因功能研究

利用生物体内丰富的遗传信息来研究其相对应的功能,一直是功能基因组学的核心任务。其原理是通过敲除某个特定基因,观察其性状是否发生变化,从而验证敲除的基因所调控的功能。近年来,基因编辑技术广泛应用于烟草、拟南芥、大鼠、小鼠、斑马鱼、果蝇等模式生物的功能基因转录调控研究。此外,基因编辑技术在哺乳动物细胞、体外人源细胞等的功能基因研究中也发挥了重要的作用。

4) 构建疾病动物模型

构建适当的疾病动物模型对研究人类疾病发生机制或疾病治疗是必不可少的,同时对药物开发、器官移植等也有重要的作用。传统构建疾病动物模型的方法依赖于胚胎干细胞的建立,此模式动物仅限于小鼠等容易获得胚胎干细胞的动物。随着临床对模型动物的要求越来越高,研究者开始致力于用基因编辑技术构建动物模型。例如,马列(2017)利用 CRISPR/Cas9 系统构建了突变型更具普遍性的苯丙酮尿症模型小鼠,并通过腺病毒载体运输 CRISPR/Cas9 系统,在该基因原位敲入正常基因的 cDNA 以修复该模型的点突变。结果显示,治疗后小鼠血液内苯丙氨酸的含量降低,毛色回复,取得了一定的治疗效果。

9.2.4 人类基因编辑的伦理与管理

2018年11月26日,时任南方科技大学副教授贺建奎宣布世界首例免疫艾滋病的基因编辑婴儿露露和娜娜在中国诞生。消息一经发布,立刻引起了国内外科学界和社会各界的广泛关注和讨论,其中科学伦理是最突出的担忧和热点。一些科学家和生命伦理学家明确表示,此类试验的发生"非常草率""不合伦理""后果十分可怕",是"史诗般的科学灾难","坚决反对这种无视科学和伦理道德底线的行为,反对在安全性和有效性未得到证实的基础上开展针对人类健康受精卵和胚胎的基因修饰和编辑研究"。贺建奎利用基因编辑技术培育双胞胎女婴的试验被美国《科学》杂志视为2018年度"负面事件"之一,英国《自然》杂志将贺建奎列为年度十大人物中的"反派角色",称他为"基因编辑流氓"。

基因编辑婴儿试验为何掀起如此巨大的伦理风暴,成为国际社会和科学界强烈谴责和高度关注的社会事件?

1) 科学伦理问题

(1) 科学性问题

作为第三代基因编辑技术,CRISPR/Cas9技术在理论上可以编辑人类生殖细胞的致病基因,治愈某些家族性遗传病,但是CRISPR/Cas9技术仍然没有完全解决脱靶和毒性问题。多国科学家的基础研究证明,人类胚胎基因编辑应用于临床实践还缺少科学技术的安全保障。

研究设计中对*CCR5*基因进行编辑以预防艾滋病这一做法,在必要性上存在很大的争议。研究发现,CCR5蛋白能够保护一些严重传染病和慢性病患者的肺部、肝脏和大脑,*CCR5*基因的敲除会提高人类对西尼罗病毒、蜱传脑炎病毒、登革病毒和黄热病毒等的易感性;另有研究发现,*CCR5*基因与人类寿命有关系;*CCR5*基因的突变同样可以带来能力的增强。

(2) 生命伦理性问题

根据基因编辑技术编辑对象不同,可将基因编辑试验划分为体细胞基因编辑和生殖细胞基因编辑。由于体细胞基因编辑研究和治疗风险基本可控,相关的技术应用试验基本上没有太多的争议。而生殖细胞的基因编辑研究和治疗应用则存在脱靶效应等诸多"未知"风险和不确定性;同时,生殖细胞基因编辑会影响下一代的基因,造成永久性、不可逆的改变,对其后代产生无法预估的影响,进而也会影响整个人类基因库。因此,国际社会要求对此设置相应的伦理界限,严格划定基因编辑临床应用的伦理底线。

(3) 违反国际伦理共识与国内法规

2015年12月,由中、美、英等国共同成立的人类基因编辑研究委员会明确CRISPR/Cas9基因编辑技术只能用于基础研究,禁止擅自用于人类生殖目的的基因编辑。2017年2月15日,人类基因编辑研究委员会就人类基因编辑技术的发展与应用提出了原则性框架意见,对生殖细胞基因编辑提出"缺乏其他可行治疗办法"是可开展临床研究的首个必要条件。我国《人类辅助生殖技术规范》明确规定:"禁止以生殖为目的对人类配子、合子和胚胎进行基因操作"。《人胚胎干细胞研究伦理指导原则》也明确规定:"遗传修饰获得的囊胚,其体外培养期限自受精或核移植开始不得超过14天"。

（4）基因编辑的发展可能加剧社会不公

基因编辑问题可能引发的社会不公存在于两个层面。一个层面是以治疗为目的的医疗资源分配不公。基因编辑技术为很多疾病的治疗带来了新的可能性,而它的医疗价格也是非常昂贵的。基因编辑技术的发展可能会使由社会贫富差距造成的医疗资源分配不公情况更加凸显。另一个层面是通过对人体胚胎进行基因编辑实现人体增强的行为,也就是利用基因编辑技术"优化"婴儿。基因编辑是可以遗传的,对特定人群进行永久性的基因"强化"所导致的社会不公,会引发严重的社会问题。因此,对健康人体胚胎进行基因编辑是目前国际社会坚决抵制的。

2) 伦理反思及对策

（1）有关基因编辑技术应用的法律法规问题

我国目前已有的相关法律法规主要有五部：原国家科委 1993 年颁布的《基因工程安全管理办法》,原卫生部 2003 年颁布的《人胚胎干细胞研究伦理指导原则》和《人类辅助生殖技术规范》、原卫计委 2016 年发布的《涉及人的生物医学研究伦理审查办法》,以及原科技部 2017 年颁布的《生物技术研究开发安全管理办法》。但这些立法主要是国家行政部门的管理办法或指导原则,在法律体系中的位阶较低,法规约束性不强,对违法者没有强有力的处罚措施,使得对违规基因科技研究缺乏约束力,难以起到警示的作用。

应建立健全相关法律法规。人类的基因编辑技术研究应该在相关的法律和规范的监管下进行,对允许进行研究的领域制定伦理规范、技术标准和准入门槛,对不允许进入的领域划定法律和政策红线。合理调整公众、科学及政策的冲突,完善法律体系,找到其中的平衡点。

（2）基因编辑技术伦理规范滞后问题

世界各国对人类基因编辑的伦理意见不一。世界伦理规范没有跟上基因编辑技术的发展速度,各国伦理规范存在滞后问题。

我国的主管部门和科学家群体应尽快制定我国基因编辑等技术应用的伦理指导原则,明确我国基因编辑技术的使用范围和禁止对象,支持在安全有序的基础上进行临床前研究和临床试验；对可能带来巨大伦理和社会问题的基因编辑工作,应设定严格的研究边界。鼓励科学家在相关领域创新的同时,规避生物安全风险、规避生命伦理风险,避免引发社会争议。

（3）综合监管问题

从我国的基因编辑监管现状可以看到,基因编辑技术的研究和应用在系统、科学布局,相关伦理学、监督管理和法律法规相对薄弱,亟待加强。监管监督不仅需要不断地更新相关技术领域的知识,而且还需要法律权威和执法能力。基层机构伦理委员会由医疗卫生机构成立,其职能和权力来源于医疗卫生机构的授权,很多伦理审查委员会的能力建设跟不上,没有资质审查这类高新技术研究,在审查人类胚胎基因编辑研究这种重大伦理问题时,难以保证权威性和独立性。

应尽快设立专项监管机构,对技术试验落实责任追究,构建立体的人类胚胎基因编辑的监管体系,为其带来的伦理风险提供有效的制度保障。

3) 人类基因组编辑管理的总体原则

基因编辑为促进基础科学和治疗应用提供了巨大的潜力。2015 年 12 月,美国国家科学院、美国医学科学院成立了由来自美国、英国、法国、意大利、加拿大、以色列和中国的 22 位学者组成的人类基因编辑研究委员会。

2017 年 2 月，人类基因编辑研究委员会正式就人类基因编辑的科学技术、伦理与监管向全世界发布研究报告。该报告将人类基因编辑分为基础研究、体细胞基因编辑、生殖细胞/胚胎基因编辑三大部分，分别就这三方面的科学问题、伦理问题以及监管问题进行了讨论，并提出七项基本原则。

(1) 促进福祉原则：支持提供福利和防止对受影响者的伤害。遵循这一原则的责任包括：① 追求以促进个体健康和福祉的人类基因组编辑的应用，如治疗或预防疾病，使因早期应用所带来的高度不确定性可能造成的对个体的风险最小化；② 确保合理地平衡人类基因组编辑任何应用的风险和收益。

(2) 透明原则：要求使利益相关者获得易懂且开放和共享的信息。遵循这一原则的责任包括：① 承诺尽可能及时地披露信息；② 有意义的公众意见应当为人类基因组编辑技术及其他创新性技术的政策提供参考。

(3) 适当护理原则：谨慎选择参与研究或接受临床护理的患者。遵循这一原则的责任包括：在适当的监督下，谨慎且渐进地开展，并根据未来发展和文化观点的不断变化进行新的评估。

(4) 科学诚信：根据国际和职业规范，从基础研究到临床应用，坚持以最高的标准来开展。遵循这一原则的责任包括：① 高质量的实验设计和分析；② 对实验方案和结果数据进行适当的审查和评价；③ 保证研究过程的透明度；④ 校正虚假或误导性数据与分析。

(5) 尊重个人：需要承认所有个体人的尊严，承认个人选择的重要性，并尊重个人决定。所有人不管遗传特质如何，都有平等的道德价值。遵循这一原则的责任包括：① 承诺所有个人的平等价值；② 尊重和提倡个人决策；③ 防止滥用优生学；④ 致力于消除对缺陷人士的歧视。

(6) 公平：要求同样的病例得到同样的治疗，公平分配风险和利益（分配公正）。遵循这一原则的责任包括：① 研究权利和义务的公平分配；② 广泛和平等地分享人类基因组编辑临床应用所带来的益处。

(7) 国际合作：在尊重不同文化背景前提下进行合作研究与管理。遵循这一原则的责任包括：① 尊重不同国家的政策；② 尽可能地协调监管标准和程序；③ 不同科学团体和不同监管机构之间开展跨国合作和数据共享。

思考题

1. 表观遗传学的基本特征是什么？
2. 双胞胎可以通过基因检测进行个体识别吗？
3. 基因相同的两个个体，性状表现一定相同吗？为什么？
4. 基因编辑技术的积极作用有哪些？
5. 如何看待基因编辑技术应用于人类？

参考文献

［1］ Al-Salem A. Medical and Surgical Complications of Sickle Cell Anemia［M］. Berlin：Springer International Publishing A G，2015.

［2］ Aronova-Tiuntseva Y，Herreid C F. Hemophilia："The Royal Disease"［M］. New York：National Center for Case Study Teaching in Science，University at Buffalo，State University of New York，2003.

［3］ Biel M，Wascholowski V，Giannis A. Epigenetics — an epicenter of gene regulation：histones and histone-modifying enzymes［J］. Angew Chem Int Ed Engl，2005，44(21)：3186 - 3216.

［4］ Boch J，Scholze H，Schornack S，et al. Breaking the code of DNA binding specificity of TAL-type Ⅲ effectors［J］. Science，2009，326(5959)：1509 - 1512.

［5］ Bonas U，Stall R E，Staskawicz B. Genetic and structural characterization of the avirulence gene avrBs3 from Xanthomonas campestris pv. vesicatoria［J］. Mol Gen Genet，1989，218(1)：127 - 136.

［6］ Botstein D，White R L，Skolnick M，et al. Construction of a genetic linkage map in man using restriction fragment length polymorphisms［J］. Am J Hum Genet，1980，32(3)：314 - 331.

［7］ Callaway E. Reproductive medicine：The power of three［J］. Nature，2014，509(7501)：414 - 418.

［8］ Cermak T，Doyle E L，Christian M，et al. Efficient design and assembly of custom TALEN and other TAL effector-based constructs for DNA targeting［J］. Nucleic Acids Res，2011，39(12)：e82.

［9］ Chan S W L. Chromosome engineering：power tools for plant genetics［J］. Trends Biotechnol，2010，28(12)：605 - 610.

［10］ Chandrasegaran S，Carroll D. Origins of programmable nucleases for genome engineering［J］. J Mol Biol，2016，428(5 Pt B)：963 - 989.

［11］ Chen-Tsai R Y，Jiang R，Zhuang L，et al. Genome editing and animal models［J］. Chinese Sci Bull，2014，59(1)：1 - 6.

［12］ Christian M，Cermak T，Doyle E L，et al. Targeting DNA double-strand breaks with TAL effector nucleases［J］. Genetics，2010，186(2)：757 - 761.

[13] Clapier C R, Cairns B R. The biology of chromatin remodeling complexes[J]. Annu Rev Biochem, 2009, 78: 273 - 304.

[14] Collins F S, Galas D. A new five year plan for the US Human Genome Project[J]. Science, 1993, 262(5130): 43 - 46.

[15] Collins F S, Green E D, Guttmacher A E, et al. A vision for the future of genomics research[J]. Nature, 2003, 422(6934): 835 - 847.

[16] Collins F. Has the revolution arrived[J]. Nature, 2010, 464(7289): 674 - 675.

[17] Cummings C J, Zoghbi H Y. Trinucleotide repeats: mechanisms and pathophysiology [J]. Annu Rev Genomics Hum Genet, 2000, 1: 281 - 328.

[18] Deltcheva E, Chylinski K, Sharma C M, et al. CRISPR RNA maturation by trans-encoded small RNA and host factor RNase III[J]. Nature, 2011, 471(7340): 602 - 607.

[19] Doebley J F, Gaut B S, Smith B D. The molecular genetics of crop domestication[J]. Cell, 2006, 127(7): 1309 - 1321.

[20] Doudna J A, Emmanuelle C. The new frontier of genome engineering with CRISPR-Cas9[J]. Science, 2014, 346(6213): 1258096.

[21] Dulbecco R. A turning point in cancer research: sequencing the human genome[J]. Science, 1986, 231(4742): 1055 - 1056.

[22] Ge H Y, Li H, Liu Y, et al. Characterization of novel developed expressed sequence tag (EST)-derived simple sequence repeat (SSR) markers and their application in diversity analysis of eggplant[J]. Afri J of Biotechnol, 2011, 10(45): 9023 - 9031.

[23] Ge H Y, Liu Y, Jiang M M, et al. Analysis of genetic diversity and structure of eggplant populations (Solanum melongena L.) in China using simple sequence repeat markers[J]. Sci Hortic, 2013, 162: 71 - 75.

[24] Ge H Y, Liu Y, Zhang J, et al. Simple sequence repeat-based association analysis of fruit traits in eggplant (Solanum melongena)[J]. Genet Mol Res, 2013, 12(4): 5651 - 5663.

[25] Ginn S L, Alexander I E, Edelstein M L, et al. Gene therapy clinical trials worldwide to 2012 — an update[J]. J Gene Med, 2013, 15(2): 65 - 77.

[26] Glazkova D V, Shipulin G A. TALE nucleases as a new tool for genome editing[J]. Mol Biol (Mosk), 2014, 48(3): 305 - 318.

[27] Gupta S K, Shukla P. Gene editing for cell engineering: trends and applications[J]. Crit Rev Biotechnol, 2017, 37(5): 672 - 684.

[28] Hartl D L, Jones E W. Essential Genetics[M]. 3rd ed. Canada: Jones and Bartlett Publishers, Inc., 2002.

[29] Hartley K. Size of the human genome reduced to 19,000 genes[EB/OL]. http://www.sciencedaily.com/releases/2014/07/140703112830.htm.

[30] International Human Genome Sequencing Consortium. Finishing the euchromatic

sequence of the human genome[J]. Nature, 2004, 431(7011): 931 - 945.

[31] International Silkworm Genome Consortium. The genome of a lepidopteran model insect, the silkworm Bombyx mori[J]. Insect Biochem Mol Biol, 2008, 38 (12): 1036 - 1045.

[32] Ishino Y, Shinagawa H, Makino K, et al. Nucleotide sequence of the iap gene, responsible for alkaline phosphatase isozyme conversion in Escherichia coli, and identification of the gene product[J]. J Bacteriol, 1988, 169(12): 5429 - 5433.

[33] Jeffreys A J, Brookfield J F, Semeonoff R. Positive identification of an immigration test-case using human DNA fingerprints[J]. Nature, 1985b, 317(6040): 818 - 819.

[34] Jeffreys A J, Wilson V, Thein S L. Hypervariable minisatellite regions in human DNA [J]. Nature, 1985a, 314(6006): 67 - 73.

[35] Jensen O N. Modification-specific proteomics: characterization of post — translational modifications by mass spectrometry[J]. Curr Opin Chem Biol, 2004, 8(1): 33 - 41.

[36] Jia J I, Devos K M, Chao S, et al. RFLP-based maps of the homoeologous group - 6 chromosomes of wheat and their application in the tagging of Pm12, a powdery mildew resistance gene transferred from Aegilops speltoides to wheat[J]. Theor Appl Genet, 1996, 92(5): 559 - 565.

[37] Jobling M A, Tyler-Smith C. The human Y chromosome: an evolutionary marker comes of age[J]. Nat Rev Genet, 2003, 4(8): 598 - 612.

[38] Kaji E H, Leiden J M. Gene and stem cell therapies[J]. JAMA, 2001, 285(5): 545 - 550.

[39] Kashi K, Henderson L, Bonetti A, et al. Discovery and functional analysis of lncRNAs: Methodologies to investigate an uncharacterized transcriptome[J]. Biochim Biophys Acta, 2016, 1859(1): 3 - 15.

[40] Klug A. The discovery of zinc fingers and their applications in gene regulation and genome manipulation[J]. Annu Rev Biochem, 2010, 79(1): 213 - 231.

[41] Klug W S, Cummings M R. Concepts of Genetics[M]. New Jersey: Prentice Hall, 2000.

[42] Komor A C, Kim Y B, Packer M S, et al. Programmable editing of a target base in genomic DNA without doublestranded DNA cleavage[J]. Nature, 2016, 533(7603): 420 - 424.

[43] Lamzouri A, Natiq A, Tajir M, et al. Prenatal diagnosis of trisomy 21 by fluorescence in situ hybridization (FISH): about the first tests in Morocco[J]. Pan Afr Med J, 2012, 13: 38.

[44] Lander E S, Linton L M, Birren B, et al. Initial sequencing and analysis of the human genome[J]. Nature, 2001, 409(6822): 860 - 921.

[45] Lee M. DNA markers in plant breeding programs[J]. Adv Agron, 1995, 55: 265 - 344.

[46] Lewin B. Genes Ⅸ[M]. New York: Pearson Education, Inc., 2007.

[47] Lewis B P, Burge C B, Bartel D P. Conserved seedpairing, often flanked by adenosines, indicates that thousands of human genes are microRNA targets[J]. Cell, 2005, 120(1): 15 - 20.

[48] Li H, Chen H, Zhuang T, et al. Analysis of genetic variation in eggplant and related solanum species using sequence-related amplified polymorphism markers [J]. Sci Hortic, 2010, 125: 19 - 24.

[49] Li T, Liu B, Spalding M H, et al. High-efficiency TALEN-based gene editing produces disease-resistant rice[J]. Nat Biotechnol, 2012, 30(5): 390 - 392.

[50] Li W, Teng F, Li T, et al. Simultaneous generation and germline transmission of multiple gene mutations in rat using CRISPR-Cas systems[J]. Nat Biotechnol, 2013, 31(8): 684 - 686.

[51] Liu X, Wang Y, Tian Y, et al. Generation of mastitis resistance in cows by targeting human lysozyme gene to ß-casein locus using zinc-finger nucleases[J]. Proc R Soc B , 2014, 281(1780): 20133368.

[52] Liu Y, Chen H, Wei Y, et al. Construction of a genetic map and localization of QTLs for yield traits in tomato by SSR markers[J]. Prog Nat Sci, 2005, 15(9): 793 - 797.

[53] Liu Y, Zhou X, Zhang J, et al. Bayesian analysis of interacting quantitative trait loci (QTL) for yield traits in tomato[J]. Afr J Biotechnol, 2011, 10(63): 13719 - 13723.

[54] Makarova K S, Aravind L, Wolf Y I, et al. Unification of Cas protein families and a simple scenario for the origin and evolution of CRISPR-Cas systems[J]. Biol Direct, 2011, 6: 38.

[55] Meng X, Noyes M B, Zhu L J, et al. Targeted gene inactivation in zebrafish using engineered zinc-finger nucleases[J]. Nat Biotechnol, 2008, 26(6): 695 - 701.

[56] Moreno-Gonzalez J. Genetics models to estimate additive and non-additive effects of marker-associated QTL using multiple regression techniques[J]. Theor Appl Genet, 1992, 85(4): 435 - 444.

[57] Morgan H D, Sutherland H G E, Martin D I K, et al. Epigenetic inheritance at the agouti locus in the mouse[J]. Nat Genet, 1999, 23(3): 314 - 318.

[58] Moscou M J, Bogdanove A J. A simple cipher governs DNA recognition by TAL effectors[J]. Science, 2009, 326(5959): 1501.

[59] Mouse Genome Sequencing Consortium, Waterston R H, Lindblad-Toh K, et al. Initial sequencing and comparative analysis of the mouse genome[J]. Nature, 2002, 420(6915): 520 - 562.

[60] Murray W N. Introduction to Botany[M]. San Francisco: Pearson Education, Inc., 2004.

[61] Olson M V. Human genetics: Dr Watson's base pairs[J]. Nature, 2008, 452(7189):

819 - 820.

[62] Parna I, Michelmore R W. Development of reliable PCR-based markers linked to downy mildew resistance genes in lettuce[J]. Theor Appl Genet, 1993, 85(8): 985 - 993.

[63] Paterson A H. Resolution of quantitative traits into Mendelian factors by using a complete linkage map of restriction fragment length polymorphisms[J]. Nature, 1988, 335(6192): 721 - 726.

[64] Perez E E, Wang J, Miller J C, et al. Establishment of HIV-1 resistance in CD4+ T cells by genome editing using zinc-finger nucleases[J]. Nat Biotechnol, 2008, 26(7): 808 - 816.

[65] Rahimi F, Bitan G. Non-fibrillar Amyloidogenic Protein Assemblies — Common Cytotoxins Underlying Degenerative Diseases[M]. Berlin: Springer Netherlands, 2012.

[66] Rao S M R. Long Non Coding RNA Biology [M]. Singapore: Springer Nature Singapore, 2017

[67] Raven P H, Evert R F, Eichhorn S E. Biology of Plants[M]. 7th ed. San Francisco: W. H. Freeman & Company, 2004.

[68] Redon R, Ishikawa S, Fitch K R, et al. Global variation in copy number in the human genome[J]. Nature, 2006, 444(7118): 444 - 454.

[69] Rodolphe F, Lefort M. A muli-marker model for detecting chromosomal segments displaying QTL activity[J]. Genetics, 1993, 134(4): 1277 - 1288.

[70] Rogers K. To Clone or Not to Clone (Livestock) [M]. Chicago: Encyclopaedia Britannica, 2008.

[71] Russell P J. Essential iGenetics[M]. San Francisco: Pearson Education, Inc., 2003.

[72] Röther S, Meister G. Small RNAs derived from longer non-coding RNAs [J]. Biochimie, 2011, 93: 1905 - 1915.

[73] Sander J D, Cade L, Khayter C, et al. Targeted gene disruption in somatic zebrafish cells using engineered TALENs[J]. Nat Biotechnol, 2011, 29(8): 697 - 698.

[74] Shah S A, Garrett R A. CRISPR/Cas and Cmr modules, mobility and evolution of adaptive immune systems[J]. Res Microbiol, 2011, 162(1): 27 - 38.

[75] Singal R, Ginder G D. DNA methylation[J]. Blood, 1999, 93(12): 4059 - 4070.

[76] Snustad D P, Simmons M J. Principles of Genetics[M]. 6th ed (International Student Version). New Jersey: John Wiley & Sons Inc., 2012.

[77] Sorek R, Kunin V, Hugenholtz P. CRISPR — a widespread system that provides acquired resistance against phages in bacteria and archaea[J]. Nat Rev Microbiol, 2008, 6(3): 181 - 186.

[78] Spelbrink J N. Functional organization of mammalian mitochondrial DNA in nucleoids: history, recent developments, and future challenges[J]. IUBMB Life, 2010, 62(1):

19 - 32.

[79] Sun X, Liu Y, Wang L, et al. Molecular characterization of the Rs-Rf 1 gene and molecular marker-assisted development of elite radish (Raphanus sativus L.) CMS lines with a functional marker for fertility restoration[J]. Mol Breeding, 2012, 30: 1727 - 1736.

[80] Tan W, Carlson D F, Lancto C A, et al. Efficient nonmeiotic allele introgression in livestock using custom endonucleases[J]. Proc Natl Acad Sci, 2013, 110(41): 16526 - 16531.

[81] Thomas K R, Folger K R, Capecchi M R. High frequency targeting of genes to specific sites in the mammalian genome[J]. Cell, 1986, 44(3): 419 - 428.

[82] Townsend J A, Wright D A, Winfrey R J, et al. High-frequency modification of plant genes using engineered zinc-finger nucleases[J]. Nature, 2009, 459(7245): 442 - 445.

[83] United Nations. Population Division of the Department of Economic and Social Affairs of the United Nations Secretariat. World Population Prospects, the 2012 revision[M]. New York: United Nations, 2013.

[84] Valencia-Sanchez M A, Liu J, Hannon G, et al. Control of translation and mRNA degradation by miRNAs and siRNAs[J]. Genes Dev, 2006, 20(5): 515 - 524.

[85] Van Aken B. Transgenic plants for phytoremediation: helping nature to clean up environmental pollution[J]. Trends Biotechnol, 2008, 26(5): 225 - 227.

[86] Villion M, Moineau S. The double-edged sword of CRISPR-Cas systems[J]. Cell Res, 2013, 23(1): 15 - 17.

[87] Vodenicharova M. Use of proteins as molecular genetic markers in plants[J]. Genet Sel, 1989, 22: 269 - 277.

[88] Wang J-K. Inclusive composite interval mapping of quantitative trait genes[J]. Acta Agron Sin, 2009, 35(2): 239 - 245.

[89] Watt F M, Driskell R R. The therapeutic potential of stem cells[J]. Philos Trans R Soc Lond B Biol Sci, 2010, 365(1537): 155 - 163.

[90] Winter P C, Hickey G I, Fletcher H L. 遗传学(影印版)[M].北京: 科学出版社,1999.

[91] Yan L, Zhou J, Zheng Y, et al. Isothermal amplified detection of DNA and RNA[J]. Mol Biosyst, 2014, 10(5): 970 - 1003.

[92] Yang L, Chen H, Wei Y, et al. Construction of a genetic map and localization of QTLs for yield component traits in tomato by SSR markers[J]. Prog Nat Sci, 2005, 15(9): 793 - 797.

[93] Yashon R K, Cummings M R. Human Genetics and Society[M]. Belmont: Brooks/ Cole, Cengage Learning, 2009.

[94] Zeng Z B. Precision mapping of quantitative trait loci[J]. Genetics, 1994, 136(4): 1457 - 1468.

［95］ Zeng Z B. Theoretical basis of separation of multiple linked gene effects on mapping quantitative traits loci［J］. Proc Natl Acad Sci U S A，1993，90(23)：10972-10976.

［96］ Zhu Y. From the Human Genome Project to the Cancer Genome Atlas，are you ready ［J］. Lab Med，2014，5(29)：409-411.

［97］ 埃尔罗德 S L，斯坦菲尔德 W.遗传学［M］.田清涞，等译.北京：科学出版社，2004.

［98］ 安桂荣.我国重金属污染防治立法研究［D］.哈尔滨：东北林业大学，2013.

［99］ 白义春.CRISPR/Cas9 技术在鸡、猪基因组编辑研究中的应用及一种新型基因无缝编辑技术的开发研究［D］.咸阳：西北农林科技大学，2016.

［100］ 本杰明·卢因.基因Ⅷ［M］.余龙龙，江松敏，赵寿元，译.北京：科学出版社，2005.

［101］ 布尔特尔 S M.法医 DNA 分型专论：证据解释［M］.侯一平，李成涛，严江伟，译.北京：科学出版社，2018.

［102］ 蔡禄.表观遗传学前沿［M］.北京：清华大学出版社，2012.

［103］ 蔡清月.生态演替式水体修复技术在卫河邯郸段污水处理中的应用［D］.邯郸：河北工程大学，2010.

［104］ 蔡太生，张建洲.干细胞研究进展［J］.医药世界，2006，12：123-124.

［105］ 蔡旭.植物遗传育种学［M］.第 2 版.北京：科学出版社，1988.

［106］ 曹建平.DNA 指纹技术及其应用［J］.试题与研究，2011，4(33)：61-62.

［107］ 曹艳林.干细胞技术，诱人的商业前景［J］.中国卫生，2008，3：48-49.

［108］ 曹阳，林志新.生物科学实验导论（公共课教材）［M］.北京：高等教育出版社，2006.

［109］ 菖蒲.三亲婴儿［J］.老同志之友，2015，7：50.

［110］ 常林.法医学［M］.北京：中国人民大学出版社，2008.

［111］ 陈柏华，杨元，张思仲.囊性纤维化的分子遗传学研究进展［J］.中华医学遗传学杂志，1997，14(4)：243-247.

［112］ 陈邦达.DNA 数据库：实践、困惑与进路［J］.北京理工大学学报（社会科学版），2013，15(1)：114-122.

［113］ 陈浩明，薛京伦.医学分子遗传学［M］.第 3 版.北京：科学出版社，2005.

［114］ 陈宏.基因工程原理与应用［M］.北京：中国农业出版社，2004.

［115］ 陈火英，刘杨.番茄分子标记研究进展［J］.上海交通大学学报（农业科学版），2003，21(4)：355-360.

［116］ 陈火英，柳李旺，任丽.现代植物育种学［M］.上海：上海科学技术出版社，2017.

［117］ 陈火英，柳李旺.种子种苗学［M］.上海：上海交通大学出版社，2011.

［118］ 陈火英，张建华，庄天明，等.利用花粉管通道技术培育番茄耐盐新种质［J］.西北植物学报，2004，24(1)：12-16.

［119］ 陈可夫.细胞与遗传基础［M］.北京：高等教育出版社，2007.

［120］ 陈莉，秦婧，朱远源.在医药领域中 RNA 干扰研究进展［J］.药物生物技术，2009，16(1)：83-89.

［121］ 陈诨水，黄芳.干细胞和干细胞技术［J］.抚州师专学报，2002，2：36-38.

[122] 陈龙.法医学[M].上海：复旦大学出版社,2008.

[123] 陈楠楠.CRISPR/Cas9 基因编辑技术研究进展[J].生物化工,2019,5(5)：140－143.

[124] 陈声明,吴伟祥,王永维,等.生态保护与生物修复[M].北京：科学出版社,2008.

[125] 陈诗雨,杨芳.人类基因编辑技术伦理问题探微[J].齐齐哈尔大学学报(哲学社会科学版),2019,4(8)：101－104.

[126] 陈霞,罗良煌.蛋白质翻译后修饰简介[J].生物学教学,2017,42(2)：70－72.

[127] 陈晓平.试论人类基因编辑的伦理界限——从道德、哲学和宗教的角度看"贺建奎事件"[J].自然辩证法通讯,2019,41(7)：1－13.

[128] 陈玉梅.论我国 DNA 数据库基因隐私权的法律保护[J].湖南社会科学,2015,4：84－88.

[129] 陈越月.基因大争夺——新世纪的圈地运动[J].知识就是力量,2003,1：49.

[130] 陈云芳,詹国辉,高渊.核酸恒温扩增技术的原理及其应用[J].西南林学院学报,2010,30：30－32.

[131] 陈泽宇.DNA 数据库在打击拐卖儿童犯罪中的运用与完善[D].重庆：西南政法大学,2016.

[132] 陈兆聪,刘文励.癌症的基因治疗[M].武汉：湖北科学技术出版社,2004.

[133] 陈竺.医学遗传学[M].北京：人民卫生出版社,2001.

[134] 程坤.黑麦草、香樟及外源吲哚乙酸修复镉污染土壤研究[D].南昌：南昌工程学院,2018.

[135] 程相朝,李银聚.动物基因工程[M].北京：中国农业出版社,2008.

[136] 戴维·W. 霍尔,杰森·H. 伯德.法医植物学：实践指南[M].吕宙,译.西安：西安交通大学出版社,2016.

[137] 戴灼华,王亚馥,栗翼玟.遗传学[M].第 2 版.北京：高等教育出版社,2008.

[138] 丹尼斯 C,加拉格尔 R. 人类基因组——我们的 DNA[M].林侠,李彦,张秀清,译.北京：科学出版社,2003.

[139] 邓立春,许晨,姜藻.恶性肿瘤患者循环血 DNA 的研究进展[J].东南大学学报(医学版),2007,26(5)：382－385.

[140] 邓兴旺.作物驯化一万年：从驯化、转基因到分子设计育种[EB/OL].http://www.zhishifenzi.com.

[141] 邓学仁,严祖照,高一书.DNA 鉴定——亲子关系争端之解决[M].北京：北京大学出版社,2006.

[142] 丁陈君.《人类基因组编辑：科学、伦理和监管》报告提出监管的一般性原则[J].世界科技研究与发展,2017,39(2)：138.

[143] 丁健,王飞,金景姬,等.表观遗传之染色质重塑[J].生物化学与生物物理进展,2015,42(11)：994－1002.

[144] 丁显平.人类遗传与优生[M].第 2 版.成都：四川大学出版社,2011.

[145] 丁志山.DNA 指纹技术[J].生物学杂志,1995,4(3)：30－31.

[146] 杜宝恒.基因治疗的原理和实践[M].天津：天津科学技术出版社,2000.

[147] 杜国清.DNA 指纹技术及应用[J].国外医学遗传学分册,1994,4(5)：225-230.

[148] 段昌群.环境生物学[M].第 2 版.北京：科学出版社,2009.

[149] 段晓岚,陈善葆.外源 DNA 导入水稻引起性状变异[J].中国农业科学,1985,18(3)：6-10.

[150] 范月蕾,王慧媛,于建荣.基因编辑的伦理争议[J].科技中国,2018,4(6)：98-104.

[151] 方福德.基因争夺——世纪之战[J].金秋科苑,1997,3：11-13.

[152] 方宣均,吴为人,唐纪良.作物标记辅助选择育种[M].北京：科学出版社,2001.

[153] 冯茹.干细胞治疗的应用[J].中国临床康复,2006,5：133-135.

[154] 冯若,翟文龙.DNA 密码[M].哈尔滨：黑龙江科学技术出版社,2008.

[155] 伏晴艳.上海市空气污染排放清单及大气中高浓度细颗粒物的形成机制[D].上海：复旦大学,2009.

[156] 付蓉蓉,刘杨,陈火英.番茄黄化曲叶病的 Ty-1 和 Ty-3 抗性基因的 PCR 鉴定[J].分子植物育种,2011,9：1647-1652.

[157] 高欢欢,杨军,郭光沁,等.DNA 指纹技术新进展[J].细胞生物学杂志,2001,4(4)：196-199.

[158] 高莉洁.番茄抗病性筛选及番茄、茄子、黄瓜种子纯度检测上的应用[D].上海：上海交通大学,2016.

[159] 葛百川,郭红玲,王穗保.美国、加拿大 DNA 数据库概况及对我国建立 DNA 数据库的思考[J].刑事技术,2001,4(4)：6-8.

[160] 葛海燕,刘杨,陈火英.茄子果实性状相关基因的 QTL 定位[J].园艺学报,2015,42(11)：2197-2205.

[161] 葛海燕.基于 SSR 标记的茄子遗传多样性及主要农艺性状的关联分析[D].上海：上海交通大学,2014.

[162] 龚子端,韩洪波.非编码 RNA 研究进展[J].攀枝花学院学报,2006,4(6)：96-98.

[163] 巩振辉.植物育种学[M].北京：中国农业出版社,2008.

[164] 谷晓哲."三亲婴儿"技术的是与非[N].河北日报,2015-05-04.

[165] 顾华丽,田字彬.ras 基因突变与肿瘤的关系[J].青岛大学医学院学报,2005,41(4)：372-375.

[166] 顾健人,曹雪涛.基因治疗[M].北京：科学出版社,2001.

[167] 顾旻轶.人工合成：器官移植新可能[J].中国医院院长,2012,13：35.

[168] 顾铭洪,刘巧泉.作物分子设计育种及其发展前景分析[J].扬州大学学报(农业与生命科学版),2009,1：64-67.

[169] 官春云.植物育种理论与方法[M].上海：上海科学技术出版社,2004.

[170] 郭江峰,于威.基因工程[M].北京：科学出版社,2012.

[171] 郭祥,钟成华,王涛,等.环境生物技术在污染治理中的研究进展[J].三峡环境与生态,2012,34(2)：32-35.

[172] 郭晓强,冯志霞.DNA 指纹图谱的创造者——杰弗里[J].生物学通报,2008,4(1):60-61.

[173] 郭艳萍.玉米胚乳细胞原生质体的分离与流式纯化[D].咸阳:西北农林科技大学,2013.

[174] 国际罕见病日[OL].http://baike.so.com/doc/5721205.html.

[175] 韩金祥,崔亚洲,周小艳.罕见疾病研究现状及展望[J].罕少疾病杂志,2011,18(1):1-6.

[176] 韩玉林.莺尾属植物铅积累、耐性及污染土壤修复潜力研究[D].南京:南京农业大学,2007.

[177] 韩忠朝.干细胞技术及其应用[J].中国医学科学院学报,2002,1:4-6.

[178] 郝皓.刑事诉讼中 DNA 鉴定证据的运用研究[D].济南:山东政法学院,2016.

[179] 何冰.中国水污染的农业经济损失研究[D].杭州:浙江工商大学,2015.

[180] 何景进,王慧,付雪梅.基因编辑技术研究进展[J].发育医学电子杂志,2019,7(3):235-240.

[181] 何利娟,徐如梦,李冬月,等.基因编辑技术的发展及其在农业生产中的应用[J].生物技术通讯,2019,30(2):286-295.

[182] 何志旭.干细胞技术及其应用进展[J].中华肿瘤防治杂志,2006,8:641-644.

[183] 贺林.解码生命——人类基因组计划和后基因组计划[M].北京:科学出版社,2000.

[184] 贺淹才.基因工程概论[M].北京:清华大学出版社,2008.

[185] 洪德峰,张学舜,刘俊恒,等.花粉管通道法在玉米转基因中的应用[J].中国种业,2009,4:11-13.

[186] 侯一平.法医学进展与实践[M].成都:四川大学出版社,2016.

[187] 侯毅枫,邓娴,陆天聪,等.蛋白质精氨酸甲基化参与基因转录后调控的研究进展[J].生命科学,2015,27(3):351-362.

[188] 胡彦营,王传美.胚胎干细胞技术的研究进展[J].生物技术通报,2007,4:90-92.

[189] 胡子梅,王军,陶征楷,等.上海市 $PM_{2.5}$ 重金属污染水平与健康风险评价[J].环境科学学报,2013,33(12):3399-3406.

[190] 环境保护部,国土资源部.全国土壤污染状况调查公报[J].国土资源通讯,2014,8:26-29.

[191] 黄飞骏.法医学实验指导[M].成都:四川大学出版社,2010.

[192] 黄蓉芳.来历不明乞儿一律采集 DNA[N].广州日报,2011-02-11(4).

[193] 黄占斌,单爱琴.环境生物学[M].徐州:中国矿业大学出版社,2010.

[194] 季道藩.遗传学[M].第 2 版.北京:中国农业出版社,1986.

[195] 贾贞,安黎哲,徐世健.基因工程导论[M].兰州:兰州大学出版社,2004.

[196] 江虎军,王钦南,强伯勤.我国人类基因组计划的启动、进展与展望[J].自然科学进展,2001,7(11):777-781.

[197] 姜先华.中国 DNA 数据库建设应用技术现状及发展趋势[J].中国法医学杂志,2011,26

(5)：383-386.

[198] 姜怡邓,杨晓玲,张慧萍.表观遗传学技术前沿[M].北京：科学出版社,2017.

[199] 蒋斌.环境变化对生物多样性与生产力关系的影响[D].广州：中山大学,2016.

[200] 蒋聪骁.人造器官不是梦[J].财会月刊,2013,15：134.

[201] 蒋智文,刘新光,周中军.组蛋白修饰调节机制的研究进展[J].生物化学与生物物理进展,2009,36(10)：1252-1259.

[202] 金刚,蔡国平,洪水根.干细胞技术进展及其在海洋动物研究中的应用展望[J].海洋科学,2005,12：88-91.

[203] 景士西.园艺植物育种学总论[M].第2版.北京：中国农业出版社,2007.

[204] 静国忠.基因工程及分子生物学基础[M].北京：北京大学出版社,2009.

[205] 孔繁祥.环境生物学[M].北京：高等教育出版社,2000.

[206] 雷万军,高伟娜,叶圣勤.干细胞研究状况及临床应用发展趋势[J].河南科技大学学报(医学版),2007,4：309-311.

[207] 冷方伟.非编码RNA与RNA组学研究现状及发展态势[J].生物化学与生物物理进展,2010,37(10)：1051-1053.

[208] 李伯龄,叶健,丁焰,等.DNA指纹技术在强奸案和亲子鉴定中的应用[J].中国法医杂志,1989,4(4)：210-211.

[209] 李成林.城市大气污染的定量遥感监测方法研究[D].兰州：兰州大学,2012.

[210] 李成涛,赵书民,柳燕.DNA鉴定前沿[M].北京：科学出版社,2011.

[211] 李崇高.我国医学遗传学发展概况及展望[C]//中国优生科学协会2004年优生科学学术交流大会论文集,2004.

[212] 李聪,曹文广.CRISPR/Cas9介导的基因编辑技术研究进展[J].生物工程学报,2015,31(11)：1531-1542.

[213] 李德铢,杨湘云,王雨华,等.中国西南野生生物种质资源库[J].中国科学院院刊,2010,25(5)：565-569.

[214] 李东旭,文雅.超积累植物在重金属污染土壤修复中的应用[J].科技情报开发与经济,2011,21(1)：177-181.

[215] 李冠杰.重金属污染条件下基层环境监管体制研究[D].咸阳：西北农林科技大学,2012.

[216] 李广栋,张鲁,富俊才,等.单碱基编辑工具——腺嘌呤碱基编辑器ABE的研究进展[J].农业生物技术学报,2019,27(10)：1831-1839.

[217] 李海涛."三亲婴儿"技术英国合法化及伦理争议[N].学习时报,2015-03-16(7).

[218] 李慧,于波.囊性纤维化治疗的研究进展[J].医学综述,2010,16(3)：357-359.

[219] 李际红,崔群香.园艺植物育种学[M].上海：上海交通大学出版社,2008.

[220] 李嘉楠,顾浩,徐在言,等.浅谈基因编辑技术与猪遗传改良[J].猪业科学,2019,36(10)：104-107.

[221] 李建会.人类基因组研究的价值和社会伦理问题[J].自然辩证法研究,2001,17(1)：24-28.

[222] 李建军.基因编辑婴儿试验为何掀起伦理风暴[J].科学与社会,2019,9(2):4-13.

[223] 李克成,张明霞.肿瘤标志物的检测进展[J].医学检验与临床,2006,17(6):96-98.

[224] 李琨宇.当前DNA数据库在并案侦查中的问题与对策[D].重庆:西南政法大学,2017.

[225] 李莉,毕延震,华再东,等.基因编辑技术及其在畜牧业中的应用研究进展[J].基因组学与应用生物学,2016,35(12):3410-3418.

[226] 李平,邓其明,王世全,等.水稻抗病、抗虫、优质分子设计育种[C]//全国植物分子育种研讨会摘要集,2009:1.

[227] 李顺鹏.环境生物学[M].北京:中国农业出版社,2002.

[228] 李维明,吴为人,卢浩然.检测作物数量性状基因与遗传标记连锁关系的方差分析法及其应用[J].作物学报,1993,19(2):97-102.

[229] 李魏辉.CRISPR/Cas9系统应用于水稻和毛白杨的研究[D].广州:华南农业大学,2016.

[230] 李文静.NLRP3基因修饰猪的制备及RYR2突变的hiPSC建立并初步向心肌分化的研究[D].杭州:浙江大学,2019.

[231] 李文渊.人类基因组计划与基因信息隐私权的保护[OL]. https://www.pkulaw.com/specialtopic/1e51c7ef181ce6a7f55f5d2abbdae5f3bdfb.html.

[232] 李想,崔文涛,李奎.基因编辑技术及其应用的研究进展[J].中国畜牧兽医,2017,44(8):2241-2247.

[233] 李晓黎.室内空气污染物的来源、危害与控制[J].内蒙古环境科学,2009,21(1):100-104.

[234] 李昕,张荣波.恒温扩增技术在分子诊断中的应用[J].医学综述,2011,17(10):1455-1458.

[235] 李瑶.细胞生物学[M].北京:化学工业出版社,2011.

[236] 李英,王佳,季乐翔,等.植物单倍体技术及其应用的研究进展[J].中国细胞生物学学报,2011,33(9):1008-1014.

[237] 李英,吴俊.人类繁衍性健康与生殖医学[M].北京:北京大学医学出版社,2007.

[238] 林栖凤.植物分子育种[M].北京:科学出版社,2004.

[239] 林元凯.人造器官[J].世界科学,1996,6:22-23.

[240] 林跃胜.淮南市居民区室内灰尘重金属分布特征、来源及其健康风险评价[D].合肥:安徽师范大学,2016.

[241] 刘蓓,尉玮,王丽华.基因编辑新技术研究进展[J].亚热带农业研究,2013,9(4):262-269.

[242] 刘海音,辛树权,倪秀珍.干细胞技术进展[J].长春师范学院学报,2003,5:75-77.

[243] 刘洪珍.人类遗传学[M].第2版.北京:高等教育出版社,2009.

[244] 刘晋冀,杨洁鸿,李莲军.基因编辑技术的发展及在畜牧业中的应用[J].基因组学与应用生物学,2017,36(5):1953-1956.

[245] 刘庆昌.遗传学[M].第2版.北京:科学出版社,2009.

[246] 刘瑞琪,王玮玮,吴勇延,等.CRISPR－Cas9 研究进展及在基因治疗上的应用[J].中国生物工程杂志,2016,36(10)：72－78.

[247] 刘旭,郑殿升,董玉琛,等.中国农作物及其野生近缘植物多样性研究进展[J].植物遗传资源学报,2008,9：411－416.

[248] 刘勋,殷家明,徐新福.分子设计育种在油菜育种中的应用展望[J].安徽农业科学,2009,7：2875－2877.

[249] 刘阳荷.中国大气污染物排放量变动影响因素分化与精准减排[D].济南：山东大学,2017.

[250] 刘杨,陈火英,魏毓棠,等.番茄 SSR 遗传连锁图谱的构建及几个产量相关性状 QTLs 的定位[J].自然科学进展,2005,15(6)：748－752.

[251] 刘耀光,李构思,张雅玲,等.CRISPR/Cas 植物基因组编辑技术研究进展[J].华南农业大学学报,2019,40(5)：38－49.

[252] 刘雨君.基于图像处理的色盲辅助矫正方法研究[D].呼和浩特：内蒙古工业大学,2021.

[253] 刘志国.基因工程原理与技术[M].第 2 版.北京：化学工业出版社,2010.

[254] 刘志勇,孙其信,李洪杰,等.小麦抗白粉病基因 Pm21 的分子鉴定和标记辅助选择[J].遗传学报,1999,26(6)：673－682.

[255] 刘祖洞,乔守怡,吴燕华,等.遗传学[M].第 3 版.北京：高等教育出版社,2013.

[256] 卢大儒,戴郁青.基因与人类健康[M].上海：上海科学普及出版社,2010.

[257] 卢圣栋.生物技术与疾病诊断——兼论人类基因治疗[M].北京：化学工业出版社,2002.

[258] 芦笛.中国对英国邱园的千年种子库计划的贡献[J].生物灾害科学,2013,36(1)：121－126.

[259] 陆星垣.从农业生产实践谈摩尔根遗传学[J].浙江农业科学,1961,8：379－381.

[260] 吕泽华.DNA 鉴定技术在刑事司法中的运用与规制[D].北京：中国人民大学,2010.

[261] 罗倩.上海市主城区综合公园水生植物调查研究[D].长沙：中南林业科技大学,2015.

[262] 马晨清.基因信息与基因隐私权的保护[J].政法学刊,2008,25(6)：36－40.

[263] 马列.CRISPR－Cas9 技术在苯丙酮尿症小鼠模型构建及基因治疗的应用研究[D].上海：华东师范大学,2017.

[264] 美国国家科学院,美国国家医学院.人类基因组编辑：科学、伦理与管理[M].曾凡一,时占祥,译.上海：上海科学技术出版社,2018.

[265] 美国总统签署反基因歧视法案[EB/OL].http://news.xinhuanet.com/mrdx/2008－05/23/content_8234951.htm.

[266] 美最高法院裁定人类基因不得申请专利[EB/OL].http://news.xinhuanet.com/world/2013－06/14/c_116144186.htm.

[267] 蒙世杰,杨爽.走向 21 世纪的遗传学[J].西北植物学报,1999,6：81－86.

[268] 孟祥和,胡国飞.重金属废水处理[M].北京：化学工业出版社,2000.

[269] 牛焕付,王雪楠,杨爱军,等.人类生殖与不孕不育[M].济南：山东大学出版社,2010.

[270] 牛煦然,尹树明,陈曦,等.基因编辑技术及其在疾病治疗中的研究进展[J].遗传,2019,41(7):582-598.

[271] 潘兴华,张步振,庞荣清.干细胞:人类疾病治疗的新希望[M].昆明:云南科学技术出版社,2004.

[272] 庞晓东,陈学亮,荣海博,等.法医DNA检测技术的现状及展望[J].警察技术,2014,1:4-7.

[273] 齐义鹏.基因生物学——基因"一生"的轨迹[M].北京:中国医药科技出版社,2011.

[274] 乔中东.分子生物学[M].北京:军事医学科学出版社,2012.

[275] 邱丽娟,王昌陵,周国安,等.大豆分子育种研究进展[J].中国农业科学,2007,11:2418-2436.

[276] 邱仁宗.基因编辑技术的研究和应用:伦理学的视角[J].医学与哲学(A),2016,37(7):1-7.

[277] 瞿礼嘉,郭冬姝,张金喆,等.CRISPR/Cas系统在植物基因组编辑中的应用[J].生命科学,2015,27(1):64-70.

[278] 瞿文学,李晓兵,田文忠,等.由农杆菌介导将白叶枯病抗性基因Xa21转入我国水稻品种[J].中国科学(C辑),2000,30(2):200-206.

[279] 人类基因组序列图绘制完成[EB/OL].http://news.xinhuanet.com/st/2003-04/15/content_834355.htm.

[280] 人造器官也疯狂[J].发明与创新(学生版),2014,1:9-10.

[281] 人造器官应用现状[J].健康必读,2007,10:21.

[282] 人造器官造福人类[J].科学启蒙,2008,4:9-11.

[283] 任华峰,姜天翔,成玉,等.一株耐低温石油烃降解菌的分离鉴定及其降解特性[J].生物技术通讯,2019,30(1):68-72.

[284] 任南琪,李建政.环境污染防治中的生物技术[M].北京:化学工业出版社,2004.

[285] 任衍钢,白冠军,宋玉奇,等.表观遗传学的起源与发展[J].生物学通报,2016,51(3):57-61.

[286] 日本NHK"基因组编辑"采访组.基因魔剪——改造生命的新技术[M].谢严莉,译.杭州:浙江大学出版社,2017.

[287] 三联生活周刊.胖瘦基因,听天由命[OL].http://www.lifeweek.com.cn/2011/0913/34877.shtml.

[288] 佘峰.兰州地区大气颗粒物的化学特征及沙尘天气对其影响研究[D].兰州:兰州大学,2011.

[289] 沈德中.污染环境的生物修复[M].北京:化学工业出版社,2002.

[290] 沈乐君,刘俊荣,廖辉池."三亲婴儿"培育技术的伦理辩护及反思[J].医学与哲学,2014,35(5A):8-10.

[291] 沈延,肖安,黄鹏,等.类转录激活因子效应物核酸酶(TALEN)介导的基因组定点修饰技术[J].遗传,2013,35(4):295-309.

[292] 沈臻懿.灾难尸源认定[J].检察风云,2014,4:34-35.

[293] 盛志廉,陈瑶生.数量遗传学[M].北京:科学出版社,1999.

[294] 施晓焰,马丽娟.云南:DNA 数据库成"打拐"得力帮手[M].人民公安报,2009-08-24(2).

[295] 施新猷.人类疾病动物模型[M].北京:人民卫生出版社,2008.

[296] 石春海.遗传学[M].第 2 版.杭州:浙江大学出版社,2015.

[297] 石磊.杭州市三级医院基因检测服务现状及对策研究[D].杭州:杭州师范大学,2012.

[298] 史少晨.全球十大环境问题[N].搜狐绿色/生态保护,2009-04-16.

[299] 世界人类基因组与人权宣言(The Universal Declaration on the Human Genonme and Human Rights)[C]//联合国教育、科学和文化组织(UNESCO)大会,1998.

[300] 双勇,江丹.超千万的罕见疾病患者遭歧视[C]//中国科学技术协会学术部.新观点新学说学术沙龙文集 50:我国罕见疾病研究关键问题与对策,2011:9.

[301] 斯纳司塔德 D P,西蒙斯 M J.遗传学原理[M].第 3 版.赵寿元,乔守怡,吴超群,译.北京:高等教育出版社,2011.

[302] 宋广生.我国室内环境保护行业的形成与发展[C]//中国环境保护产业协会.CIEPEC2005 环保产业专题报告会文集,2005:4.

[303] 宋广生.我国室内环境治理的发展状况及趋势[J].中国环保产业,2013,4(11):17-24.

[304] 宋岚.7 种观叶植物净化室内甲醛效果的研究[D].大连:辽宁师范大学,2010.

[305] 宋瑛.生物化学[M].北京:中国人民大学出版社,2009.

[306] 苏娜.人造器官,人类健康的福音[J].医药与保健,1997,5:41.

[307] 苏永涛,刘杨,庄天明,等.栽培番茄品种指纹图谱的 AFLP 分析[J].中国蔬菜,2010,18:34-39.

[308] 孙宏飞,李永华.典型矿区重金属的环境行为及人群健康风险评估[M].北京:中国农业科学技术出版社,2018.

[309] 孙慧群.环境生物学[M].合肥:合肥工业大学出版社,2014.

[310] 孙开来.人类遗传与遗传学[M].第 2 版.北京:科学出版社,2008.

[311] 孙立洋,贾香楠,陈晓阳,等.分子设计育种研究进展及其在林木育种中的应用[J].世界林业研究,2010,4:26-29.

[312] 孙青颖.我国土壤污染治理责任主体制度研究[D].苏州:苏州大学,2017.

[313] 孙树汉,胡振林,颜宏利.染色体、基因与疾病[M].北京:科学出版社,2008.

[314] 孙树汉.医学遗传学[M].北京:科学出版社,2009.

[315] 孙树汉.遗传与疾病[M].北京:人民卫生出版社,2009.

[316] 孙晓杰,李坤.肿瘤分子诊断与靶向治疗[M].上海:上海第二军医大学出版社,2009.

[317] 谈家桢.遗传学的历史、现状和展望[J].北京农业科学,1984,1:35-38.

[318] 陶娟,杨杰,陈晓虹.太行隆肛蛙的早期胚胎发育及生态适应性[J].动物学杂志,2010,45(5):41-48.

[319] 陶术平.不同类型生物炭对苯脲除草剂污染土壤的修复研究[D].南昌:华东交通大学,2017.

[320] 陶永,赵幸乐,康文,等.单碱基编辑工具及在基因治疗中的应用及前景[J].中华耳科学杂志,2018,16(2):150-154.

[321] 田纪春,邓志英,牟林辉.作物分子设计育种与超级小麦新品种选育[J].山东农业科学,2006,5:30-32.

[322] 童克中.基因及其表达[M].第2版.北京:科学出版社,2001.

[323] 万建民.作物分子设计育种[J].作物学报,2006,3:455-462.

[324] 汪琳,罗英,周琦,等.核酸恒温扩增技术研究进展[J].生物技术通讯,2011,22(35):296-301.

[325] 王长友.东海Cu、Pb、Zn、Cd重金属环境生态效应评价及环境容量估算研究[D].青岛:中国海洋大学,2008.

[326] 王丹英,缪仁票.历年来与生物学有关的诺贝尔奖获得者及研究成就[J].生物学通报,2006,41(10):60-62.

[327] 王刚,刁波.干细胞药物的发展现状[J].华南国防医学杂志,2017,31(11):778-782.

[328] 王关林,方宏筠.植物基因工程[M].第2版.北京:科学出版社,2008.

[329] 王虹.20世纪遗传学领域诺贝尔奖获得者及成就[J].生物学教学,2004,29(11):48-49.

[330] 王慧媛,阮梅花,王方,等.作物分子设计育种的发展态势分析[J].生物产业技术,2013,6:42-50.

[331] 王佳伟,毛颖波,戚益军.植物非编码RNA的研究进展与展望[J].中国基础科学,2016,18(2):22-29.

[332] 王建康,李慧慧,张鲁燕.基因定位与育种设计[M].北京:科学出版社,2015.

[333] 王建康,李慧慧,张学才,等.中国作物分子设计育种[J].作物学报,2011,2:191-201.

[334] 王金英,江川.分子遗传标记类型及其在作物种质资源研究上的应用[J].福建稻麦科技,2002,20(3):34-36.

[335] 王镜岩,朱圣庚,徐长发.生物化学[M].第3版.北京:高等教育出版社,2002.

[336] 王侃侃.基于CRISPR/Cas9的猪胚胎成纤维细胞基因组编辑及MSTN基因遗传修饰猪的制备[D].长春:吉林大学,2018.

[337] 王立铭.上帝的手术刀——基因编辑简史[M].杭州:浙江人民出版社,2017.

[338] 王琳芳,杨克恭.蛋白质与核酸[M].北京:北京医科大学、中国协和医科大学联合出版社,1997.

[339] 王令.锌指核酸酶的构建及其在动物基因组编辑中的应用[D].咸阳:西北农林科技大学,2013.

[340] 王培林,傅松滨.医学遗传学[M].北京:科学出版社,2011.

[341] 王芹芹,陈火英,刘杨,等.小果型番茄花药愈伤组织诱导因素的研究[J].上海交通大学学报(农业科学版),2010,28(4):335-338.

[342] 王生存,缪进.SNP标记技术在生命科学中的应用[J].畜牧与饲料科学,2011,32(2):64-65.

[343] 王伟华,孙青原.生育革命:迎接试管婴儿新时代[M].北京:科学出版社,2007.

[344] 王霞.降低出生缺陷,遗传咨询势在必行——访全国政协委员、中国科学院院士、上海交通大学 Bio - X 研究院院长贺林教授[J].中国当代医药,2015,22(9):7 - 8.

[345] 王兴春,朱江.水稻 DNA 指纹及应用[M].北京:中国农业科学技术出版社,2010.

[346] 王亚馥,戴灼华.遗传学[M].北京:高等教育出版社,2001.

[347] 王业飞,王大洲.中国西南野生生物种质资源库建设的工程史考察[J].工程研究-跨学科视野中的工程,2017,9(3):251 - 261.

[348] 王一飞.人类生殖生物学[M].上海:上海科学技术文献出版社,2005.

[349] 王一华,傅荣恕.中国生物修复的应用及进展[J].山东师范大学学报(自然科学版),2003,18(2):79 - 83.

[350] 王志宏.生物化学[M].北京:中国科学技术出版社,2009.

[351] 王志理.世界人口增速放缓 人类进入低增长时代——《世界人口展望 2019》研讨会在京召开[J].人口与健康,2019,4(7):14 - 15.

[352] 韦荣昌,唐其,马小军,等.植物表观遗传学研究进展[J].北方园艺,2013,4(18):170 - 173.

[353] 魏瑜,张晓辉,李大力.基因编辑之"新宠"——单碱基基因组编辑系统[J].遗传,2017,39(12):1115 - 1121.

[354] 文娟.联合应用多种遗传学技术诊断性染色体畸变导致的性发育异常[D].长沙:中南大学,2012.

[355] 邬晋芳,罗莉,刘钰新,等.利用 21 号染色体上 STR 位点进行唐氏综合征基因诊断的研究[J].中国儿童保健杂志,2009,17(5):520 - 522.

[356] 吴福彪.基因工程与植物的遗传改良[J].生物学通报,2010,45(5):7 - 10.

[357] 吴佳妍,肖景发,张若思,等.DNA 测序技术引领中国基因组科学走向未来[J].中国科学:生命科学,2010,12(40):1169 - 1172.

[358] 吴蕾,刘桂建,周春财,等.巢湖水体可溶态重金属时空分布及污染评价[J].环境科学,2018,39(2):738 - 747.

[359] 吴乃虎.基因工程原理[M].第 2 版.北京:科学出版社,1998.

[360] 吴平.几种植物对室内污染气体甲醛的净化能力研究[D].南京:南京林业大学,2006.

[361] 吴启堂,陈同斌.环境生物修复技术[M].北京:化学工业出版社,2006.

[362] 吴升星,李艳,张海燕,等.诱导多能干细胞技术在药物研发领域的前景[J].中国生物工程杂志,2017,37(11):116 - 122.

[363] 吴学玲,吴晓燕,李交昆,等.一株四环素高效降解菌的分离及降解特性[J].生物技术通报,2018,34(5):172 - 178.

[364] 五大洲 33 国植物种子备存中国西南种质资源库[J].园林科技,2016,4(3):47 - 48.

[365] 武长剑,范云六.水稻广亲和品种"02428"抗除草剂转基因植株的获得[J].农业生物技术学报,1994,2(2):32 - 38.

[366] 武菊芳,李先龙 对人类基因组研究的双向思考:科学价值与伦理难题[J].河北师范大

学学报(哲学社会科学版),2003,4(2):35-39.

[367] 夏军红,郑用琏.玉米 Rf3 近等基因系的分子标记辅助回交选育与效应分析[J].作物学报,2002,28(3):339-344.

[368] 夏天,林仙花,胡雪峰.基因编辑技术及其应用研究进展[J].生物学教学,2016,41(11):2-5.

[369] 向孙军,张芳宇,向柄权.无斑雨蛙早期胚胎发育研究[J].怀化学院学报,2009,28(8),36-39.

[370] 肖安,胡莹莹,王唯晔,等.人工锌指核酸酶介导的基因组定点修饰技术[J].遗传,2011,33(7):3-21.

[371] 肖守斌.干细胞技术相关问题与市场前景[J].湖南科技学院学报,2008,12:63-65.

[372] 谢卡斌.中国科学家发现胞嘧啶单碱基编辑工具存在基因组范围的脱靶[J].植物学报,2019,54(3):296-299.

[373] 谢亚磊,刘千琪,刘戟.CRISPR/Cas9 基因编辑技术最新研究进展[J].生命的化学,2016,36(1):1-6.

[374] 谢毅,吴茂青.遗传检测综述[J].生物工程学报,2006,22(2):338-343.

[375] 邢佳.大气污染排放与环境效应的非线性响应关系研究[D].北京:清华大学,2011.

[376] 熊小京,曹晓婷.EM 菌在污水生物处理工艺中的应用[J].环境卫生工程,2007,15(3):11-14.

[377] 熊鹰,余欢欢,张龙威,等.干细胞技术的研究热点领域与最新进展[J].生物技术进展,2014,4:258-262.

[378] 徐潮.重组酶介导的等温扩增技术在转基因检测中的应用[D].北京:中国农业科学院生物技术研究所,2014.

[379] 徐登辉.基于 CRISPR/Cas9 的一种胞嘧啶碱基编辑器的初步探究[D].哈尔滨:哈尔滨工业大学,2019.

[380] 徐晋麟.分子遗传学[M].北京:高等教育出版社,2011.

[381] 徐晋麟,陈淳,徐沁.基因工程原理[M].北京:科学出版社,2007.

[382] 徐美娟,鲍波,陈春燕,等.宁波市地表水重金属污染现状和健康风险评价[J].环境科学,2018,39(2):729-737.

[383] 徐敏,张涛,王东,等.中国水污染防治40年回顾与展望[J].中国环境管理,2019,11(3):65-71.

[384] 徐新明.人造器官新成果[J].世界科学,2002,1:46.

[385] 徐云碧.分子植物育种[M].陈建国,华金平,闫双勇,等,译.北京:科学出版社,2016.

[386] 薛京伦.表观遗传学-原理、技术与实践[M].上海:上海科学技术出版社,2006.

[387] 薛勇彪,段子渊,种康,等.面向未来的新一代生物育种技术——分子模块设计育种[J].中国科学院院刊,2013,3:308-314.

[388] 薛勇彪,王道文,段子渊.分子设计育种研究进展[J].中国科学院院刊,2007,6:486-490.

[389] 杨保胜,金政,李晓文.医学遗传与生殖学[M].郑州:郑州大学出版社,2008.

[390] 杨春波,钱洪浪,谢臻蔚,等.性发育异常中外生殖器性别不清患者 165 例临床分析[J].中国妇产科临床杂志,2014,15(2)：101－104.

[391] 杨飞,张雪娇,段斐,等.疾病模型构建新时代——CRISPR/Cas 基因编辑技术[J].医学研究与教育,2016,33(1)：56－61.

[392] 杨晓东.我国战略性生物资源保存的重大飞跃[N].云南科技报,2009－11－26(1).

[393] 杨业华.分子遗传学[M].北京：中国农业出版社,2001.

[394] 杨翌.应用类转录激活因子效应物核酸酶(TALEN)定点修饰猪基因组[D].长春：吉林大学,2014.

[395] 姚志刚,赵凤娟.遗传学[M].北京：化学工业出版社,2011.

[396] 易静,汤雪明.医学细胞生物学[M].上海：上海科学技术出版社,2009.

[397] 余诞年.遗传学的发展与遗传学教学改革刍议[J].遗传,2000,6：413－415.

[398] 余鸿.人体发生发育学[M].北京：人民卫生出版社,2009.

[399] 余亚白,陈源,赖呈纯,等.室内空气净化植物的研究与利用现状及应用前景[J].福建农业学报,2006,4(4)：425－429.

[400] 俞景芝.人造器官的新希望——组织工程[J].上海生物医学工程,2004,4：52－54.

[401] 袁启明.人造器官的曙光——组织工程[J].上海生物医学工程,1997,2：58－59.

[402] 圆石.英科学家培育出人造器官[J].科学大观园,2012(20)：66.

[403] 曾晓希.抗重金属微生物的筛选及其抗镉机理和镉吸附特性研究[D].长沙：中南大学,2010.

[404] 曾溢滔.遗传病的基因诊断与基因治疗[M].上海：上海科学技术出版社,1999.

[405] 詹馨蕊,郭凌.人类正制造"第六次物种大灭绝"[J].生态经济,2015,31(8)：6－9.

[406] 张存芳.锌指核酸酶介导的绵羊 MSTN 基因靶向敲除[D].咸阳：西北农林科技大学,2012.

[407] 张海霞,任晨春,王文靖,等.381 例 9 号染色体倒位患者的遗传效应分析[J].中国妇幼保健,2012,27(2)：1823－1824.

[408] 张宏礼,张鸿雁.遗传学的发展[J].陕西农业科学,2003,3：27－29.

[409] 张怀才.试述我国公安 DNA 数据库在侦查中的应用与展望[D].上海：华东政法大学,2014.

[410] 张家维.论 DNA 证据的司法认定[D].南京：南京师范大学,2017.

[411] 张凯,邱念伟.与分子生物学有关的诺贝尔奖简介[J].生物学通报,2012,47(8)：59－62.

[412] 张猛.基因资源争夺：一场没有硝烟的战争[J].瞭望新闻周刊,2001,13：28－29.

[413] 张然,田宏,高向东,等.新一代基因组编辑技术在基因治疗及生物制药领域中的应用[J].中国药科大学学报,2014,45(4)：504－510.

[414] 张惟杰.生命科学导论[M].第 3 版.北京：高等教育出版社,2016.

[415] 张晓.中国水污染趋势与治理制度[J].中国软科学,2014,1：11－24.

[416] 张晓茹,孔少飞,银燕,等.亚青会期间南京大气 $PM_{2.5}$ 中重金属来源及风险[J].中国环境科学,2016,36(1)：1－11.

[417] 张晓勇,黄卫,司蔚,等.室内空气污染现状及控制研究[J].环境科学与管理,2006,4(6):44-46.

[418] 张新时.现代生物科技专题[M].北京:中国地图出版社,2007a.

[419] 张新时.遗传与进化[M].北京:中国地图出版社,2007b.

[420] 张玉梅.陆域生物多样性保护区群网体系框架研究[D].福州:福建师范大学,2008.

[421] 张媛.基因检测行业现状及实验室管理[J].现代测量与实验室管理,2008,4,32-33.

[422] 章成斌.人类基因编辑研究伦理审查工作对策探讨——基因编辑婴儿诞生在中国后的思考[J].温州医科大学学报,2019,49(6):461-465.

[423] 章迪思."三亲婴儿",管谁叫妈[N].解放日报,2013-07-01(5).

[424] 赵伦彝.再论遗传学与育种[J].安徽农业科学,1962,4:61-68.

[425] 赵寿元,乔守怡.现代遗传学[M].第2版.北京:高等教育出版社,2008.

[426] 赵寿元,谈家桢.遗传学与社会发展[J].科学,2000,3:21-25.

[427] 赵兴春,尚蕾,叶健.中国法医遗传学支撑技术发展与展望[J].刑事技术,2017,42(6):482-485.

[428] 赵银兰.染色体疾病与国际疾病分类[J].中国病案,2006,7(1):31-32.

[429] 赵越,张石来,胡建,等.利用分子标记辅助选择技术培育抗虫水稻品种的研究[J].中国农业科技导报,2016,18(3):25-31.

[430] 郑志芬,戴荣继.实时荧光定量PCR技术在临床肿瘤检测中的应用[J].生命科学仪器,2014,12(6):20-23.

[431] 中华人民共和国国家林业和草原局.中国自然保护区[OL].http://www.zrbhq.cn/web/bkzl-3.html.

[432] 中华人民共和国环境保护部.2016中国环境状况公报[R].2017.

[433] 中华人民共和国生态环境部.2019年度《水污染防治行动计划》实施情况[R].2020.

[434] 中华人民共和国生态环境部.2019中国生态环境状况公报[R].2020.

[435] 周皓.国家级西南野生生物种质资源库建成[N].光明日报,2009-12-04(1).

[436] 周杰.扬州市宝应县土壤重金属含量、化学形态分析及源识别研究[D].扬州:扬州大学,2017.

[437] 周少奇.环境生物技术[M].北京:科学出版社,2003.

[438] 周腾夏.番茄重组自交系群体耐冷鉴定体系探究及耐冷相关QTL定位[D].上海:上海交通大学,2016.

[439] 周雪平,樊龙江,舒庆尧.破译生命密码:基因工程[M].杭州:浙江大学出版社,2002.

[440] 周延清.DNA分子标记技术在植物研究中的作用[M].北京:化工出版社,2005.

[441] 周媛媛.食物安全问题的生成与治理——基于土地污染的视角[D].长春:吉林财经大学,2017.

[442] 朱军.遗传学[M].第3版.北京:中国农业出版社,2011.

[443] 朱科军.论刑事诉讼中DNA证据的审查与认定[D].重庆:西南政法大学,2015.

[444] 朱平.临床分子遗传学[M].北京:北京医科大学出版社,2002.

[445] 朱玉贤,李毅,郑晓峰,等.现代分子生物学[M].第 4 版.北京：高等教育出版社,2013.

[446] 祝继英,王树,马永贵.医学遗传学[M].武汉：华中科技大学出版社,2012.

[447] 祝月.人造器官的新希望组织工程[J].中国医疗器械信息,1997,2：26-27.

[448] 庄秀福.人造器官走向实用[J].科学之友,1997,10：7-8.

[449] 邹雅群,郭辰虹,刘晓军,等.中国汉族人群 17 号染色体上四个 STR 位点遗传多态性[J].中华医学遗传学杂志,2000,17(3)：200-203.

附　录

遗传学与诺贝尔奖获得者及成就

诺贝尔奖自 1901 年设奖至今已经过了一个多世纪。在这 100 多年里，遗传学研究领域共有 34 次，67 人获奖。其中有许多发现和发明不仅对遗传学的发展起了巨大的推动作用，而且对整个生物学科有着重要的影响。

● 阿尔布雷希特·科塞尔（Albrecht Kossel，1853—1927），德国生物化学家，因阐明核酸的化学成分，为探明生命的起源及遗传奥秘打下了基础而获得 1910 年诺贝尔生理学或医学奖。

科塞尔的研究指出：核蛋白含有蛋白质部分和非蛋白质部分，其中的非肮基（非蛋白质部分）就是"核酸"。科塞尔离析出 2 种不同的嘌呤和 3 种不同的嘧啶。

不过他没有看出（差不多半个多世纪也没人看出）精子和一切细胞中关键性的化合物是核酸而不是蛋白质。而核酸是以非常复杂的形式存在于精子中的。科塞尔没有意识到核酸研究的全部重要意义，但他的工作却给人以深刻的印象。

● 托马斯·亨特·摩尔根（Thomas Hunt Morgan，1866—1945），美国遗传学家和胚胎学家，因发现了染色体在遗传中的作用，创立了基因学说而获得 1933 年诺贝尔生理学或医学奖。

1911 年，他提出了"染色体遗传理论"。摩尔根发现，代表生物遗传秘密的基因的确存在于生殖细胞的染色体上。而且，他还发现，基因在每条染色体内是呈直线排列的。染色体可以自由组合，而排在一条染色体上的基因是不能自由组合的，摩尔根把这种特点称为基因的"连锁"。

摩尔根在长期的试验中发现，由于同源染色体的断裂与结合，产生了基因的互相交换。不过交换的情况很少，只占 1%。连锁和交换定律，是摩尔根发现的遗传第三定律。他于 20 世纪 20 年代创立了著名的基因学说，揭示了基因是组成染色体的遗传单位，它能控制遗传性状的发育，也是突变、重组、交换的基本单位。但基因到底是由什么物质组成的？这在当时还是个谜。

● 赫尔曼·约瑟夫·穆勒（Hermann Joseph Muller，1890—1967），美国遗传学家，他证实了 X 射线可以导致基因突变，并且不可恢复，这种变化会导致生命体产生新的可遗传变异。穆勒的研究具有深远意义：他发现了第 1 个物理诱变因素——辐射，这一人工诱导突变方法为遗传学家在短时间内研究更多的突变现象和基因功能提供了可能。穆勒也因此获得了

1946 年诺贝尔生理学或医学奖。

穆勒一生发表论文 372 篇，由他建立的检测突变的 CIB 方法至今仍是生物监测的手段之一。1927 年，穆勒在《科学》杂志上发表了题为"基因的人工蜕变"的论文，首次证实 X 射线在诱发突变中的作用，搞清了诱变剂的剂量与突变率的关系，为诱变育种奠定了理论基础，解决了如下几个问题：用较高剂量的 X 射线处理精子，能诱发真正的基因突变；用不同剂量的 X 射线在生命周期的不同阶段和不同条件下处理果蝇，将得到不同的结果；突变类型包括致死突变、半致死突变和非致死突变；除基因突变外，X 射线也能造成基因在染色体上的次序重新排列；X 射线处理并非使该染色体上存在的全部基因物质都发生永久性的改变，常只影响其中的一部分；X 射线处理并未显著提高回复突变率，这说明诱变的发生也是随机的。

● 乔治·韦尔斯·比德尔（George Wells Beadle，1903—1989），美国遗传学家；爱德华·劳里·塔特姆（Edward Lawrie Tatum，1909—1975），美国生物化学家；乔舒亚·莱德伯格（Joshua Lederberg，1925—2008），美国分子生物学家。

比德尔提出，每种基因都控制着某种特定酶的合成，基因突变会引起酶的改变，即"一个基因一个酶"的著名假说，这为生化遗传学的创立奠定了基础；塔特姆发现了大肠杆菌 K-12 突变菌株的基因重组规律，证明只有有性生殖才会出现基因重组；莱德伯格发现了细菌的遗传重组和细菌的 F 因子，通过噬菌体"转导"实现不同细菌间的基因重组，他的研究工作开创了细菌遗传学研究。三人也因此共同获得了 1958 年诺贝尔生理学或医学奖。

● 塞韦罗·奥乔亚（Severo Ochoa，1905—1993），美国生物化学家；阿瑟·科恩伯格（Arthur Kornberg，1918—2007）美国生物化学家。

两人首次发现了细菌的 DNA 聚合酶，这种酶可以复制来自任何微生物、植物和动物的DNA，由此证明 DNA 是一种可以自我复制的分子。科恩伯格还证明 DNA 合成的原料不是 4种脱氧核苷一磷酸，而是 4 种脱氧核苷三磷酸。他们因首次在试管内合成了具有生物学活性的 DNA 分子而共同获得 1959 年诺贝尔生理学或医学奖。

● 弗朗西斯·哈里·康普顿·克里克（Francis Harry Compton Crick，1916—2004），英国生物学家、物理学家；詹姆斯·杜威·沃森（James Dewey Watson，1928—　　），美国分子生物学家；莫里斯·休·弗雷德里克·威尔金斯（Maurice Hugh Frederick Wilkins，1916—2004），英国分子生物学家。

沃森和克里克提出了 DNA 的反向平行双螺旋模型。威尔金斯通过对 DNA 分子的 X 射线衍射证实了沃森和克里克的 DNA 模型。1953 年 4 月 25 日，英国著名的科学杂志《自然》发表了沃森和克里克的一篇优美精炼的短文，宣告了 DNA 分子双螺旋结构模型的诞生。这一期杂志还发表了富兰克琳和威尔金斯的两篇论文，这两篇论文用实验报告和数据分析支持了沃森和克里克的论文。DNA 双螺旋结构的提出揭开了生物遗传信息传递的奥秘。他们三人因阐明脱氧核糖核酸的分子结构而获得 1962 年诺贝尔生理学或医学奖。

● 弗朗索瓦·雅各布（Francois Jacob，1920—2013），法国分子生物学家；雅克·莫诺（Jacques Monod，1910—1976），法国分子生物学家；安德烈·米歇尔·利沃夫（Andre Michel Lwoff，1902—1994），法国微生物学家。

莫诺研究细菌生长与营养液中含有的碳水化合物的关系，提出了"诱导酶"假说，并与雅各布共同提出信使RNA(mRNA)和操纵子的重要理论(1958),他们的这一学说对分子生物学的发展起了极其重要的指导作用。利沃夫发现温和噬菌体中的原噬菌体是一种能和细菌染色体结合并一起复制的结构,是一类调节基因活性的基因。他们三人共享了1965年诺贝尔生理学或医学奖。

● 罗伯特·威廉·霍利(Robert William Holley, 1922—1993),美国生物化学家;哈尔·戈宾德·科拉纳(Har Gobind Khorana, 1922—2011),美国分子生物学家;马歇尔·沃伦·尼伦伯格(Marshall Warren Nirenberg, 1927—2010),美国生物化学家与遗传学家。

霍利提纯和分离了转运RNA(tRNA),阐明了酵母丙氨酸tRNA的核苷酸序列,并证实了所有tRNA在结构上均具有相似性。尼伦伯格的科研小组破解了第1个氨基酸密码子,并最终确定了20种氨基酸的50多个密码子和终止密码子。科拉纳使用DNA聚合酶和RNA聚合酶合成了长链DNA和mRNA,并破解了20种氨基酸的全部三联体密码子,首次列出了氨基酸密码子表。他们三人因在破译DNA密码方面的贡献,共同获得了1968年诺贝尔生理学或医学奖。

● 马克斯·德尔布吕克(Max Delbrück, 1906—1981),美国生物学家;阿弗雷德·赫尔希(Alfred Day Hershey, 1908—1997),美国遗传学家;萨尔瓦多·卢瑞亚(Salvador Edward Luria, 1912—1991),美国微生物学家。

三人发现了病毒的复制和遗传结构,证明遗传物质是DNA而不是蛋白质,因而获得1969年诺贝尔生理学或医学奖。

● 戴维·巴尔的摩(David Baltimore, 1938—　　),美国生物学家;罗纳托·杜尔贝科(Renato Dulbecco, 1914—2012),美国病毒学家;霍华德·马丁·特明(Howard Martin Temin, 1934—1994),美国遗传学家。

杜尔贝科发现了肿瘤病毒与遗传物质之间的相互作用。特明于1964年利用杜尔贝科的理论提出了著名的"反转录"假说:病毒能将其自身的RNA转译成DNA,该DNA再指导宿主细胞的活动,使宿主细胞在合成本身DNA的同时也合成了带病毒遗传信息的DNA,把宿主细胞转化成癌细胞。但是,他的理论在当时并未被世人所接受。1970年,特明通过实验终于发现在病毒中存在"反转录酶"。几乎与此同时,巴尔的摩也发现了反转录酶,证明遗传信息不仅由DNA到RNA,也可由RNA到DNA。反转录酶的发现最终解开了致癌病毒的核心秘密,反转录酶也成为生物工程学的关键物质。他们三人因发现反转录酶而共享1975年诺贝尔生理学或医学奖。

● 丹尼尔·卡尔顿·盖杜谢克(Daniel Carleton Gajdusek, 1923—2008),美国病毒学家;巴鲁克·塞缪尔·布隆伯格(Baruch Samuel Blumberg, 1925—2011),美国医学家。

盖杜谢克于20世纪50年代开始研究库鲁(kuru)病,发现库鲁病的病原体是一种侵入大脑和神经系统的慢性病毒,它以脑组织为主要宿主,可以长期潜伏。后来证明,库鲁病的病原体是一种朊病毒。

布隆伯格发现了肝癌的主要致病原因——乙肝病毒。他帮助研发了抵抗这种病毒的疫苗——首支能够预防人类癌症的疫苗,这拯救了全球数以百万计的生命。他与盖杜谢克因对传染病的起源及传播的研究共同获得1976年诺贝尔生理学或医学奖。

● 沃纳·阿尔伯(Werner Arber,1929—   ),瑞士生物学家;丹尼尔·那森斯(Daniel Nathans,1928—1999),美国微生物学家;汉弥尔顿·史密斯(Hamilton Smith,1931—   ),美国微生物学家。三人因发现限制性核酸内切酶并将其应用于分子遗传学中,为遗传工程的产生拉开了序幕而获得 1978 年诺贝尔生理学或医学奖。

美国微生物学家卢瑞亚曾观察到,噬菌体不仅能诱发细菌细胞内的突变,而且其本身也会发生突变。阿尔伯对此非常感兴趣。他收集的证据表明,细菌细胞能够通过一种"限制酶"来保护自己,抵御噬菌体的攻击。这种限制酶通过分裂噬菌体的 DNA 使之大部分或全部失活,从而遏制噬菌体的生长。到 1968 年,阿尔伯收集了足够多的关于限制酶的资料,终于能够证明一种特别的限制酶存在,它只分裂那些含有噬菌体特有的某种序列的核苷酸。这一研究发现,经过那森斯和史密斯的进一步研究发展,伯格等创造的重组 DNA 技术(获得 1980 年诺贝尔生理学或医学奖)成为可能。

那森斯与史密斯合作,研究了能在特定部位切断 DNA 分子的酶。这使人们有可能对已知的带有遗传信息的核酸片段进行研究。1968 年,史密斯在研究流感嗜血杆菌从噬菌体 P22 接受 DNA 的机制时发现了一类新的限制酶,它们分别在特定部位切断 DNA 分子,因此可将其用于研究 DNA 分子中核苷酸的顺序并用于 DNA 重组技术。

● 保罗·伯格(Paul Berg,1926—   ),美国生物化学家;沃尔特·吉尔伯特(Walter Gilbert,1932—   ),美国物理学家与生物化学家;弗雷德里克·桑格(Frederick Sanger,1918—2013),英国生物化学家。因研究出 DNA 重组技术,他们三人共享了 1980 年的诺贝尔化学奖。

伯格发现,被切割的 DNA 在切断处能产生附着性的尾端,尾端不同的 DNA 连在一起可实现基因重组。他利用"分子剪刀"将一种病毒的 DNA 切开,并将其连接到另一个也经过剪切的 DNA 分子上,成功地实现了世界上首例基因重组。吉尔伯特发明了测定核苷酸顺序的化学降解法,这种方法不仅可以准确测定 DNA 分子的结构,还可以由此间接推断蛋白质的一级结构。

桑格于 1955 年确定了牛胰岛素的结构,从而为胰岛素的实验室合成奠定了基础,并促进了蛋白质结构的研究。桑格因确定胰岛素的分子结构而获得 1958 年诺贝尔化学奖。1975 年,桑格发明了一种"链终止法"技术以测定 DNA 序列,这标志着人类第一代测序技术的诞生。

● 芭芭拉·麦克林托克(Barbara McClintock,1902—1992),美国遗传学家。因发现了可转移的遗传因子而获得 1983 年诺贝尔生理学或医学奖。

她在 20 世纪 50 年代提出:玉米的染色体中含有跳跃基因,这些基因可在染色体上依情况移动,而且这些基因可控制或影响某些基因。但这一学说直到 20 世纪 70 年代才被人们完全认可。转座子理论在分子生物学的发展以及基因工程方面均具有重要意义。

麦克林托克理论的影响是非常深远的,她发现能跳动的控制因子,可以调控玉米籽粒颜色基因,这是生物学史上首次提出基因调控模型,对后来莫诺和雅各布等提出操纵子学说提供了启发。

● 斯坦利·科恩(Stanley Cohen,1922—2020),美国生物化学家;丽塔·列维-蒙塔尔奇尼(Rita Levi-Montalcini，1909—2012)，意大利神经生物学家。两人因发现并阐明生长因子，开拓了基因科学研究的新领域而共同获得1986年诺贝尔生理学或医学奖。

● 利根川进(Tonegawa Susumu，1939—　)，日本生物学家。因发现抗体多样性的遗传学原理而获1987年诺贝尔生理学或医学奖。

● 迈克尔·毕晓普(Michael Bishop，1936—　)，美国病毒学家；哈罗德·艾利洛·瓦慕斯(Harold Elliot Varmus，1939—　)，美国病毒学家。毕晓普与瓦慕斯通过探索劳斯肉瘤病毒的癌化之谜，发现正常细胞同样具有原癌基因。两人因此共享了1989年诺贝尔生理学或医学奖。

20世纪70年代中期毕晓普与瓦慕斯合作，用已知可致鸡肿瘤的劳斯病毒做动物实验，发现正常细胞中控制生长及分裂的基因可在外源病毒作用下转变成癌基因，病毒再侵入健康细胞时则可将该基因插入健康细胞的基因中，并致其异常生长。后来他们又证明，正常细胞中的上述基因也可经化学致癌物的作用变成癌基因，从而否定以前的看法：癌基因必然源自病毒。

● 理查德·约翰·罗伯茨(Richard John Roberts，1943—　)，英国分子生物学家；菲利普·艾伦·夏普(Phillip Allen Sharp，1944—　)，美国分子生物学家。

20世纪70年代以前，人们一直认为遗传物质是双链DNA，在DNA上排列的基因是连续的。罗伯茨和夏普彻底改变了这一观点，他们带领的两组科学家均以腺病毒为实验对象，同时发现腺病毒的基因在DNA上的排列由一些不相关的片段隔开，是不连续的。这种基因被称为"断裂基因"，隔断基因间的片段称为"内含子"，真核生物的基因中普遍存在着内含子。内含子的发现对分子生物学研究及完善生物进化论具有重要的奠基作用。两人也因此共同获得了1993年诺贝尔生理学或医学奖。

● 凯利·穆利斯(Kary Mullis，1944—2019)，美国生物化学家；迈克尔·史密斯(Michael Smith，1932—2000)，加拿大化学家。

穆利斯于1985年发明了聚合酶链反应(PCR)技术，该方法首先以待扩增DNA片段两端的核苷酸序列为依据，用化学方法合成2个不同的寡聚核苷酸引物，它们分别与DNA的2条链互补。再将过量的化学合成引物与4种脱氧核糖核苷酸、DNA聚合酶以及含有待扩增片段的DNA分子混合，经过3个阶段多次循环，使基因增加数万倍。PCR技术对分子生物学的发展做出了突出贡献。PCR技术创建后，迅速在医学临床、法医鉴定、古生物基因分析和生物工程等方面广泛应用。穆利斯由于发明了上述新的生物学研究方法，对生物学的发展做出了突出贡献，因此获得了1993年诺贝尔化学奖。

1978年，史密斯提出用一个改变了部分密码子的寡核苷酸与一个单链质粒载体的蛋白质结构基因配对，然后在合适的宿主细胞中复制扩增，这样就可以得到结构基因发生定点突变的质粒。于是，当这个突变后的质粒进行基因表达时，就可以得到特定氨基酸改变的蛋白质。史密斯上述方案的实施，使基因定点突变方法有了很大的变化和发展，对生物学和化学研究均具有划时代的意义。因此，史密斯与穆利斯同时获得了1993年诺贝尔化学奖。

● 爱德华·刘易斯(Edward Lewis，1918—2004)，美国遗传学家；克里斯蒂娜·尼斯莱茵-福尔哈德(Christiane Nusslein-Volhard，1942—　)，德国发育生物学家；艾瑞克·威斯乔斯(Eric Wieschaus，1947—　)，美国发育生物学家。三位科学家因先后独立鉴定了控制果蝇早期发育的基因而分享了 1995 年诺贝尔生理学或医学奖。

他们最重要的贡献在于将许多影响果蝇胚胎早期发育的基因分为四大类。这四大类基因形成一个基因表型的调控链，环环相扣。他们建立了研究动物基因控制早期胚胎发育的模式，敲开了动物发育遗传秘密的大门。

他们三人的研究揭开了胚胎如何由一个细胞发育成完美的特化器官，如脑和腿的遗传秘密，也建立了科学界对动物基因控制早期胚胎发育的模式。这三位科学家的突破性成就将有助于解释人类先天性畸形，这些重要基因的突变很可能是造成人类自然流产以及约 40% 不明原因畸形的主要原因。

● 斯坦利·普鲁西纳（Stanley Prusiner，1942—　　），美国生物学家。

普鲁西纳和同事分离出一种可导致大脑神经退行性疾病的可疑蛋白质——朊病毒。经过研究，他发现虽然朊病毒不具有一般病毒的结构，它只有蛋白质而无核酸，但由它引起的疾病具有遗传性和传染性。朊病毒的发现补充和延伸了作为分子生物学基石的"中心法则"。普鲁西纳因此获得了 1997 年诺贝尔生理学或医学奖。

● 利兰·哈特韦尔（Leland Hartwell，1939—　　），美国遗传学家；保罗·纳斯（Paul Nurse，1949—　　），英国生物化学家；蒂奥西·亨特（Timothy Hunt，1943—　　），英国生物化学家。2001 年诺贝尔生理学或医学奖授予哈特韦尔、纳斯和亨特，以表彰他们在细胞周期研究中做出的贡献。这些开创性的成果为细胞周期调控机制的研究奠定了基础。

三位科学家识别出所有真核生物中调节细胞周期的关键分子。这些基础的发现对细胞生长的所有方面都具有巨大的影响。细胞周期控制的缺陷会导致肿瘤细胞中的某种染色体改变。这些发现能让人们在今后很长的时间内研究治疗癌症的新方法。

哈特韦尔是将酵母作为模式生物的第一人，他在 20 世纪 70 年代提出"细胞周期检验点"的概念，并在酵母中证实了此类检验点的存在。他进一步提出了细胞分裂周期基因的概念，并与其同事相继发现一系列此类基因。其中一个叫"启动器"的基因对控制每个细胞周期的初始阶段均具有主要作用。

纳斯用遗传学和分子生物学方法识别克隆并描述了细胞周期的一个关键调节物质周期蛋白依赖激酶（cyclin dependent kinase，CDK），同时证明了 CDK 的作用。他提出：从酵母到无脊椎动物一直到人类等所有真核生物的细胞中均存在一个共同的"M 期启动调节机制"。他发现 CDK 的功能在进化中被很好地保留了下来。CDK 通过对其他蛋白质的化学修饰（磷酸化）来驱动细胞周期。

亨特发现了细胞周期蛋白（cyclin）——调节 CDK 功能的蛋白质。他发现细胞周期蛋白在每次细胞分裂中都存在周期性的降解，该机制对控制细胞周期非常重要。

● 悉尼·布伦纳（Sydney Brenner，1927—2019），南非生物学家；罗伯特·霍维茨（Robert Horvitz，1947—　　），美国生物学家；约翰·苏尔斯顿（John Sulston，1942—　　），英国生物学家。三人因发现器官发育和程序性细胞死亡的遗传调控机制，共享 2002 年诺贝尔生理学或医学奖。

布伦纳专注于秀丽隐杆线虫的研究，发现了器官发育和程序性细胞死亡的遗传调控机制。霍维茨发现了线虫中控制细胞死亡的关键基因并描述了这些基因的特征，他揭示了这些基因怎样在细胞死亡过程中相互作用,并且证实了相应的基因也存在于人体中。苏尔斯顿找到了可以对细胞每一次分裂和分化过程进行跟踪的细胞图谱。他指出,细胞分化时会经历一种"程序性细胞死亡"的过程,他还确认了在细胞死亡过程中控制基因的最初变化情况。

这三位获奖者的成果为其他科学家研究"程序性细胞死亡"提供了重要的基础。科学家们发现,控制"程序性细胞死亡"的基因有两类,一类抑制细胞死亡,另一类启动或促进细胞死亡。两类基因相互作用,以控制细胞的正常死亡。如果能发现所有调控基因,分析其功能,研究出能发挥或抑制这些基因功能的药物,那么就可加速癌细胞自杀,达到治疗癌症的目的,或提高免疫细胞的生命力,达到抵御艾滋病的目的。在不久的将来,"程序性细胞死亡"机制研究将可能在人类战胜疾病中发挥重大的作用。

● 安德鲁·法尔(Andrew Fire,1959—　),美国生物医学家;克雷格·梅洛(Craig Mello,1960—　),美国生物学家。两人因在 RNA 干扰机制方面做出的突出贡献,共同获得了 2006 年诺贝尔生理学或医学奖。

他们首次将双链 RNA 导入线虫细胞中,并发现双链 RNA 较单链 RNA 能更高效、特异性地阻断相应基因的表达,他们称这种现象为"RNA 干扰"。他们的这一发现也促使后来的科学家认识到,生物体基因转化的最终产物不仅是蛋白质,还包括相当一部分 RNA。植物、动物和人类都存在 RNA 干扰现象,这对于基因表达调控、参与对病毒感染的防护、控制活跃基因具有重要的意义。RNA 干扰已经作为一种强大的"基因沉默"技术被用于全球的实验室,以确定各种病症中哪种基因起了重要的作用。

● 罗杰·科恩伯格(Roger Kornberg,1947—　),美国生物学家。

罗杰是 1959 年诺贝尔生理学或医学奖获得者阿瑟·科恩伯格的长子。他以酵母为对象,研究了真核基因转录过程中的最基本机制,确定了 RNA 聚合酶 Ⅱ 和其他与转录相关的蛋白质,解释了真核生物细胞如何利用基因内存储的信息生产蛋白质。他因此获得了 2006 年诺贝尔化学奖。

● 马里奥·卡佩奇(Mario Capecchi,1937—　),美国生物学家;奥利弗·史密西斯(Oliver Smithies,1925—2017),美国生物学家;马丁·约翰·埃文斯(Martin John Evans,1941—　),英国科学家。这三位科学家因在涉及胚胎干细胞和哺乳动物 DNA 重组方面的一系列突破性发现而获得 2007 年诺贝尔生理学或医学奖。

他们创造了一套完整的"基因敲除小鼠"的方式,把任意改变小鼠基因变为现实。这不仅可以研究单个基因在动物体内的功能,而且为人类攻克某些遗传因素引发的疾病,提供了药物试验的动物模型。

● 伊丽莎白·布莱克本(Elizabeth Blackburn,1948—　),美国分子生物家;卡罗尔·格雷德(Carol Greider,1961—　),美国分子生物学家;杰克·绍斯塔克(Jack Szostak,1952—　),美国生物学家。三人因发现端粒和端粒酶保护染色体的机制而共同获得了 2009 年诺贝尔生理学或医学奖。

布莱克本和绍斯塔克发现了端粒的一种独特 DNA 序列,这种序列能保护染色体免于退化。在此基础上格雷德和布莱克本发现了端粒酶,端粒酶是形成端粒 DNA 的关键机制。他们三人发现并阐明了在细胞分裂时染色体如何进行完整的自我复制。

● 约翰·伯特兰·格登(John Bertrand Gurdon，1933—　)，英国发育生物学家；山中伸弥(Shinya Yamanaka，1962—　)，日本医学家。两人因发现成熟细胞可被重写成多功能细胞而获得 2012 年诺贝尔生理学或医学奖。

山中伸弥是诱导性多能干细胞(iPS cell)创始人之一。山中伸弥在 2006 年发现了一种将成体细胞重编程为诱导性多能干细胞的方法，他的这一研究成果彻底改变了干细胞研究领域。

● 托马斯·林达尔(Tomas Lindahl，1938—　)，瑞典医学家；保罗·莫德里奇(Paul Modrich，1946—　)，美国生物化学家；阿齐兹·桑贾尔(Aziz Sancar，1946—　)，美国和土耳其国籍生物学家。他们因在基因修复机制研究方面做出的贡献而获得 2015 年诺贝尔化学奖。

20 世纪 70 年代，科学界曾认为基因是非常稳定的分子，但林达尔推断若基因果真如此稳定，则基因的自然衰变速度就不足以支撑地球生命的发展。从这一观点出发，林达尔最终发现了能不断抵消基因衰变的"碱基切除修复"这一分子机制。

莫德里奇证明了细胞在进行有丝分裂时如何修复错配的 DNA，这种机制就是错配修复。错配修复机制使 DNA 复制出错概率减少到千分之一。

桑贾尔专门从事 DNA 修复、细胞周期检查点、生物钟方面的研究。通过研究绘制出核苷酸切除修复机制，并揭示细胞如何运用这一机制来修复紫外线对基因造成的损害。

● 屠呦呦(1930—　)，中国药学家；威廉·坎贝尔(William Campbell，1930—　)，爱尔兰生物学家；大村智(Satoshi ōmura，1935—　)，日本化学家。三人因研发抗寄生虫病的药物而获得 2015 年诺贝尔生理学或医学奖。

屠呦呦多年从事中药和中西药结合研究，突出贡献是创制出新型抗疟药青蒿素和双氢青蒿素。屠呦呦是第一位获得诺贝尔科学奖项的中国本土科学家、第一位获得诺贝尔生理学或医学奖的华人科学家。这是中国医学界迄今为止获得的最高奖项，也是中医药成果获得的最高奖项。

大村智专注研究链霉菌。他成功地从土壤样本中分离出新的链霉菌菌株，并在实验室中培养。从几千份不同的培养样品中选择了最具活性的 50 份培养菌，用于进一步研究它们对有害微生物所产生的作用，其中一份培养出阿维链霉菌。

坎贝尔发现大村智培养的一份链霉菌培养菌中的一种成分能显著对抗家养和农场动物身上的寄生虫。该生物活性成分被提纯并命名为阿维菌素，随后通过化学改性将之发展成一种名为伊维菌素的更有效的化合物，能高效对抗人、畜身上的多种寄生虫，包括引起河盲症和淋巴丝虫病的寄生虫。

● 大隅良典(Yoshinori Ohsumi，1945—　)，日本分子细胞生物学家。他因在细胞自噬机制方面的发现而获得 2016 年诺贝尔生理学或医学奖。

20 世纪 90 年代初，大隅良典发现了对细胞自噬机制具有决定性意义的基因。基于这一研究成果，他随后又阐明了自噬机制的原理，并证明人类细胞也拥有相同的自噬机制。大隅良典的研究成果有助于人类更好地了解细胞是如何实现自身循环利用的。在适应饥饿或应对感染等许多生理进程中，细胞自噬机制都有重要的意义。此外，细胞自噬基因的突变会引发疾病，因此干扰自噬过程可以用于癌症和神经系统疾病等的治疗。

● 杰弗里·霍尔(Jeffrey Hall,1945—),美国遗传学家;迈克尔·罗斯巴什(Michael Rosbash,1944—),美国遗传学家;迈克尔·杨(Michael Young,1949—),美国遗传学家。三人因发现调控昼夜节律的分子机制而获得 2017 年诺贝尔生理学或医学奖。

三位科学家以果蝇为研究对象,分离出一个控制日常生物节律的基因。该基因编码一种在夜间集聚在细胞中的蛋白质,该蛋白质在白天降解。随后,他们发现了这种机制的其他蛋白质组分,揭示了细胞内自我保持的生物钟的控制机制。虽然生物钟的分子调节网络远比上述内容复杂,而且不同生物中发挥作用的生物钟蛋白也不尽相同,但这种反馈环路模式在真核生物中是高度保守的。从真菌到昆虫,再到哺乳动物,生物钟的运作机制在本质上都是相似的。

● 詹姆斯·艾利森(James P. Allison,1948—),美国免疫学家;本庶佑(Tasuku Honjo,1942—),日本免疫学家。他们因发现了"通过抑制免疫负调节机制治疗癌症"的方法而被授予 2018 年诺贝尔生理学或医学奖。

艾利森于 20 世纪 90 年代开始对 CTLA－4 这种蛋白质进行深入分析,并发现其对人体 T 细胞的免疫功能有"刹车"作用。艾利森设计出抗 CTLA－4 分子的抗体,将其注射入患有肿瘤的小鼠体内,以抑制 CTLA－4 的免疫抑制功能,使免疫细胞可以持续攻击肿瘤。

本庶佑于 1992 年首先鉴定细胞抑制受体 PD－1 为活化 T 细胞上的诱导型基因,这一发现为以阻断 PD－1 通路为作用原理的癌症免疫治疗做出了重大的贡献。2013 年,依此开创了癌症免疫疗法。

● 威廉·凯林(William G. Kaelin Jr.,1957—),美国医学家;彼得·拉特克利夫(Sir Peter J. Ratcliffe,1945—),英国医学家;格雷格·塞门扎(Gregg L. Semenza,1956—)美国医学家。2019 年诺贝尔生理学或医学奖授予这三位科学家,以表彰他们"发现了细胞如何感知和适应氧气变化的机制"。

当人体处于缺氧状态时,促红细胞生成素(erythropoietin,EPO)就会增加,刺激骨髓生成新的红细胞,而红细胞则会带来氧气。三位获奖人发现了一种调节氧气含量下降时细胞如何适应的"分子开关"。这个"开关"就是一种被称为缺氧诱导因子(hypoxia-inducible factor,HIF)的蛋白质。在正常的氧气条件下 HIF 会迅速分解,当氧气含量下降时 HIF 的含量会增加。更为重要的是,HIF 还可以控制 EPO 的表达水平。

● 埃玛纽埃勒·沙尔庞捷(Emmanuelle Charpentier,1968—),法国科学家;珍妮弗·道德纳(Jennifer Doudna,1964—),美国生物化学家。她们因在基因组编辑方法研究领域做出的贡献,被授予 2020 年诺贝尔化学奖。

她们发明的 CRISPR/Cas9 基因编辑技术可以让研究人员以极高的精度改变动物、植物和微生物的 DNA。这一技术对生命科学研究领域产生了突破性影响,有助于研发新的癌症疗法,并可能使治愈遗传病成为现实。

沙尔庞捷在研究一种对人类危害巨大的细菌——化脓性链球菌时发现了一种以前未知的分子 tracrRNA。这种分子是细菌古老免疫系统 CRISPR/Cas 的一部分,它可通过切割病毒的 DNA 解除病毒的危害。沙尔庞捷在 2011 年发表了这一研究成果。同年,她与道德纳展开合作,在试管中重建了具有上述切割功能的细菌"基因剪刀",并简化了"剪刀"的分子组成以便使用。